深圳市中国科学院仙湖植物园资助出版

国际藻类、菌物和植物命名法规
（深圳法规）
2018

2017 年 7 月中国深圳第十九届国际植物学大会通过

《国际藻类、菌物和植物命名法规》编辑委员会　编

邓云飞　张　力　李德铢　译

U0220901

科学出版社

北　京

图字：01-2021-2142 号

内 容 简 介

　　《国际藻类、菌物和植物命名法规》（简称《法规》）是藻类学家、菌物学家和植物学家在命名藻类、菌物和植物时必须遵循的规则。本版《法规》（即《深圳法规》）是由 2017 年 7 月在中国深圳召开的第十九届国际植物学大会修订的。《法规》分为原则、规则和辅则、管理《法规》的规程等三部分。第一部分介绍了命名的基本原则；第二部分介绍了命名的详细规定，包括规则、辅则，规则由具体的条款及注释组成，与其相悖的名称必须废弃，与辅则相悖的名称不能废弃但不应效仿，规则和辅则均附有例子予以说明；第三部分详细说明了管理《法规》的规程。

　　本书按照其英文版翻译而成，借鉴了各类生物已有的命名法规中文版的优点，强调措辞的严谨性，可供从事藻类、菌物和植物分类学及相关学科的研究人员、教师和研究生参考。

©2018，International Association for Plant Taxonomy

图书在版编目（CIP）数据

　　国际藻类、菌物和植物命名法规. 深圳法规/《国际藻类、菌物和植物命名法规》编辑委员会编；邓云飞，张力，李德铢译. —北京：科学出版社，2021.11

　　书名原文：International Code of Nomenclature for Algae, Fungi, and Plants (Shenzhen Code)

　　ISBN 978-7-03-070168-8

　　Ⅰ. ①国… Ⅱ. ①国… ②邓… ③张… ④李… Ⅲ. ①植物–命名法–世界 Ⅳ. ①Q949-65

　　中国版本图书馆 CIP 数据核字（2021）第 218513 号

责任编辑：王 静 王海光 刘 晶 / 责任校对：郑金红
责任印制：吴兆东 / 封面设计：刘新新

科 学 出 版 社 出版
北京东黄城根北街 16 号
邮政编码：100717
http://www.sciencep.com

北京建宏印刷有限公司印刷
科学出版社发行　各地新华书店经销
*

2021 年 11 月第 一 版　开本：B5 (720×1000)
2025 年 1 月第三次印刷　印张：19 1/4
字数：387 000
定价：198.00 元
(如有印装质量问题，我社负责调换)

编辑委员会

Sandra Knapp, Department of Life Sciences, The Natural History Museum, Cromwell Road, London SW7 5BD, U.K.; s.knapp@nhm.ac.uk

Wolf-Henning Kusber, Botanischer Garten und Botanisches Museum Berlin, Freie Universität Berlin, Königin-Luise-Str. 6–8, 14195 Berlin, Germany; w.h.kusber@bgbm.org

De-Zhu Li（李德铢）, Kunming Institute of Botany, Chinese Academy of Sciences（中国科学院昆明植物研究所）, 132 Lanhei Road, Heilongtan, Kunming, Yunnan 650201, P. R. China; dzl@mail.kib.ac.cn

Karol Marhold, Plant Science and Biodiversity Centre, Slovak Academy of Sciences, Dúbravská cesta 9, 845 23 Bratislava, Slovak Republic; and Department of Botany, Faculty of Science, Charles University, Benátská 2, 128 01 Praha, Czech Republic; karol.marhold@savba.sk

Tom W. May, Royal Botanic Gardens Victoria, 100 Birdwood Avenue, Melbourne, Victoria 3004, Australia; tom.may@rbg.vic.gov.au

John McNeill, Royal Botanic Garden, Edinburgh, 20A Inverleith Row, Edinburgh EH3 5LR, U.K.; and Royal Ontario Museum, Toronto, Canada; jmcneill@rbge.org.uk

Anna M. Monro, Australian National Herbarium, Centre for Australian National Biodiversity Research, GPO Box 1700, Canberra ACT 2601, Australia; anna.monro@environment.gov.au

Jefferson Prado, Instituto de Botânica, Av. Miguel Estéfano 3687, CEP 04301-902, São Paulo, SP, Brazil; jprado.01@uol.com.br

Michelle J. Price, Conservatoire et Jardin botaniques de la Ville de Genève (CJBG), chemin de l'Impératrice 1, 1292 Chambésy, Genève, Switzerland; michelle.price@ville-ge.ch

Gideon F. Smith, Department of Botany, P.O. Box 77000, Nelson Mandela University, Port Elizabeth, 6031 South Africa; and Centre for Functional Ecology, Departamento de Ciências da Vida, Universidade de Coimbra, 3001-455 Coimbra, Portugal; smithgideon1@gmail.com

第十九届国际植物学大会命名法分会合影（中国深圳，2017年7月20日）

命名局成员位于第一排（从左至右）：张力，邓云飞（书记员），Anna M. Monro（书记员助理），John H. Wiersema（副报告员），Nicholas J. Turland（总报告员），Sandra Knapp（主席），Renée H. Fortunato，John McNeill，Werner Greuter，Gideon F. Smith，Karen L. Wilson（副主席）

译 者 序

　　2017 年 7 月，第十九届国际植物学大会在中国深圳召开。按照惯例，在植物学大会主会议召开之前，先召开为期 5 天的命名法分会，对上一届国际植物学大会通过的《国际藻类、菌物和植物命名法规》（以下简称《法规》）进行修订。本次植物学大会的命名法分会于 7 月 17~21 日召开，我们有幸成为本次命名法分会命名局的成员，李德铢为副主席，邓云飞和张力为书记员，参与了本次大会修改《法规》的全过程。会议期间，李德铢被推选为《法规》的新一届编辑委员会委员，全程参与新版《法规》的编辑工作。

　　共有来自 30 个国家和地区的 155 名代表出席了会议，我国有 46 名代表和 11 个机构参加投票，是我国分类学界参加最为踊跃的一次，会上一共提出了 28 项修改《法规》的提案。本次会议对会前已发表的 397 项修改《法规》的提案逐一进行讨论，经投票表决，其中 113 项被通过，103 项移交编辑委员会处理，另有现场提出的 16 项提案中的 7 项被接受。根据会议期间通过的有关修改《法规》的提案，编辑委员会完成了新版《法规》（即《深圳法规》）的编辑工作，于 2018 年 6 月出版发行。除对一些条款进行局部修改外，本版《法规》新增条款、注释、脚注、辅则及表决的例子 63 款（项），删除《墨尔本法规》中的例子 48 个，新增例子 114 个，新增术语 7 个。本版《法规》将仅涉及菌物命名的条款汇集成单独一章，即第 F 章；对有关管理《法规》程序的规定进行了详细论述，从之前短短 2 页大幅扩展至 14 页。由此可以看出，像历届植物学大会一样，《法规》都会在某些问题上做出重要修改，而不是没有太多变化。

　　在会议期间，国内有同仁建议我们翻译《深圳法规》，供国内研究者特别是研究生和初学者学习参考。《法规》编辑委员会召集人 Nicholas Turland 在征求将《法规》译为中文版的意见时，李德铢同意作为编委会委员主持翻译工作。2018 年 10 月，在厄瓜多尔首都基多召开国际植物分类学会（IAPT）理事会期间，专题讨论了有关《法规》中文版的翻译事宜，并形成决定，同意以李德铢为负责人组成翻译小组，对《深圳法规》进行翻译，这是一项集体工作，所有对此有意者均可参加，并确立了中文版的署名原则。会后，经多次协调，最终确认由我们三人承担中文版的翻译工作。

经三人多次讨论决定，先由邓云飞对《深圳法规》进行全面翻译，张力提出修改意见，然后三人集中讨论修改。自 2019 年 9 月开始，我们先后 6 次在中国科学院昆明植物研究所、1 次在深圳市中国科学院仙湖植物园进行集中讨论，每次 2—7 天不等。原计划翻译工作在 2020 年 2 月完成，但由于受新冠肺炎疫情影响无法集中讨论。在疫情得到缓和的情况下，我们于 2020 年 7 月再次在昆明完成最后的集中讨论，于 2020 年 8 月 3 日形成初步的翻译稿，发送给《法规》有关专家委员会的中国委员及部分相关专家征求意见。此后，根据各方意见集中讨论修改形成最终稿件，交付科学出版社。

英文版《深圳法规》出版后，第十一届国际菌物学大会的命名法分会于 2018 年 7 月 21 日在波多黎各的圣胡安召开，对《深圳法规》的第 F 章进行了修改，具体涉及 7 处修改，新增 5 个条款，增加例子 11 个，称为圣胡安第 F 章（May & al. in IMA Fungus 10: 21. 2019），取代了《深圳法规》的第 F 章，但该文本直至 2019 年年底才正式发表。为保持《深圳法规》的原貌，同时便于读者了解新的变化，我们将圣胡安第 F 章全文译出，作为附录置于本书最后。

在 2011 年以前，《法规》的名称是《国际植物命名法规》（*International Code of Botanical Nomenclature*）。2011 年，在澳大利亚墨尔本召开的第十八届国际植物学大会上，将《法规》的名称改为现在的名称《国际藻类、菌物和植物命名法规》（*International Code of Nomenclature for algae, fungi, and plants*）。到目前为止，较为熟知的《法规》中文版有：匡可任翻译的《蒙特利尔法规》（科学出版社，1965），赵士洞翻译的《列宁格勒法规》（科学出版社，1984），朱光华翻译的《圣路易斯法规》（科学出版社和密苏里植物园，2001），张丽兵翻译的《维也纳法规》（科学出版社和密苏里植物园，2007）及《墨尔本法规》(仅电子版，https://www.iapt-taxon.org/nomen/previous/Melbourne/Chinese/Chinese.pdf，2016)。最早的《法规》中文版是俞德浚翻译的《剑桥法规》（中国植物学杂志，1936–1937，3(1): 873–892; 3(2): 957–976; 3(3): 1109–1136, 4(1): 79–103）。此外，还有刘慎谔翻译的《巴黎法规》（油印本，时间不确定）、耿以礼和耿伯介翻译的《蒙特利尔法规》及赵士洞翻译的《西雅图法规》（植物杂志，1981，(5): 43）。汤彦承虽未对《悉尼法规》进行完整翻译，但他以《国际植物命名法规简介》为题对该法规进行了较为全面的介绍（植物学通报，1983–1985，1(1): 55–59; 1(2):57–59; 2(1): 53–55; 2(2-3): 87–92; 2(4):51–57; 3(1):59–61; 3(2):53–56；中国植物志参考文献目录，第 31 册，1983）。赵士洞也对《悉尼法规》的部分内容进行了节译（竹子研究汇刊，1986，5(1): 124–134; 西北植物学报，1986，6(3): 218–224 ）。黄增泉编写了 4 个版本的《植物命名指南》，其中分别对《东京法规》、《圣路易斯法规》、《维也纳法规》和《墨尔本法规》进行了翻译。虽然海峡两岸在语言习惯和一些术语的翻译上存在差异，但其对一些术语的翻译仍可借鉴参考。另外，在最近出版的《解译法规》（高等教育出版社，2014）一书中也对部分术语的翻译做了更改。还有一些介绍《法规》相关内容的文章在不同刊物发表，其中也提出对一些术语的翻译意见。追溯既往，匡可任建立了《法规》的中文术语体系，在《法规》后来的各个中文版中，虽对一些术语的翻译各有不同，但受其影响较大。由于有些术语在后来的版本中有所改变，因此在开始翻译《深圳法规》前，首要任务是对术语的翻译进行讨论和确认。

2019 年 9 月 8 日，我们在中国科学院昆明植物研究所进行了第一次讨论，确立了翻译的几条原则：①吸取已有各版本中文版精华，尽可能保持已有术语翻译的稳定使用；②在选择时，尽可能采取直译，以保持原文意义，避免意译，以免产生理解错误；③广泛吸收国内同仁的意见和建议，使其成为集体智慧的结晶。

《法规》中有很多术语在不同的版本中译法不同，有必要进行统一。我们确立了《深圳法规》中文版中术语翻译原则是以采用匡可任、赵士洞、朱光华和张丽兵等之前的各版《法规》中文版中的译法为主，并参考黄增泉等的一些译法。我们的处理原则是：①在各版《法规》中文版中译法相同的术语，我们认为合适的均予以采纳；②对各中文版中译法不同但意义基本一致的术语，采用最近的版本中所采纳的译法；③对各中文版《法规》中译法不一且意义有差别的术语，选择其中最为合适的译法；④对个别中文译法有歧义或不够妥当的术语，重新拟定新的译法。对于其他未列入术语表的生物学名词，除少数名词外，均采纳全国科学技术名词审定委员会（http://www.cnterm.cn）公布的各相关学科名词的中文名。

《法规》标题中的"fungi"一词，通常被译为"真菌"。但是，根据《法规》导言 8，"fungi"除了包括传统意义上的"真菌"外，还包括不属于"真菌"的卵菌和黏菌等，张树政认为译为"菌物"更为准确（微生物学通报，1986，23: 376-369, 367）。尽管全国科学技术名词审定委员会公布的《植物学名词》（第二版）（科学出版社，2019）中"fungi"的翻译是"真菌"，但是《法规》中的"fungi"一词的含义有一定的区别。Kirk 等在介绍《墨尔本法规》的变化时最早将改名后的法规译为《国际藻类、菌物和植物命名法规》（菌物研究，2011，9(3): 125-128），我们接受这一翻译。

"provision"一词在译文中有两种不同译法。在第一篇和第二篇中译为"规定"，指的是各项规则的规定。而在第三篇中，"provision"在形式上与第二篇中的"Article"相对应，与之前版本一样，将其译为"规程"，因为它是有关管理法规的一些程序性规定。

在《法规》的导言中明确指出，《法规》的规定分为规则〔Rule〕和辅则〔Recommendation〕，"规则"由条款（Article）组成。"Article"在之前的《法规》中文版的正文中，除匡可任译为"条款"外，后常被译为"规则"。因而，我们采纳匡可任的译法，将其直接译为"条款"。"Recommendation"在以往的翻译中被译为"建议"或"辅则"等。前者是根据词典而做的直译。其规定不是强制性的，但可使命名更统一或更清晰。在第二篇中，它是与"规则"相对应的，是组成各项规定的两大内容之一，译为"辅则"较好。但我们在第三篇规程中则将其译为"建议"。

自《维也纳法规》开始，《法规》增加了术语表，对《法规》中使用的一些术语给出了定义。下面重点对《深圳法规》中列出的下列术语的翻译做简要讨论，特别是一些在本《法规》和《国际栽培植物命名法规》（以下简称《栽培法规》）中通用但翻译不同的术语。

"admixture"在以往的版本中被译为"混杂标本"。根据其定义，它是混杂在一份标本中的部分，翻译为"混杂标本"不能准确反映它的真实含义，且易与标本的相关定义混淆。黄增泉将其译为"混杂物"较为合适。

"avowed substitute"在之前的版本中被译为"声明作为替代者"、"替代名称"、"声明替代"等。虽然它与"替代名称"指的是相同内容，但由于英文单词不同，我们根据字面意思译为"声明替代者"，以示区别。

"basionym"在以往版本中被译为"基原异名"或"基名"，向其柏等在《国际栽培植物命名法规》（第七版）（中国林业出版社，2006）中译为"基本异名"。从词义上看，这几种译法都有其可取之处，但"基名"的译法已广为接受。

"binding decision"在以往的版本中被译为"永久性决定"，而在《解译法规》中被译为"永久性决议"。我们认为译为"约束性决定"更为合适。

"cultivar"是本《法规》和《栽培法规》通用的一个术语，而且在本《法规》中明确指出本《法规》中的定义与《栽培法规》相同。在两个法规的不同中文版中译法各异。在本《法规》中，汤彦承译为"栽培变种"；朱光华译为"品种"；张丽兵译为"栽培种"。《栽培法规》的各个版本中的译法也不同，最早在吴德邻翻译的1961年版本（科学出版社，1966）中译为"栽培品种（变种）"，袁以苇和许定发（《南京中山植物园研究论文集》，江苏科学技术出版社，1987：159-174）及靳晓白等（《国际栽培植物命名法规》（第八版），中国林业出版社，

2013）均接受该译法，而向其柏等则译为"品种"。在文献中还有"栽培变型"、"栽培型"、"栽培品系"等译法，但均未曾在《法规》或《栽培法规》中使用过。全国科学技术名词审定委员会公布的《植物学名词》（第二版）和《农学名词》（科学出版社，1994）中将它译为"栽培品种"或"品种"。"栽培种"的译法与"cultivated species"易于混淆，而且易被误认为相当于种的等级。Hawksworth 在其著作《生物命名中使用的术语》（*Terms used in bionomeclature*）（Copenhagen: Global Biodiversity Informmation Facility, 2010）中对"cultivar"的定义为"a cultivated variety"〔栽培的变种〕。而且，在早期的《栽培法规》中曾指出，"cultivar"这一术语源于"栽培变种"（cultivated variety）。由此可见，从其本意而言，"栽培变种"可能为其合适的翻译。但是，Brickell 等在现行《栽培法规》（第九版）（Scirpta Horticulture, 2016, 18: 1–190）条款 2 的注释 2 中已明确指出，中文的"品种"等同于"cultivar"。因此，我们接受"品种"的翻译。根据法规，"品种"来源于自然或栽培状态的栽培植物，在"品种"之前加上"栽培"二字似有多余之嫌。至于认为《栽培法规》禁止将"cultivar"翻译成"品种"的理解是不正确的，《栽培法规》条款 2.2 禁止的是英文单词 variety、form 和 strain 及其在其他语言中的等同语用于"cultivar"，而"品种"并非这三个单词在中文中的等同语。

"designation"在不同版本中译法不同。匡可任和赵士洞译为"称号"，但"称号"通常是指授予个人或集体的荣誉；朱光华译为"命名"，而在《法规》中，"name"用作动词时已被译为"命名"；张丽兵译为"名字"，易与"name"混淆，且显得不够正式；黄增泉将其译为"称呼"，"称呼"往往是指人际交往中的称谓语；向其柏等译为"名称"，与"name"的翻译没有区别开。靳晓白等译为"指称"，《汉语大词典》第六卷（汉语大词典出版社，1990）中对"指称"的解释为"称说"和"作为因头，指为依靠的事物"。我们在翻译过程中考虑了"称谓"和"称名"两种译法。《现代汉语大词典》第八卷（汉语大词典出版社，1991）和《辞源》（修订版）第三册（商务印书馆，1982）对"称谓"的解释有"称呼"和"名称"等；《现代汉语大词典》对"称名"的解释有"列举的物名"、"称号"和"称呼名字"等。但是，人们对"称谓"较为熟悉的是用于人们因亲属或其他关系而建立起来的称呼、名称；而"称名"易与"名称"混淆。"designation"在一些英汉词典中给出的意思中有"称谓"。因而，我们选择将其翻译为"称谓"。

"descripto generi-specifica"是指在单型属的情形下，同一个描述使属名及种名合格发表。匡可任译为"属种联合特征描述"，赵士洞译为"属种的联合特征描述"，汤彦承译为"属-种联合描述"，朱光华和张丽兵译为"属种描述"。我们则倾向于译为"属-种联合描述"。

"element"是指有资格作为模式的一份标本或一幅图示。刘慎谔译为"材料"，匡可任、赵士洞和汤彦承译为"分子"，朱光华和张丽兵译为"成分"。"材料"的译法与"material"的翻译混淆，"分子"和"成分"在意思上都可以。我们采用最新版本中"成分"的译法，且在法规中也无其他术语易于与它混淆。

"gathering"是自《圣路易斯法规》引入的概念，朱光华将其译为"采集"，而张丽兵将其译为"（一号）标本"。后一译法容易与传统认识上的"一号标本"混淆，我们认为译为"采集"更合适。

"illustration"在以前的各版本中均被译为"插图"或"图"，有时二者混用。黄增泉将其译为"图解"，在国内出版的一些著作中也将其译为"图解"，如《图解植物词典》。根据其定义，"illustration"是指描述一个有机体的一个或多个特征的一幅艺术作品或一张照片，如一幅绘画、一张标本的照片或一张电子扫描显微照片，其范围与我们传统意义上的插图是有区别的。靳晓白先生建议译为"图示"，我们认为其较其他译法更为恰当，予以采用。

"improper Latin termination"被分别译为"不合式的拉丁语词尾"、"不合式的拉丁文词尾"、"不合式的拉丁词尾"、"不合适的拉丁词尾"、"不恰当的拉丁词尾"等。因其是指名称的词尾在形式上与有关规定不相符，我们倾向于译为"不合式的拉丁文词尾"。

"lichen-forming fungi"在之前的中文版中有不同译法。匡可任和赵士洞译为"地衣中的真菌"，汤彦承译为"地衣型的真菌"，朱光华和张丽兵译为"成地衣真菌"；但是菌物学界的译法则不同，裘维藩将其译为"地衣型菌"（植物病理学报，1997，27(1): 1–2），在其著作《菌物学大全》中译为"地衣型真菌"（科学出版社，1998），在姚一建和李玉翻译的《菌物学概论》（第四版）中译为"地衣型菌物"（中国农业出版社，2002）。由于这一类菌物属于现代意义上的真菌，因此，我们依照《植物学名词》（第二版）将其译为"地衣型真菌"。

根据定义，"nomenclatural novelty"包括新分类群名称、新组合、新等级名称和替代名称。在之前的版本中被译为"命名新材料"，显然这一译法不够准确。朱相云等将其译为"新命名"（生物多样性，2016，24: 1197–1199），我们采纳这一译法。

"protologue"包括与一个名称在合格发表时相关联的一切内容，如描述、特征集要、图示、文献、异名、地理资料、标本引证、讨论和评论等。在之前的版本中，匡可任、赵士洞和汤彦承等译为"原白"；朱光华译为"原始描述"；

张丽兵译为"原始资料"。"原始描述"的译法容易与"original description"混淆，而"原始资料"易与"original data"混淆。我们认为译为"原白"更好，且已被列入全国科学技术名词审定委员会公布的《微生物学名词》（科学出版社，2012）中。

"provisional name"在之前的版本中分别被译为"暂定名称"或"临时名称"，向其柏等在《栽培法规》中文版中译为"后备名称"。我们在此翻译为"暂用名称"。

自匡可任以来，"special form"一直被译为"特殊类型"。但是，相关的真菌志书，如《中国真菌志》第十卷（科学出版社，1998）和教科书中译为"专化型"或"生理小种"，而生物学词汇相关的工具书，如《汉英生物学词汇》（科学出版社，1998）和《英汉植物病理学词汇》（科学出版社，2001）中译为"专化型"。我们使用"专化型"。

"subdivision of a genus"最初被匡可任翻译成"属内次级区分"，后被译为"属的次级划分"或"属下分类群"等。显然，属下分类群还包括种及种下分类群，译为"属下分类群"不够准确，且容易混淆。"属内次级区分"和"属的次级划分"意思上差不多，虽后一译法更准确，但会导致一些句子中使用"的"字过多。因而，我们采用匡可任的"属内次级区分"译法。同样，将"subdivision of a family"和"subdivision of a species"分别译为"科下分类群"和"种下分类群"也是欠妥的，以译为"科内次级区分"和"种内次级区分"为宜。

"tautonym"在不同版本中译法不同。匡可任译为"重词名称"；赵士洞译为"重叠名"；汤彦承译为"重词名"；朱光华和张丽兵译为"重名"；向其柏等译为"属种同名"。我们认为在上述译法中，"重词名称"或"重词名"较为准确地反映了名称的加词与属名相同的定义。由于我们在本版本的中文版中将"-nym"统一译为"-名"，因而采用汤彦承的"重词名"译法。

"validate"是《法规》规则中未明确定义的一个术语，指实现一个名称合格发表的描述或特征集要或图示的情形。它曾被译为"合格发表"、"使名称合格发表"或"使合格"。这些翻译不够准确，"合格发表"易与"valid publication"的翻译混淆，"使合格"的译法会使句子不够通顺。我们接受《解译法规》将其译为"合格化"。

"taxon"在之前的版本中有"分类单位"和"分类群"两种译法，赵士洞将其译为"分类单位"，其他人均译为"分类群"。另外，在菌物学和动物学中偏向于译为"分类单元"，如Kirk等发表的文章《国际植物学墨尔本大会上命名法规的变化》（菌物研究，2011，9(3): 125-128），以及卜文俊和郑乐怡翻译的《国际动物命名法规》（第四版）（科学出版社，2007）。我们采用已被广泛接受的"分类群"的译法。

《深圳法规》的术语表新增了 7 个术语，介绍如下。

"affirmation"是《深圳法规》新引入的概念，指在一个不采用很大程度上的机械方法选择模式的出版物中对一个名称首次选择了一个与使用该方法的出版物中选择的相同模式，而在之前并未选择不同的模式。我们接受朱相云和刘全儒的译法"确认"（生物学通报，2020，55(4)：11–15）。

"attributed"一词在之前的法规中已存在，在《深圳法规》中首次作为术语列入术语表。其意思与未列入术语表的"ascribed"和"assigned"很接近，均有"归属"的意思，但略有区别。"ascribe"和"attributed"主要用于有关名称的作者引用的规则中，前者用在名称应归属于某一或某些作者时，多用于被动式，而后者往往用在将名称归于某一或某些作者，多用于主动式。在之前的版本中，"attributed"被译为"归属"或"归属于"，有时在同一《法规》的中文版中混用。为区别，我们分别将它们译为"归属"和"归予"。"assigned"多用于将一个分类群归属于另一个分类群，我们将之译为"归隶"。

"identifier"是《墨尔本法规》新引入的概念，在《深圳法规》中列入术语表。Kirk 等将其译为"注册码"（菌物研究，2011，9(3): 125–128），朱相云和刘全儒译为"编号"（生物学通报，2020，55(4): 11–15），在张丽兵翻译的《墨尔本法规》中被译为"标识码"（密苏里植物园，2016），也有人将其译为"注册号"（菌物学报，2020，39: 1379）。根据实际应用中，它可能由数字、字母或特别符号组成，我们认为译为"标识码"较好。

"nomeclatural act"是随着菌物名称的注册而新引入的概念，是指导致一个新命名或影响一个名称相关各方面有效发表的行为。我们将它译为"命名行为"。

"pro synonym (pro syn., as synonym)"是早已存在于《法规》中有关引用方面的术语，"深圳法规"首次将其列入术语表中。它是指在引用中用以指明引用了一个因仅被引用在异名中而未被合格发表的称谓。在之前版本中被译为"原作为异名"或在文献中被译为"先前异名"。在这一术语中，在括号内的"pro syn."是"pro synonym"的缩写，而"as synonym"是"pro synonym"对应的英文。因此，我们根据其英文将其直接译为"作为异名"。

"protected name"是《深圳法规》新引入的概念。朱相云和刘全儒译为"保护名"。因在本中文版中统一将"name"译为"名称"，"-nym"译为"名"，因此，我们将其译为"保护名称"。

　　"superseded"在《法规》中早已存在，在《深圳法规》中被列入术语表。它是指之前指定的模式因不符合《法规》的相关规定而指定一个新的模式来代替。在之前的版本中被译为"取代"、"取消"和"废弃"等，我们认为译为"取代"较合适。

　　在《法规》中使用了不少意义相近的术语来表示一些相似但又有细微差别的内容。有些在之前的中文版中被翻译成相同的词语，我们在此尝试着将其进行区分。

　　"orthography"在之前的版本中被译为"缀法"、"拼法"和"拼写"等。《解译法规》译为"正字"；向其柏等译为"正确的拼写"。在《法规》中有关"orthography"的条款主要是规范名称或加词的构成，包括拼写、复合词和格尾形式等。译为"拼法"和"拼写"不全面，且与"spelling"的翻译易于混淆。在商务印书馆的《牛津高阶英汉双解词典》第九版中，"orthography"解释为"the system of spelling in a language"，中文为"拼写体系"、"正字法"。"正字法"只是该词在词典中的一种翻译，而且，在拉丁文中，句子由单词组成，单词由字母组成，因而，我们根据《法规》相应条款下的具体内涵译为"缀词法"。相应地，"orthographical variants"译为"缀词变体"。

　　"cite"和"reference"两个词在《法规》中使用较为频繁，在中文翻译时二者常被混淆，均有"引"的意思。但又有细微区别，前者往往是直接的引用，而后者有时可能是间接甚至是隐含的，我们将其分别译为"引用"和"引证"。

　　在表达模式标定的条款中使用了两个不同的词"designate"和"indicate"，前者用于名称在发表时明确使用了"typus"等词直接指出一个名称的模式，而后者指明的模式可以是直接的，也可以是间接的，即根据《法规》的相关条款被视为指定了模式。据此，我们分别将它们译为"指定"和"指明"。

　　另外，"species name"和"name of species"的意思几乎是一样的，我们分别将它们译为"种名"和"种的名称"。类似的还有"family name"和"name of family"、"genus name"和"name of genus"等，我们分别译为"科名"和"科的名称"、"属名"和"属的名称"。

　　在管理法规的规程中，将国际植物学大会和国际菌物学大会的有关命名法的会议分别命名为"Nomenclature Section"和"Nomenclature Session"，其翻译也存在不同意见。对于前者，匡可任和赵士洞译为"命名组"，朱光华和张丽兵译为"命名法分会"，我们采用最近版本的"命名法分会"；"Nomenclature Session"是《深圳法规》中有关修改仅涉及菌物的规则的程序中新引入的概念，在征求意见的过程中，有专家提出译为"命名法专题会议"，我们在翻译中采用"命名法会议"，以与前一名称对应。

译文中"（）"或"[ ]"内的文字为据原文中既有文字译出。译文中"〔〕"中的文字是为便于读者理解翻译或引用，以与英文版原文中的"（）"和"[ ]"区别，包括以下几个方面：①原文中应直接引用而本无需翻译的文字的中文翻译；②已翻译成中文的术语表中术语首次出现时列出对应的英文；③部分有中文名的植物名称。

我们在翻译过程中尽可能对有中文名的植物添加中文名，以方便读者对例子中相关类群的命名有更深的了解。中文名主要参考相关志书以及有关名称的一些工具书。由于参考书目较多，在此不一一例举。

翻译是一门非常深奥的学问，"信、达、雅"是翻译的最高境界。《法规》本身内涵丰富，并使用严谨的科学语言撰写而成，其中许多表达方式已令英语为母语的专业人士难以理解，译成中文并非易事，其挑战性是可想而知的。初译稿严格按照原文的表达方式译出，力求不遗漏一个单词，也不添加一个单词，以求"信"。在讨论过程中，力求语言表达方式更符合中文语言习惯，删除了一些冗余晦涩的用词，以求"达"且"雅"。

1975 年之前的《法规》曾以英文、法文和德文同时出版，三个版本都是《法规》编辑委员会出版的正式版本，并规定三个不同版本如有表述不一致之处，以英文版为准。自 1981 年的《悉尼法规》开始，仅以英文出版。除此之外，各版《法规》曾被译为包括中文在内的多种文字，但任何一个译本均是以方便读者阅读为目的，并不能取代《法规》的英文版本。我们希望本书的出版发行能对国内藻类、菌物和植物分类学及相关专业的研究人员在使用《法规》时有所帮助，特别是对《深圳法规》的理解有所帮助。

由于译者水平有限，错漏之处在所难免，如有表达与英文版不一致的内容，均以英文版为准。我们也建议读者在使用本书的同时阅读英文版本。

感谢《法规》专家委员会的部分中国委员提出宝贵意见，他们是中国科学院昆明植物研究所杨祝良研究员、中国科学院微生物研究所姚一建研究员和中国科学院植物研究所朱相云研究员。杨祝良研究员在百忙中抽时间与我们一起对菌物命名的规则进行了讨论，并对相关术语的翻译提出建议。此外，中国科学院西双版纳热带植物园周浙昆研究员对涉及化石分类群一些术语或名称的翻译提出意见，中国科学院水生生物研究所刘国祥研究员对藻类一些名称的翻译提出修改意见，中国科学院华南植物园张明永研究员对一些遗传学术语的翻译提出有益建议，中国科学院植物研究所靳晓白研究员就部分术语特别是与《栽培法规》共用术语的翻译提出建议，中国科学院植物研究所王宇飞研究员、上海辰山植物园暨中国科学院上海辰山植物科学中心马金双研究员和英国爱丁堡皇家植物园 Robert Mill 博士也提出宝贵修改意见，在此一并致谢。特别感谢中国科学院华南植物园胡启明研究员审阅全稿，并提出有益的建议。

感谢中国科学院昆明植物研究所中国西南野生生物种质资源库为本书的讨论提供场地和设备，感谢种质资源库办公室提供后勤保障。

本《法规》的翻译工作得到中国科学院华南植物园"一三五"重点培育方向项目"南亚热带常绿阔叶林重要科属植物多样性形成及其演化机制"和云南省科技领军人才项目"植物多样性演化、比较基因组学与智能植物志的研发"（2017HA014）的资助。

感谢深圳市中国科学院仙湖植物园为本书出版提供经费支持。

邓云飞　张　力　李德铢
2020 年 9 月 23 日于昆明

目　　录

前　言

　　管理藻类、菌物和植物的科学命名的规则由每届国际植物学大会（IBC）的命名法分会修订。这一版本的《国际藻类、菌物和植物命名法规》体现了于2017年7月在中国深圳举办的第十九届国际植物学大会的各项决定。本版《深圳法规》取代6年前在澳大利亚墨尔本第十八届国际植物学大会后出版的《墨尔本法规》（McNeill & al. in Regnum Veg. 154. 2012），与之前的5个版本一样，它完全是用（英式）英文书写。《墨尔本法规》被翻译成中文、法文、意大利文、日文、朝鲜文、葡萄牙文、西班牙文和土耳其文；预期《深圳法规》也将被译为数种语言。在本《法规》的各翻译版本间有关规定的含义存有疑问时，以英文版为准。

修改《法规》——从墨尔本到深圳

　　修改《墨尔本法规》的共计397个编号的提案于2014年2月至2016年12月发表在国际植物分类学会（IAPT）的期刊 Taxon 上。这些提案的总览及总报告员和副报告员的评述发表于2017年2月（Turland & Wiersema in Taxon 66: 217–274. 2017），并如《墨尔本法规》第三篇所规定的那样，作为供IAPT会员、提案的作者及常设命名法委员会委员进行初步指导性投票的基础。初步指导性投票（"邮件投票"）的制表由位于布拉迪斯拉发的国际植物分类学会（IAPT）中心办公室的Eva Senková和Matúš Kempa负责。这些结果在命名法分会之前于2018年6月6日以在线"快速追踪"论文发表（Turland & al. in Taxon 66: 995–1000. 2017）。

　　命名法分会于2017年7月17~21日（星期一至星期五）召开，地点在中国深圳南山区大学城（邮政编码 518055）北京大学汇丰商学院学术报告厅 5楼521室（随后23~29日在深圳会展中心召开国际植物学大会的主会议）。共有155位注册成员出席，除每人一张个人选票外还有427张机构选票，产生总计582张可能的选票。先前遵照《墨尔本法规》第三篇任命的分会工作人员是Sandra (Sandy) Knapp（主席）、Nicholas (Nick) Turland（总报告员）、John Wiersema（副报告员），以及邓云飞和张力（书记员）。如在墨尔本一样，Anna Monro熟练地协助书记员。分会的讨论使用英语进行。

每届命名法分会有权在《法规》确立的权限内规定它自身的程序性规则。这一次，在开始有关修改法规的提案讨论前，分会通过了拟议的新的第三篇中陈述的相关程序性规则，这些规则晚些时候在分会上被正式讨论并表决。这些程序在下一段落提及的大会行动报告中有详细说明。在修改《墨尔本法规》的397个发表的提案中，113个被接受，103个移交给编辑委员会；另外来自分会现场的16个新提案中的7个被接受。

2017年7月29日，在第十九届国际植物学大会闭幕式全体会议上，以分会名义移交的命名法分会批准的任命和决定的决议案一经通过，《深圳法规》的规则立即生效。"关于命名法提案的大会行动报告"，以及植物学大会任命的各委员会和工作人员以及提案的结果于2017年8月14日以在线"快速追踪"论文（Turland & al. in Taxon 66: 1234–1245. 2017）发表。分会完整的逐日会议记录于2018年末或2019年形成一个单独的出版物。分会的音频记录在 Anna Monro 的协调及 IAPT 的资助下，由澳大利亚因杜鲁皮利的太平洋转录公司〔Pacific Transcription〕在2017年11月至2018年1月间完成文字转录。该转录文本将编辑成之前命名法分会报告惯用的间接演说格式（见 Flann in PhytoKeys 41: 1–289. 2014 [墨尔本]和 Flann & al. in PhytoKeys 45: 1–341. 2015 [维也纳]）。

命名法分会也为《深圳法规》推选了编辑委员会。按照传统及依照第三篇的规程7.4，提名委员会提议现场出席分会的成员任职编辑委员会，总报告员和副报告员分别担任主席和秘书。编辑委员会在规模上由之前的14位增加到现在的16位，确保代表来自各大洲，包括本《法规》涵盖的有机体各主要类群（维管植物、苔藓植物、菌物和藻类，均包括现存的和化石）的专门知识，并改善性别平衡（与之前的1位相比，委员会中现有3位女性）。

作为惯例，编辑委员会获得授权去处理明确移交给它的事务，将分会通过的变更吸收进新的《法规》中，只要不改变其意思而厘清模棱两可的措词，在尽可能保留现有编号时确保规定的一致性和置于最合适的位置，以及增加（或移除）例子以便更好地阐明规定。

整合了分会决定的变更的《深圳法规》正文文稿，由编辑委员会的8位委员于2017年8月至10月间起草，他们是 Barrie（条款16–28）、Greuter（条款60–62，调整条款60）、May（第F章）、McNeill（条款51–58）、Monro（条款46–50、第H章）、Price（术语表）、Turland（导言、原则、条款29–45、第三篇）和 Wiersema（条款1–14）。法规文稿于2017年10月16日通过电子邮件发送给编辑委员会全体成员。根据随后收到的反馈意见，对文稿进行了必要的更新，并且在编辑委员会会议上用作讨论的基础。

编辑委员会全体委员于 2017 年 12 月 11~15 日在德国柏林植物园暨植物博物馆举行，进行了为期 5 天的艰苦工作：详细审查了整个《法规》，不仅修订了在深圳做出的变更和移交给委员会的例子，而且修订了现有措辞，并为必要之处找到新的例子；决定了新的第 F 章的重要细节，以及如何将保护名称（条款 F.2，即原条款 14.13）合并入附录中。这是紧张而极富成效的一周。

会议之后，《深圳法规》的修订文稿已完成，并于 2018 年 1 月 13 日分送给全体编辑委员会成员做进一步的审查。经过大量的评论及大约 5 周的电子邮件讨论后，一个接近最终定稿的法规文稿已编写完成，并于 2 月 21 日发送给全体委员。经过最后一轮检查和校订后，最终文本于 3 月 26 日提交给《植物界》〔Regnum Vegetabile〕的制作编辑 Franz Stadler，开始格式和页码编排。随后，学名索引由 Knapp 和 Turland 编辑，主题词索引由 Monro 编辑。在格式和页码编排过程中，还发现几处小错并进行了更正。然后，《深圳法规》送交 Koeltz Botanical Books 出版。

处理为菌物的有机体的名称

深圳国际植物学大会对《法规》最极端的改变是：命名法分会决定，仅与处理为菌物的名称有关的修改《法规》的提案将来专门由国际菌物学大会（IMC）的命名法会议来决定，其决定将对下一届国际植物学大会有约束力。然而，国际菌物学大会将无修改本《法规》任何其他规定的权利。当对于修改《法规》的提案是否仅与菌物的名称相关有疑问时，总委员会经与菌物命名委员会协商后有最终解释权。这些新规则是由 2011 年墨尔本国际植物学大会建立的关于与菌物相关的《法规》管理的特别分委员会（May & al. in Taxon 65: 918–920; May in Taxon 65: 921–925. 2016）提出且向深圳国际植物学大会报告，且被包含在下面讨论的新的第三篇，即管理《法规》的规程中。

菌物的规定现汇集在第 F 章中

对关于与菌物相关的《法规》管理的特别分委员会的提案的一个重大修正案在分会上被通过，也就是说，将本《法规》中那些仅仅处理为是菌物的有机体的名称的所有规定合并成一个特别的章节，被称为**第 F 章**（F 代表菌物），这样，国际菌物学大会就可独享管理这一章节的权利，而国际植物学大会则独享管理《法规》其他部分的权利。第 F 章紧跟着条款 62，并由 9 个条款组成，编号为条款 F.1–F.9（类似于第 H 章中有关杂种名称的条款 H.1–H.12），**第 xxxi 页重新编号的条款、注释和辅则的检索表**展示了《墨尔本法规》中的哪些规定移入第 F 章以及哪些规定是新的。**条款 F.1** 涉及从条款 13.1 摘录的菌物的命名起点。**条款 F.2** 允许以清单提交的菌物名称受到保护，并包含在《法规》的附录中（《墨尔本法规》的条款 14.13）。在这一条款中，术语"保护的〔protected〕"是在深圳和一个包括地衣型真菌的扩展概念一起引入的，并将保护名称处理为针对竞争的未被列入异名和同名而被保留。**条款 F.3** 涉及认可名称，包括之前条款 15 的全部内容，也集中了之前包括在其他条款中有关认可的内容。之前在条款 13.1 中命名起点下提及的认可著作（在其中，已终止了在 1983 年《悉尼法规》中的起点）被转移至条款 F.3.1。在正式引用中，认可名称可通过添加"：Fr."或"：Pers."来指示，而现在根据辅则 F.3A.1，有了另一种通过添加"nom. sanct."（认可名称）至引用中来指示它们的方式。**条款 F.4** 规定了 Fries 的 *Systema mycologicum* 中指示等级的术语"tribus〔族〕"，即之前的条款 37.9。**条款 F.5** 涉及菌物名称的注册，它包括在之前的条款 42 中。除了要求注册新命名外，自 2019 年 1 月 1 日起，指定后选模式、新模式或附加模式将要求引用一个由认可的存储库颁发的标识码（条款 F.5.4）。条款 F.6 和 7 涉及名称的废弃，其中，**条款 F.6** 是一条新的规定，即在 2019 年 1 月 1 日或之后发表的菌物名称如果为一个原核生物或原生动物名称的晚出同名，则是不合法的。**条款 F.7** 是之前的条款 56.3，允许以清单提交的菌物名称被废弃并包括在《法规》的附录中，尽管至今尚无此类名称的清单得到批准。**条款 F.8** 是之前关于具有多型生活史的菌物名称的条款 59，而**条款 F.9** 是之前关于源自相关有机体属名的菌物名称加词的缀词法的条款 60.13。在本版《法规》中，为保持清晰和连续性，通过在常规顺序保留"条款 15"和"条款 59"的标题，避免了自条款 15 往前的规定全面重新编号，但是通过交叉引用的方式表明其内容被转移至第 F 章。

对第 F 章的介绍包括一个强调性的提示，《法规》的其他大部分规则与用于藻类和植物的名称一样适用于菌物的名称，而且第 F 章肯定不是《法规》中仅与菌物学家相关的部分。该章提供了一个具有注释的清单，列出了《法规》其他部分特别相关的规定。

由于第 F 章可由在 2018 年和 2022 年的国际菌物学大会中的任何一届或两届修改，菌物学家应经常查阅《法规》的在线版本，在其中，这些修订将以清晰的方式显示来自一届特定的国际菌物学大会而被纳入。

《法规》的管理——新的第三篇

深圳国际植物学大学通过的对《法规》的第二个重要改变是管理《法规》规程的**第三篇**，被一个几乎全新而更扩展的版本替代。这是由墨尔本植物学大会建立为向深圳大会汇报的关于命名法分会规程的特别委员会（Knapp & al. in Taxon 65: 661–664; 665–669. 2016）形成的。委员会决定，命名法分会以及在两届国际植物学大会期间的常设命名法委员会的运作程序很大程度上是基于传统，部分记录于主要发表在 Taxon 的各种报告中，但也有部分存在于植物学大会从一届至另一届大会的个人（如总报告员）记忆中。会议决定，为保护这种知识，使实践长期稳定下来，并使命名法不再神秘，这些传统应在更新且扩展的第三篇中凝聚成《法规》的实际规定。新的第三篇的大部分反映了目前的做法，尽管一些规定是新的，尤其是由有关机构表决票的特别委员会（Funk & Turland in Taxon 65: 1449–1454. 2016）形成的那些涉及机构表决票的规程（**规程 3**），以及上面提及的由关于与菌物相关的《法规》管理特别分委员会提出的仅与菌物名称相关的修改《法规》的提案（**规程 8**）。规程 1 由有关管理的通用规程组成，**规程 2** 涉及修改《法规》的提案，**规程 4** 定义了命名法分会的角色和职责，**规程 5** 管理命名法分会的程序和表决，**规程 6** 详细说明一届国际植物学大会后发表的报告，**规程 7** 详细说明了 9 个常设委员会及其成员资格、职能和程序规则。有两个是新的常设命名法委员会：机构表决票委员会和注册委员会。维管植物、苔藓植物、菌物、藻类和化石的委员会现在全部称为"专家委员会"，而之前那些称为特别委员会（由一届国际植物学大会建立向下一届大会报告，具有一个特定授权）的委员会则变成"专门委员会"。

第三篇的其他新规则包括命名局成员的任命方式。命名法分会的主席现在由总委员会推选，副报告员由总报告员指定并报总委员会批准。这使得总委员会代替国际植物学大会组织委员会任命相关委员，后者的成员不一定具有命名法的实践经验。

菌物规则的管理

正如在**第三篇**中的规定，除了拥有一个菌物命名法会议（不是分会）外，国际菌物学大会将按照与国际植物学大会相同的原则运行，其菌物命名处由分别相当于主席、总报告员和副报告员的召集人、秘书和副秘书组成。在国际菌物学大会召开之前组织初步的指导性投票，但在菌物命名法会议上没有机构表决票。总报告员作为无表决权的顾问被邀请参加会议。会议有其自己的提名委员会，并为下一届国际菌物学大会选举菌物命名处的秘书和菌物命名法委员会委员，随之由后者提名一位编辑委员会委员。有关涉及修改《法规》第 F 章的提案的出版物发表在期刊 *IMA Fungus* 而不是 *Taxon*。第三篇中相关的规定是规程 1.4 及其脚注、4.13、7.1(g)、7.4、7.8、7.10、7.14 和 8.1–8.12。

请注意，对于涉及菌物名称（包括化石菌物的名称）的个别提案，保留名称、废弃名称或禁止著作的程序并未改变，请求约束性决定的程序也未改变。所有此类涉及菌物名称的个别提案或请求必须继续提交给总委员会，该委员会将把它们指派给相关的专家委员会审查，这一提交现在是通过发表在 *Taxon* 而不是在 *IMA Fungus* 来实现。然而，提议根据条款 F.2.1 保护或根据条款 F.7.1 废弃的名称清单则必须通过发表在 *IMA Fungus* 而提交给总委员会。

藻类和植物名称的注册

在深圳对《法规》的第三个重要改变是接受了关于藻类和植物名称（包括化石）注册的特别委员会形成的大多数提案（Barkworth & al. in Taxon 65: 656–658; 670–672. 2016）。这些提案现在包括在条款 42 中（《墨尔本法规》的条款 42 中与藻类和植物无关的内容转移至第 F 章条款 F.5.4）。条款 42.1–42.3 介绍了藻类和植物名称注册的机制，尽管此类注册现在并不是合格发表的必要条件，且在 2023 年里约热内卢第二十届国际植物学大会前也不会生效。

已经建立注册委员会以协助命名储存库的设计、实施、监督和运行，并向总委员会提出建议（见第三篇规程 7）。

对《法规》的其他修订

在深圳对《法规》做出了许多其他较细微的变更，讨论如下。下列内容并非有意涵盖全部变更，但包括了较为重要的条目。

条款 6 中关于定义名称地位为替代名称或新分类群名称的规则已被修订。替代名称通常是提议为一个较早名称的明确的替代者（确认替代者）（**条款 6.11**），尽管如此，不是明确作为替代者提出的名称可以是替代名称（**条款 6.12**），或者被处理为替代名称或新分类群名称（**条款 6.13**）。关于名称地位的不正确陈述（如新分类群名称、新组合或替代名称）并不妨碍其具不同地位的合格发表（**条款 6.14**）。

条款 7.5 已被改进而更加清晰，即如何为一个由于在发表时在命名上多余名称的不合法名称（条款 52）进行模式标定。不包括该不合法名称有意模式的从属分类群的子句已分开作为**条款 7.6**。

在**条款 8.2** 下，仅隐含在《墨尔本法规》中的采集的定义已在脚注中变得明确。

在**条款 9.1** 中的主模式的定义已被修订，以表明主模式是由作者指明为模式或作者在未如此指明时使用的一份标本或一幅图示。对于没有指明模式的老名称，由于作者拥有的标本可能已经被遗失或损坏，因此往往不能肯定作者仅使用了一份单一标本或一幅单一图示。另外，在原白中提及单个标本或图示不应理解为指明模式，除仅适用于条款 40.1 目的的条款 40.3 外，即，仅适用于发表于 1958 年 1 月 1 日或之后的名称，且于 1990 年 1 月 1 日终止适用，即当必须明确使用单词"typus〔模式〕"或"holotypus〔主模式〕"或一个等同语（条款 40.6）来指定模式时。

条款 9.4 已被修改而使其清晰，即原始材料包括作为原白部分发表的图示。此外，如果作者将它们与分类群相关联，且它们在适当的时间对作者是可用的，标本和图示是原始材料。这代替了在 1994 年《东京法规》中首次引入的相当不合适的要求，即为了让它们有资格作为原始材料，合格化描述或特征集要需基于特定的标本或图示。

根据**条款 9.17**，一个首次模式指定后来发现涉及一个单个采集但多于一份标本时的"第二步"后选模式标定或新模式标定的概念已扩展至也适用于附加模式标定。

根据《墨尔本法规》的**条款 9.19**，如果另一个不与原白冲突的成分可用，一个与原白严重冲突的后选模式或新模式应被取代。然而，如果原始材料中所有成分相冲突，唯一选择是接受随后的命名中断或提议保留该名称具有一个保留模式。根据修订的条款 9.19，一个冲突的后选模式仅可被一个非冲突的成分取代；而在不存在此类成分时，可指定一个新模式。

自 2001 年 1 月 1 日起，**条款 9.23** 要求使用术语"lectotypus〔后选模式〕"或"neotypus〔新模式〕"或一个等同语来指定一个后选模式或新模式。当指定附加模式时，现在必须使用术语"epitypus〔附加模式〕"或一个等同语，且这一规定追溯至 2001 年，由于推定自这一概念首次引入 1994 年的《东京法规》起，所有附加模式指定必须使用这一术语，这不应产生任何问题。

关于使用很大程度上机械的模式选择方法的出版物的特别委员会（条款 10.5(b)）形成了一系列的提案（McNeill & al. in Taxon 65: 1441–1442; 1443–1448. 2016)来处理那些使用很大程度上机械的模式选择方法选择的老问

题，即作者遵循《美国植物命名法规》（Arthur & al. in Bull. Torrey Bot. Club 34: 172–174. 1907）。这些提案在深圳被接受。根据修订后的**条款 10.5**，除非它们已被一个并未使用该方法的相同模式的后续选择所"确认"，否则，此类模式选择可被取代。**条款 10.6** 定义了"很大程度上机械的选择方法"，以及**条款 10.7** 展示了可被定义为一个作者使用了这一方法的标准。

条款 10.5 的另一个变更是删除了多余子句（a），它涉及与原白严重冲突的模式取代。要么这一成分是原白的一部分而不与其冲突，要么该取代已被条款 10.2 所允许。

除了当产生的组合不应是合格发表的（由于它可能为重词名）或者它可能为不合法（由于它可能为一个晚出同名）时，一个属级以下分类群的正确名称可由《墨尔本法规》的条款 11.4 来确定。在此情形下，没有明确的指南来确定正确名称。现在，**条款 11.4** 新增加的最后几句来解释该怎么办，即在相同等级（如可用）的下一个最早的合法名称的最终加词应被使用，否则，可发表一个替代名称或一个新分类群的名称。

条款 14.3 增加了一个句子来规定杂交属的保留名称和废弃名称的应用取决于亲本的陈述，而不是模式，这些名称并不需要遵循条款 H.9.1。这一修订是由例子× *Brassolaeliocattleya* J. G. Fowler 引起的，该名称的拼写最近被提议针对两个较早异名而保留（Shaw in Taxon 65: 887. 2016）。

对**条款 14.15** 的修订现在允许确定一个名称的保留日期。《法规》之前对这个日期保持沉默，而该日期可能是重要的，特别是在判断一个名称在发表时是否为命名上多余的，因为条款 52.2（c）允许明确包含模式可通过引用一个之前保留的模式而实现。对于自 1954 年以来的保留名称，一旦有关保留提案的总委员会的批准被有效发表，保留即生效，这可查阅《法规》附录的在线数据库（http://botany.si.edu/references/codes/props/index.cfm）。这也适用于根据**条款 F.2** 保护的名称。

上一届编辑委员会在准备《墨尔本法规》时，回避了在条款 16–19 中统一将词组"基于〔based on〕"变更为"构自于〔formed from〕"，这在那里应用于一个构自于一个属名的自动模式标定的属以上的名称，如菊科（Asteraceae）构自于紫菀属（*Aster*），但是，"基于"可能错误地暗示 *Aster* 是 Asteraceae 的基名。遵循在深圳移交给编辑委员会的提案，在整个《法规》的适当之处，"基于"均已变更为"构自于"。

条款 16.3 已被修订，因而，在门和亚门等级的藻类的名称现在分别以 -*phyta* 和 -*phytina* 结尾取代了《墨尔本法规》中的 -*phycota* 和 -*phycotina*。然而，对于纲和亚纲等级的藻类植物的名称，仍然要求结尾是-*phyceae* 和-*phycidae*。

在墨尔本国际植物学大会上引入的有关电子出版物的规则在很大程度上证明具有可塑性。最具争议的内容可能是，在其包含一个具页码编排的在线和（或）印刷版的期刊的一期或一卷之前，在线发表的论文中使用的初步页码编号。它已建议初步页码编号是一个"初级版本已被或将被出版者视为最终的版本替代"的证据，根据《墨尔本法规》的条款 30.2，它应不是有效发表的。在《深圳法规》中，重点已被转移至电子出版物的文本，它被规定为排除卷、期、论文或页面编号（**条款 30.3**），因此，当该文本仅是最初的且已被或将被出版者视为最终的版本所替代的证据时，仅具有那个最终文本的版本是有效发表的（**条款 30.2**）

辅则 30A.1 要求电子出版的初级版本和最终版本一旦发行，应清楚地指明如此，并强烈建议短语"Version of Record"〔记录版本〕应仅被用于指明一个其文本将不再更改的最终版本。

对于一个根据**条款 34.1** 应禁止并包括在**附录 1** 中的出版物，以致在那个出版物中在指定等级上的新名称不是合格发表的，其可能性已扩展至使得在该出版物中与指定等级上的任何名称相关的任何命名行为无效。**条款 34.2** 也已修改，规定那些禁止具有追溯既往之效。

根据**条款 36.3**，在 1953 年 1 月 1 日或之后发表的互用名称不是合格发表的。互用名称的定义已被这样修改，它们不仅仅是"基于相同的模式的两个或多个不同名称……被同一作者同时提议给同一分类群"，而且是"在同一出版物中同时接受……且被那个作者接受作为选择性的"名称。如果这些准则适用，这些名称（如果是新的）中没有一个是合格发表的。

描述性陈述是否满足条款 38.1（a）的要求有疑问时，**条款 38.4** 允许做出一个名称是否合格发表的约束性决定。现在规定这些约束性决定具有追溯既往之效。

如上关于主模式的条款 9.1 所述，**条款 40.3** 的第二句已修订而使它更清楚，仅适用于条款 40.1 的目的，即仅适用于指明模式作为 1958 年 1 月 1 日或之后发表的属或属之下等级的新分类群的名称合格发表的要求。条款 40 的所有其他条款已被日期明确地限定且绝不应用于发表在 1958 年之前的名称。

条款 40.8 是新的，对于一个发表于 2019 年 1 月 1 日或之后的名称，当模式是培养物时，要求原白必须包括该培养物保存在新陈代谢不活跃状态的陈述。

在《法规》的数个版本中，作者引用已经复杂到令人生畏，但是，一个新的**条款 46 注释 1**（跟随条款 46.1）可能使事情变得稍微容易些，它指出"一个分类群的名称归予在其中它出现的出版物的作者……除非条款 46 的一个或多个条款另有规定"。

条款 46.4 规定，一个取自未被合格发表的不同"名称"（即一个不同的称谓）的合格发表名称应仅归予该合格发表名称的作者。该规则的范围现在已经被扩展，因而它不再仅适用于双名和称谓（即在种的等级）。

条款 52.2 列出了明确包含一个名称的模式可能实现涉及命名多余性的条款 52.1 的目的的方式。这些方式之一是"通过引用名称本身或当时的任一同模式的名称"。新规则**条款 52.3** 规定，一个如此引用的名称可"通过一个对它直接而不含糊的引证"而实现，它可以是引用其"原始序号或准确的特征性短语名称"，后者的意思也就是一个林奈的多词名而不是它相应的双名。另外，新的**条款 52 注释 3** 指出，引用晚出的等名在某些情况下可以等同于引用该名称本身。

当名称或其加词足够相似而易被混淆时，**条款 53.4** 允许就名称是否应处理为同名做出约束性决定。现在规定此类约束性决定具有追溯既往之效。

跨《法规》的同名性根据**条款 54.1** 处理，其中两个子句是新的。首先，一个有机体的名称被《国际藻类、菌物和植物命名法规》涵盖且依其为合格发表的，但最初是根据另一《法规》为一个分类群发表，如果它根据其他《法规》通常由于同名性而不可用（条款 54.1(b)(1)），则是不合法的。其次，一个属名如果与一个较早的在《国际栽培植物命名法规》下的属间嫁接杂合体"名称"的拼写相同，则被处理为不合法的晚出同名（条款 54.1(c)）。同样涉及跨《法规》的同名性，上面提及的第 F 章中新的**条款 F.6.1** 规定，在 2019 年 1 月 1 日或之后发表的菌物的名称如果是原核生物或原生动物名称的晚出同名，则是不合法的。

条款 55.4 是新的，明确允许一个原置于为晚出同名的种或属的名称下的组合应不改变作者归属或合格发表的日期而置于各自的早出同名下（在此，它实际上是相同组合）。

条款 56.3 已增加规定，根据条款 56 或 F.7 废弃的名称在总委员会批准相关废弃提案有效发表之日生效。与保留或保护的提案一样，这可在《法规》附录的在线数据库中查询。

涉及在多型菌物名称中的一种特定状态的**条款 57.2** 未被转移到第 F 章，但作为在深圳接受的提案结果而被删除。

作为对在深圳移交给编辑委员会的提案的回应，处理名称缀词法的**条款 60**

已被重组，规则被安排成更合逻辑的顺序，并消除了两条"后门规则"，即条款 60.8 强制执行的辅则 60G.1(a) 和条款 60.12 强制执行的辅则 60C.1。源自这两条辅则的相关内容已被合并入规则，作为有关词尾的**条款 60.8** 和有关复合形式的**条款 60.10**。

　　新的**条款 60.6** 可能表面上看起来与**条款 60.5** 相似，但是条款 60.5 涉及字母 *u*、*v* 或 *i*、*j* 的用法可交换使用或在其他方面与现代印刷习惯不相符，而条款 60.6 涉及其使用与现代命名习惯不相符（因而，是 *japonicus*，而不是 *iaponicus*），且另外包含有关希腊文双元音 ευ 转写为 *eu* 而不是 *ev*（因而，是 *Euonymus*，而不是 *Evonymus*）。

　　条款 60.12 也是新的，规定在化石属的名称中连字号总是处理为通过删除该连字号而可更正的错误。在非化石属的名称中，在原白中存在的连字符必须保留，且仅可通过保留而被删除。

　　最后，遵从在深圳接受的一条提案，之前有关杂种的名称的附录 I 不再是附录，而是《法规》正文的一部分。其条款之前的编号（条款 H.1~H.12）被保留，并且，它构成**第 H 章**（H 代表杂种），紧跟第 F 章后，第三篇之前。

例子中的书目引证

　　编辑委员会关注到例子中的不一致，其中，名称跟随着放入括号内的出版物的年份或完整的书目引证。对于在引用上的这个差异有一个基本的原则：可在命名索引（如国际植物名称索引〔the International Plant Names Index〕[IPNI]）中找到的名称仅引用年份，更难找到的名称，如早于 1976 年发表的种下分类群的名称或化石分类群的名称，则提供了完整的引证。然而，有时当名称可在索引中容易找到时，完整的引证也被提供，部分是由于自例子进入《法规》后，索引（如菌物索引〔Index Fungorum〕、菌物库〔MycoBank〕和藻类名称索引〔Index Nominum Algarum〕）得到了完善，而反过来，有时在完整的文献不易找到时仅引用年份。编辑委员会决定宁可在日期仅被引用时扩展成完整的引证，也不愿删除已提供的文献，进而使得《法规》更加完善。特别感谢桑德拉·纳普完成查找大部分这些文献的艰苦任务，这些文献由总报告员修订后将其插入《法规》中。

术　语　表

　　术语表保持其基本结构，但已被修订和更新。在术语表中的新增条目包括：

"确认"、"归予"、"标识码"、"命名行为"、"作为异名"、"保护名称"、"被取代"，同时一些已存在的条目被实质性地修订，如"自动名"、"主模式"、"等级"；条目"互用科名"变更为"互用名称"以与本《法规》中偏爱的术语一致。这反映了术语表的基本功能，它严格地解释了在本《法规》中使用的术语，并在可能时使用与《法规》中这些术语相关的准确措辞。术语表并不寻求涵盖在藻类、菌物和植物命名法中有用的所有术语；如需查询，使用者可参考诸如 Hawksworth 的著作《生物命名中使用的术语》〔*Terms used in Bionomenclature*〕（2010，网址 https://www.gbif.org/document/80577）。

附　　录

　　《法规》的附录（不包括之前关于杂种名称的附录 I，即现在的第 H 章）在过去数年间由 John Wiersema 负责，现作为在线数据库依托于华盛顿特区的史密森国家自然历史博物馆植物部（http://botany.si.edu/references/codes/props/index.cfm）。它们将继续以这一形式在线可用，但并不排除作为印刷品或以移动文档格式（PDF）出版的可能性。

　　当以前的附录 I（杂种的名称）变成第 H 章时，剩余的附录需要重新编号。编辑委员会决定，由于其效果可影响所有等级的名称，以前的附录 VI（禁止著作）在逻辑上应变为新的**附录 I**。**附录 II~V** 保持不变，而以前的对于《法规》相对较新的附录 VII 和 VIII（约束性决定）分别变为**附录 VI 和 VII**。在深圳批准的菌物保护名称清单（条款 F.2）作为个别名称指明为保护而依其等级合并在附录 IIA、III 和 IV 中。没有菌物的废弃名称清单（条款 F.7）被批准。

本《法规》中使用的格式及标准

　　《法规》最近版本使用三种不同大小的字号，辅则和注释的字体较条款小，例子和脚注使用较辅则和注释更小。在这一个版本中维持这些字体大小反映了强制性规则（条款）、补充信息或建议（注释和辅则）和解释性材料（例子和脚注）之间的区别。解释某些最初可能不甚清楚但在《法规》的其他地方被明确或隐含地提及的内容的注释，被恰如其分地使用一个代表"信息"（information）的"i"标记（至少在本法规的印刷版本中），并以与条款编号相同的方式突出显示。注释具有约束力，但与条款不同，它并不引入新的规定或概念。例子除了较小的字体外，还以缩进方式区别。有 19 个例子，阐明条款特定的带有字母的子句（条款 9.19、10.7、36.1、41.8 和 54.1），在此情形下，相应的字母引用在例子开始处的括号内，如 "(a)"。

　　和所有最近的版本一样，《法规》管理的学名不论等级一贯地以斜体印刷。由于印刷格式是编辑风格和传统的问题，而不是命名法问题，本《法规》在这方面并不设置约束性标准。然而，出于国际上一致性的考虑，编辑和作者可能希望考虑遵循本《法规》示范的做法，它已被普遍接受并在大量植物学和菌物学期刊中遵从。为了更好地区分学名，斜体不用于拉丁语中的专业术语和其他词汇，尽管它们依然被用于学名部分的单词成分。

　　编辑委员会努力尝试实现在文献格式和正式表述上的一致性。正如辅则46A 注释 1 提及的，尽管具有额外的空格，本《法规》呈现的学名的作者引用依照 Brummitt 和 Powell 的《植物名称的作者》〔*Authors of Plant Names*〕（1992）标准化，必要时更新自国际植物名称索引（http://www.ipni.org/）。在书目引用中，书的标题缩写遵循《分类学文献》第二版〔*Taxonomic Literature*, ed. 2〕（*TL-2*; Stafleu & Cowan in Regnum Veg. 94, 98, 105, 110, 112, 115, 116. 1976–1988; Supplements 1-6: Stafleu & Mennega in Regnum Veg. 125, 130, 132, 134, 135, 137. 1992–2000; Supplements 7 & 8: Dorr & Nicolson in Regnum Veg. 149, 150. 2008 & 2009；在线于 http://www.sil.si.edu/digitalcollections/tl-2/index.cfm），若未见于 *TL-2* 时，依此类推，但通常首字母大写。对于期刊标题，缩写遵循 Bridson 等的 *BPH-2. Periodicals with botanical content. Constituting a second edition of Botanico-periodicum-huntianum*（2004，网址 http://huntbotanical.org/databases/show.php?1），若未见于 *BPH-2* 时，依此类推。标准的标本馆代码遵循 Thiers 的《标本馆索引》〔*Index Herbariorum*〕（持续更新中，网址 http://sweetgum.nybg.org/science/ih/）。

致　　谢

　　首先感谢编辑委员会的同仁们努力工作、耐心和互助，感谢他们所在机构对他们在命名法工作上的支持。

　　感谢下列人员在命名法会议上的贡献：洪德元院士在分会上鼓舞人心的开场演讲；书记员张力和邓云飞；书记员助理 Anna Monro；副主席 Renée Fortunato、Werner Greuter、李德铢、John McNeill、Gideon Smith 和 Karen Wilson；提名委员会的委员 Alina Freire-Fierro、Vicki Funk、Dmitry Geltman、David Hawksworth、Regina Hirai、马金双、David Middleton、Gideon Smith 和 Kevin Thiele；计票员 Heather Lindon、Melanie Schori、Gustavo Shimizu 和童毅华；当然还有国际植物学大会组织委员会及所有协助分会顺利进行的深圳当地工

作人员和志愿者。

感谢国际植物分类学会理事会及其成员，包括其前任和现任主席 Vicki Funk 和 Patrick Herendeen 及秘书长 Karol Marhold 保持国际植物分类学会对命名法的传统承诺，资助了在柏林的编辑委员会会议。特别感谢在布拉迪斯拉发的 IAPT 中心办公室常务秘书 Eva Senková 在初步指导性投票、机构选票、国际植物学大会和编辑委员会会议的旅行后勤及费用方面的帮助。感谢同在国际植物分类学会中心办公室的 Matúš Kempa 在初步指导性投票中提供信息技术支持。

感谢柏林自由大学的柏林植物园暨植物博物馆（BGBM）主任 Thomas Borsch 承办编辑委员会会议，提供了会议室、图书馆设施和互联网接入。我们也对 BGBM 主任办公室的 Gabriela Michaelis 在会议后勤方面的有益帮助表示感激。还要感谢 BGBM 图书馆的工作人员提供那些不在线的出版物。伦敦历史自然博物馆图书馆的工作人员帮助 Sandra Knapp 在其为《法规》的例子添加文献引证时提供各种出版物。

感谢 Paul van Rijckevorsel 在编辑方面的建议，特别是他创建的链接在 IAPT 网站（http://www.iapt-taxon.org/historic/index.htm）的"自 1867 年以来的《法规》总览"中有用的资料。这在及时回溯以前的《法规》规定以澄清隐晦含义上颇有帮助。

我们也由衷地感谢其他给予编辑建议、想法或例子的同行：Robert Andersen、John David、Vincent Demoulin、邓云飞、Kanchi Gandhi、Mark Garland、Rafaël Govaerts、Martin Head、Paul Kirk、Joseph Kirkbride、David Mabberley、Gregory Mueller、Luís Parra、Richard Rabeler、Rosa Rankin、Alexander Sennikov、Judith Skog、Mark Watson、Karen Wilson、Peter Wilson、William Woelkerling、朱相云和 Gea Zijlstra。非常感谢 Regnum Vegetabile 的制作编辑 Franz Stadler 对《深圳法规》最终文稿的出色编辑、编排和页面排版。封面设计由 Pollyanna von Knorring 精妙地绘制。命名法分会的合影照片由书记员张力拍摄并提供。感谢 Koeltz Botanical Books 的 Sven 和 Per Koeltz 帮助出版《深圳法规》，并允许 IAPT 在线出版。

总报告员感谢其妻子 Christine Turland 对其致力于法规编辑期间的持续宽容和理解。

《法规》在两次大会之间的实施有赖于各常设委员会（总共大约 130 位委员）持续不断投入的努力，他们主要处理名称的保留、保护或废弃和禁止著作的提案，以及约束性决定的请求。还有由一届国际植物学大会建立的授权研究特定命名问题并向下一届国际植物大会报告的专门委员会的成员。期刊 *Taxon* 和 *IMA Fungus* 的栏目编辑投入大量时间和精力，提案、决定请求和委员会报告发表于此。藻类、菌物和植物命名法以由人数众多的分类学家志愿承担大量细致而有效的工作所支持而著称。《法规》的使用者受益于这些努力，我们真诚地感激参与这项工作的所有人。

《法规》正文文本的在线版本及其附录的在线数据库有赖于网站依托的两个机构的持续支持：IAPT 中心办公室（布拉迪斯拉发）对正文文本，以及史密森国家自然历史博物馆植物部（华盛顿特区）对附录的支持。

《国际藻类、菌物和植物命名法规》是在国际植物学大会授权下出版，而其关于处理为菌物的有机体的名称的第 F 章是在国际菌物学大会（IMC）的授权下出版的。修改《法规》的规程在第三篇详述。下一届即第十一届国际菌物学大会（IMC11）将于 2018 年 7 月 16~21 日在波多黎各的圣胡安举行，其命名法会议在 7 月 19 日举行。第十二届国际菌物学大会（IMC12）将于 2022 年举行。下一届国际植物学大会即第二十届国际植物学大会（XXIBC）将于 2023 年 7 月 23~29 日在巴西里约热内卢举行，其命名法分会将在之前的一周（7 月 17~21 日）召开。修改《法规》（第 F 章除外）的提案可发表在 *Taxon*，自 2020 年开始，2022 年结束。2020 年年初，在 *Taxon* 发表通告，宣布提案专栏开始并提供有关程序和格式的说明。在 2022 年的 IMC12 上讨论修改第 F 章的提案，可发表在 *IMA Fungus* 上，也将发表类似的通告。

正如之前的版本，这一《法规》是多年国际协作与合作进程的结果。其学术地位取决于其规则被藻类、菌物和植物名称的作者、编辑、出版者及其他使用者的自愿认可。我们相信，您作为这些使用者之一将乐意接受这版《深圳法规》。

　　　　　　　　　　　　　　　　NJ 特兰德　　JH 威尔斯曼
　　　　　　　　　　　　　　　　2018 年 3 月 26 日

重新编号的条款、注释和辅则的检索表

本检索表包括本《法规》中对重新编号的条款、注释和辅则的所有变更，其中包含由于明确地将限于处理为菌物的有机体的条款转移至第 F 章产生的变更。表决过的例子及脚注也包括在其中，但常规的例子由于可通过提及的学名经由索引易于检索而省略。

1. 《墨尔本法规》至《深圳法规》

条款 6 注释 3	条款 6 注释 4
条款 6 注释 4	条款 6 注释 5
条款 7.5	条款 7.5 和 7.6
条款 7.6	条款 7.7
条款 7.7	条款 7.8
条款 7.8	条款 7.9
条款 7.9	条款 7.10
条款 7.10	条款 7.11
条款 7*例 13	条款 7*例 16
条款 8.1 脚注	条款 6.1 脚注
条款 8.3 脚注（第 3 句）	条款 8.2 脚注（第 2 句）
辅则 8A.4 脚注	条款 6.13 脚注
辅则 8B.3	删除
条款 9.2	条款 9.3
条款 9.3	条款 9.4
条款 9.3(b, c)	条款 9.4(c, d)
条款 9 注释 4	条款 F.3 注释 2
条款 9.4	条款 9.5
条款 9.5	条款 9.6
条款 9.6	条款 9.7
条款 9.7	条款 9.8

2. 《深圳法规》至《墨尔本法规》

本《法规》中的重要日期

本《法规》中特定条款生效或终止的日期

1753 年 5 月 1 日	条款 7.9, 13.1(a, c, e), 13 注释 1, F.1.1
1789 年 8 月 4 日	条款 13.1(a, c)
1801 年 1 月 1 日	条款 13.1(b)
1820 年 12 月 31 日	条款 13.1(f)
1848 年 1 月 1 日	条款 13.1(e)
1886 年 1 月 1 日	条款 13.1(e)
1887 年 1 月 1 日	条款 37.2
1890 年 1 月 1 日	条款 37.4
1892 年 1 月 1 日	条款 13.1(e)
1900 年 1 月 1 日	条款 13.1(e)
1905 年 6 月 17 日	条款 14 注释 4(a)
1908 年 1 月 1 日	条款 38.7, 38.8
1910 年 5 月 18 日	条款 14 注释 4(b)
1912 年 1 月 1 日	条款 20.2, 43.2
1921 年 1 月 1 日	条款 10.7(c–f)
1935 年 1 月 1 日	条款 10.7(a–f), 39.1
1940 年 6 月 1 日	条款 14 注释 4(c)(1)
1950 年 7 月 20 日	条款 14 注释 4(c)(2)
1953 年 1 月 1 日	条款 30.5, 30.7, 30.8, 30.9, 36.3, 37.1, 37.3, 38.13, 41.3, 41.4, 41.5, 41.6, 41.8
1954 年 1 月 1 日	条款 14.15
1958 年 1 月 1 日	条款 40.1, 44.1, 44.2
1973 年 1 月 1 日	条款 30.7, 33.1
1990 年 1 月 1 日	条款 9.22, 40.6, 40.7
1996 年 1 月 1 日	条款 43.1
2001 年 1 月 1 日	条款 7.11, 9.15, 9.23, 43.3

2007 年 1 月 1 日	条款 40.4, 41.5
2011 年 12 月 31 日	条款 39.1, 44.1
2012 年 1 月 1 日	条款 29.1, 29 注释 1, 39.2
2013 年 1 月 1 日	条款 F.5.1, F.8.1
2019 年 1 月 1 日	条款 40.8, F.5.4, F.6.1

涉及适用于特定类群的日期的条款

所有类群	条款 7.11, 9.22, 9.23, 10.7, 14.15, 14 注释 4(a, b), 20.2, 29.1, 29 注释 1, 30.5, 30.7, 30.8, 30.9, 33.1, 36.3, 37.1, 37.2, 37.3, 37.4, 38.7, 38.8, 38.13, 39.2, 40.1, 40.6, 40.7, 41.3, 41.4, 41.5, 41.6, 41.8
藻类	条款 7.9, 13.1(e), 13 注释 1, 40.4, 40.8, 44.1, 44.2
苔藓植物	条款 7.9, 13.1(b, c), 13 注释 1, 39.1, 40.4
化石	条款 7.9, 9.15, 13.1(f), 43.1, 43.2, 43.3
菌物	条款 13 注释 1, 14 注释 4(c)(2), 39.1, 40.4, 40.8, F.1.1, F.5.1, F.5.4, F.6.1, F.8.1
维管植物	条款 13.1(a), 13 注释 1, 14 注释 4(c)(1), 39.1, 40.4

规定某些著作日期的条款

条款 13.1(a–c, e, f), 13 注释 1, F.1.1

导　言

1. 生物学需要一个在所有国家使用的精确而简单的命名系统，一方面处理指示分类群或分类单元等级的术语，另一方面处理适用于各个分类群的科学名称。给予一个分类群名称的目的不是为了表明其特征或历史，而是提供一个指称它的及表明其分类等级的方式。本《法规》旨在提供一个命名分类群的稳定方法，避免和杜绝使用那些可能导致错误或模糊或引起科学混乱的名称。另一个重要目的是避免无用地创造名称。其他诸如语法的绝对正确、名称的规则化或悦耳、或多或少的一般惯例、对人的尊重等方面的考虑尽管具有不可否认的重要性，但相对而言是次要的。

2. 藻类、菌物和植物是本《法规》涵盖的有机体〔organism〕[1]。

3. 原则构成本《法规》管辖的命名系统的基础。

4. 详细的规定分为以条款（Art.）陈述的规则（有时以注释澄清）和辅则（Rec.）。添加给规则和辅则的例子（Ex.）[2]是用来举例说明它们的。在本《法规》中使用的术语定义包含在术语表中。

5. 规则的目的是整理过去的命名，并使将来的命名有章可循；与规则相悖的名称不能被保留。

6. 辅则处理辅助性的事项；其目的是使命名（特别是未来的命名）更加统一和清晰；与辅则相悖的名称不能因此而被废弃，但它们不应作为例子加以效仿。

7. 管理本《法规》的规程构成其最后一部分（第三篇）。

8. 本《法规》的规定适用于传统上处理为藻类、菌物和植物的所有有机体（无论是化石或非化石），包括蓝绿藻（蓝细菌）[3]、壶菌、卵菌、黏菌类〔slime moulds〕

1　在本《法规》中，除非另有说明，"有机体"一词仅适用于被本《法规》涵盖的有机体，即那些传统上被植物学家、菌物学家和藻类学家所研究的对象（见导言8）。

2　也见条款7*例13脚注。

3　关于其他原核生物类群的命名见《国际原核生物命名法规》〔*International Code of Nomenclature of Prokaryotes*〕。《原核生物法规》（2008年版）；DOI: https://doi..org/10.1099/ijsem.0.000778；之前为《国际细菌命名法规》〔*International Code of Nomenclature of Bacteria*〕（《细菌法规》〔*Bacteriological Code*〕）。

和光合原生生物及在分类上与其近缘的非光合类群（但微孢子虫〔*Microsporidia*〕除外）。有关杂种的名称的规定见第 H 章。

9. 被保留、保护或废弃的名称、禁止著作和约束性决定见附录 II–VIII。

10. 无论是与正文文本一起或分开出版，附录是构成本《法规》不可分割的部分。

11. 《国际栽培植物命名法规》〔*International Code of Nomenclature for Cultivated Plants*〕是由国际栽培植物命名委员会授权制定的，处理适用于在农业、林业和园艺上特殊类别的有机体名称的使用和构成。

12. 改变一个名称的唯一适当原因是对有关事实的更深刻认识源自充分的分类学研究，或必须放弃一个有悖于规则的命名。

13. 当缺乏有关规则或对使用规则产生的后果有疑问时，已确立的惯例应被遵守。

14. 本版《法规》取代之前的所有版本。

第一篇　原　　则

原则 I

藻类、菌物和植物的命名独立于动物和原核生物的命名。本《法规》同等地适用于处理为藻类、菌物和植物的分类群名称，无论这些类群最初是否被如此处理（见导言 8）。

原则 II

分类群名称的应用由命名模式所决定。

原则 III

分类群的命名以出版物的优先权为基础。

原则 IV

除在特定情形下，每一个具有特定的界定、位置和等级的分类群只能拥有一个正确名称，即符合各项规则的最早名称。

原则 V

无论其来源如何，分类群的科学名称被处理为拉丁文。

原则 VI

除非明确限定，各项命名规则有追溯既往之效。

第二篇 规则和辅则

第一章 分类群及其等级

条款 1

1.1. 在本《法规》中，任何等级的分类学类群将被称为分类群〔taxa，单数为taxon〕。

1.2. 一个其名称基于化石模式的分类群（硅藻分类群除外）是化石分类群〔fossil-taxon〕。正如在该分类群的原始或任何后续的描述或特征集要中所指明的（也见条款 11.1 和 13.3），一个化石分类群由亲本有机体在一个或多个保存状态下的一个或多个部分、或其一个或多个生活史阶段的遗骸组成。

> **例 1.** *Alcicornopteris hallei* J. Walton (in Ann. Bot. (Oxford), ser. 2, 13: 450. 1949)是一个化石种，其原始描述中包括部分保存为压型化石及部分为石化化石的种子蕨的叶轴、孢子囊和孢子。

> **例 2.** *Protofagacea allonensis* Herend. & al. (in Int. J. Pl. Sci. 56: 94. 1995) 是一个化石种，因其原始描述中包括花药中具有花粉粒的雄花组成的二歧聚伞花序、果实和托斗，所以，它由多于一个部分和多于一个生活史阶段组成。

> **例 3.** *Stamnostoma* A. G. Long（in Trans. Roy. Soc. Edinburgh 64: 212. 1960）是一个最初描述时仅有 *S. huttonense* A. G. Long 一种的化石属，包含解剖状态保存的胚珠与完全融合的珠被，形成了一个环绕着壶状房的开放珠托。Rothwell & Scott（in Rev. Palaeobot. Palynol. 72: 281. 1992）后来修改了该属的描述，扩展了它的界定，包括了着生胚珠的托斗。只要名称 *Stamnostoma* 包括 *S. huttonense*，而不是任何较早的合法属名的模式，它可应用于一个具有二者中任一界定或任何可能涉及其他部分、生活史阶段或保存状态的其他界定。

条款 2

2.1. 每一个有机体个体被处理为隶属于一个在连续从属等级上数目无限的分类群，其中种是基本等级。

条款 3

3.1. 分类群的主要等级从高到低依次为：界（regnum）、门（divisio 或 phylum）、纲（classis）、目（ordo）、科（familia）、属（genus）和种（species）。因而，每个种归隶于一个属，每个属可归隶于一个科，依此类推。

ⓘ 注释 1. 因为其名称是组合（条款 21.1，23.1 和 24.1），种和属内次级区分必须归隶于属，种下分类群必须归隶于种，但是这一规定并不妨碍有关等级高于属、分类位置未定的分类群。

> **例 1.** 无知果属 *Haptanthus* Goldberg & C. Nelson (in Syst. Bot. 14: 16. 1989)最初描述时未被归隶于一个科。

> **例 2.** 化石属 *Paradinandra* Schönenberger & E. M. Friis (in Amer. J. Bot. 88: 478. 2001)被归隶于 "*Ericales* s.l."，但其科的位置给予 "位置未定"。

3.2. 杂交分类群（nothotaxa）的主要等级是杂交属和杂交种。这些等级与属和种相同。前缀 "notho-" 表示杂交属性（见条款 H.1.1）。

条款 4

4.1. 分类群的次要等级从高到低依次是：科与属之间为族（tribus）、属与种之间为组（sectio）和系（series），种以下为变种（varietas）和变型（forma）。

4.2. 如果需要更多数量的分类群等级，这些等级的术语可通过加前缀 "sub-〔亚-〕" 至指示主要或次要等级的术语构成。因而，一个有机体可以归隶于下列等级（从高到低顺序）的分类群：界（regnum）、亚界（subregnum）、门（divisio 或 phylum）、亚门（subdivisio 或 subphylum）、纲（classis）、亚纲（subclassis）、目（ordo）、亚目（subordo）、科（familia）、亚科（subfamilia）、族（tribus）、亚族（subtribus）、属（genus）、亚属（subgenus）、组（sectio）、亚组（subsectio）、系（series）、亚系（subseries）、种（species）、亚种（subspecies）、变种（varietas）、亚变种（subvarietas）、变型（forma）和亚变型（subforma）。

ⓘ 注释 1. 无论是否采用任何次要等级（条款 4.1），可构成和使用通过添加 "sub-〔亚-〕" 至主要等级（条款 3.1）而构成的等级。

4.3. 只要不引起混乱和错误，还可插入或增加更多的等级。

4.4. 除了杂交属是允许的最高等级外，杂交分类群的从属等级与非杂交分类群的从属等级相同（见第 H 章）。

❶ **注释 2.** 贯穿本《法规》，短语"科内次级区分〔subdivision of a family〕"仅指等级在科与属之间的分类群，"属内次级区分〔subdivision of a genus〕"仅指等级在属与种之间的分类群。

❶ **注释 3.** 对于用于农业、林业和园艺的特定类别的生物体的称谓，见导言 11 和条款 28 注释 2、4 和 5。

❶ **注释 4.** 在寄生生物（特别是菌物）的分类中，对于那些从生理学角度具有特征而从形态学角度几乎没有或完全没有区分特征的分类群，作者不给予种、亚种或变种的地位时，可以根据其对不同寄主的适应特性区分为种内的专化型〔special form〕（formae specials），但专化型的命名不受本《法规》规定的管辖。

条款 5

5.1. 条款 3 和条款 4 中所规定的等级的相对顺序不可改变（见条款 37.6 和 F.4.1）。

辅则 5A

5A.1. 为标准化起见，推荐下列缩写：cl.（纲）、ord.（目）、fam.（科）、tr.（族）、gen.（属）、sect.（组）、ser.（系）、sp.（种）、var.（变种）、f.（变型）。对于由添加前缀 sub-构建的其他等级或添加前缀 notho-构成的杂交分类群，缩写应通过添加前缀构成，如 subsp.（亚种）、nothosp.（杂交种），但 subg.（亚属）不是"subgen."。

第二章　名称的地位、模式标定和优先权

第一节　地位的定义

条款 6

6.1. 有效出版物〔effective publication〕是指符合条款 29–31 的出版物。除在指定情形外（条款 8.1,9.4（a）、9.22，辅则 9A.3 和条款 40.7），就本《法规》而言，文本和图示[1]必须有效发表，才被考虑。

6.2. 名称的合格发表〔valid publication〕是指符合条款 32–45、F.4、F.5.1、F.5.2 和 H.9 的相关规定的发表（也见条款 61）。

❶ **注释 1.** 就命名目的而言，合格发表创造一个名称，且有时也创造一个自动名〔autonym〕（条款 22.1 和 26.1），但其本身并不意味着任何超出包含该名称的模式之外的分类学界定（条款 7.1）。

6.3. 在本法规中，除非另外指明，词语"名称〔name〕"意指一个已经合格发表的名称，无论它是合法的或不合法的（见条款 12，但见条款 14.9 和 14.14）。

❶ **注释 2.** 当基于相同模式的相同名称可能被不同作者在不同时间独立发表时，这些"等名〔isonym〕"中仅最早的那个具有命名地位。名称应引用其最初合格发表之处，而晚出等名则可忽略（但见条款 14.14）。

> **例 1.** Baker (Summary New Ferns: 9. 1892)和 Christensen (Index Filic.: 44. 1905)分别发表了名称 *Alsophila kalbreyeri* 作为 *A. podophylla* Baker (in J. Bot. 19: 202.1881) non Hook. (in Hooker's J. Bot. Kew Gard. Misc. 9: 334.1857)的替代名称。当被 Christensen 发表时，*A. kalbreyeri* 是 *A. kalbreyeri* Baker 的一个没有命名地位的晚出等名（也见条款 41 例 24）。

> **例 2.** 在发表 "*Canarium pimela* Leenh. nom. nov." 时，Leenhouts (in Blumea 9: 406. 1959) 重新使用归予他自己且基于相同模式的不合法名称 *C. pimela* K. D. Koenig〔乌榄〕(in Ann. Bot. (König & Sims) 1: 361. 1805)。他因而创造了一个没有命名地位的晚出等名。

> **例 3.** 由于 Schinz 引用了合法名称 *Hedysarum ecastaphyllum* L. (Syst. Nat., ed. 10: 1169.

---

1 在本《法规》的此处和他处，术语"图示〔illustration〕"定义为描述一个有机体的一个或多个特征的一幅艺术作品或一张照片，如一幅绘画、一张标本馆标本的照片或一张扫描电子显微镜照片。

1759)作为异名，名称 *Dalbergia brownei* (Jacq.) Schinz (in Bull. Herb. Boissier 6: 731. 1898) 在发表时在命名上是多余的。即便如此，因为 *D. brownei* 有一个基名（*Amerimnon brownei* Jacq.），它是合法的（条款 52.4）。在排除 *H. ecastaphyllum* 时，Urban (Symb. Antill. 4: 295. 1905)发表了 "*D. Brownei* Urb." 作为替代名称。这是一个没有命名地位的晚出等名。

6.4. 不合法名称〔illegitimate name〕是如条款 18.3、19.6 或 52–54、F3.3 或 F.6.1（也见条款 21 注释 1 和条款 24 注释 2）所认定的那个名称。根据本《法规》，在发表时为不合法的名称之后不能变为合法，除非条款 18.3 或 19.6 另有规定，它被保留（条款 14）、保护（条款 F.2）或认可（条款 F.3），或该名称根据条款 52 为多余的且其有意的基名被保留或保护。

> **例 4.** 由于包含了 *Skeletonema* Grev.〔骨条藻属〕(in Trans. Microscop. Soc. London, n.s., 13: 43. 1865)的原始模式，*Skeletonemopsis* P. A. Sims (in Diatom Res. 9: 389. 1995)在发表时为不合法。当 *Skeletonema* 基于不同模式被保留时，*Skeletonemopsis* 仍保持为不合法，但为了可被使用，它必须被保留（见 App. III）。

6.5. 合法名称〔legitimate name〕是符合各项规则的名称，即不是如条款 6.4 所定义为不合法的名称。

6.6. 在科或以下等级，一个具有特定界定、位置和等级的分类群的正确名称〔correct name〕是根据各项规则必须为其采用的合法名称（见条款 11）。

> **例 5.** 属名 *Vexillifera* Ducke (in Arch. Jard. Bot. Rio de Janeiro 3: 140.1922)基于单个种 *V. micranthera* Ducke，是合法的。属名 *Dussia* Krug & Urb. ex Taub. (in Engler & Prantl, Nat. Pflanzenfam. 3(3): 193. 1892)基于单个种 *D. martinicensis* Krug & Urb. ex Taub.，也同样如此。当考虑作为独立的属时，两个属名都是正确名称。然而，Harms (in Repert. Spec. Nov. Regni Veg. 19: 291. 1924)将 *Vexillifera* 和 *Dussia* 合并为一个属；后者是具那个特定界定的属的正确名称。因而，根据不同的分类学概念，合法名 *Vexillifera* 可为正确或不正确。

6.7. 属级以下分类群的名称由属名与一个或两个加词组合而成，称为组合〔combination〕（见条款 21、23 和 24）。

> **例 6.** 组合：*Mouriri* subg. *Pericrene* Morley (in Univ. Calif. Publ. Bot. 26: 280. 1953)，*Arytera*〔滨木患属〕sect. *Mischarytera* Radlk. (in Engler, Pflanzenr. IV. 165 (Heft 98f): 1271. 1933)，*Gentiana lutea* L.〔黄花扁蕾〕(Sp. Pl.: 227. 1753)，*Gentiana tenella* var. *occidentalis* J. Rousseau & Raymond (in Naturaliste Canad. 79(2): 77. 1952)，*Equisetum palustre*〔犬问荆〕var. *americanum* Vict. (in Contr. Lab. Bot. Univ. Montréal 9: 51. 1927)，*Equisetum palustre* f. *fluitans* Vict. (l.c.: 60. 1927)。

6.8. 自动名〔autonym〕是根据条款 22.3 和 26.3 自动建立的名称，无论它们是否真正出现在建立它们的出版物中（见条款 32.3，辅则 22B.1 和 26B.1）。

6.9. 新分类群〔如新属，gen. nov.；新种，sp. nov.〕的名称〔name of a new taxon〕
是独立合格发表的名称，即它不是基于一个之前合格发表的名称；它不是新组
合、新等级名称或替代名称。

> **例 7.** *Cannaceae* Juss.〔美人蕉科〕(Gen. Pl.: 62.1789)，*Canna* L.〔美人蕉属〕(Sp. Pl.: 1. 1753)，
> *Canna indica* L.〔美人蕉〕(l.c. 1753)，*Heterotrichum pulchellum* Fisch. (in Mém. Soc. Imp.
> Naturalistes Moscou 3: 71.1812)，*Poa sibirica* Roshev.〔西伯利亚早熟禾〕(in Izv. Imp.
> S.-Peterburgsk. Bot. Sada 12: 121. 1912)，*Solanum umtuma* Voronts. & S. Knapp (in PhytoKeys
> 8: 4. 2012)。

6.10. 新组合〔new combination〕(combinatio nova, comb. nov.) 或新等级名称
〔name at new rank〕(status novus, stat. nov.) 是基于一个合法的、之前发表的
名称（即为其基名〔basionym〕）的新名称。该基名其本身没有基名；它提供
了该新组合或新等级名称的最终加词[1]、名称或词干（也见条款 41.2）。

> **例 8.** *Centaurea benedicta* (L.) L.〔藏掖花〕(Sp. Pl., ed. 2: 1296. 1763)的基名是提供了加词
> 的名称 *Cnicus benedictus* L. (Sp. Pl.: 826. 1753)。

> **例 9.** *Crupina* (Pers.) DC.〔半毛菊属〕(in Ann. Mus. Natl. Hist. Nat. 16: 157. 1810)的基名是
> *Centaurea* subg. *Crupina* Pers. (Syn. Pl. 2: 488. 1807)，其名称的加词提供了属名；不是
> *Centaurea crupina* L.〔半毛菊〕(Sp. Pl.: 909. 1753)（见条款 41.2(b)）。

> **例 10.** *Anthemis* subg. *Ammanthus* (Boiss. & Heldr.) R. Fern. (in Bot. J. Linn. Soc. 70: 16. 1975)
> 的基名是提供了加词的名称 *Ammanthus* Boiss. & Heldr. (in Boissier, Diagn. Pl. Orient., ser. 1,
> 11: 18.1849)。

> **例 11.** *Ricinocarpaceae* Hurus. (in J. Fac. Sci. Univ. Tokyo, ser. 3, Bot., 6: 224. 1954)的基名是
> *Ricinocarpeae* Müll.-Arg. (in Bot. Zeitung (Berlin) 22: 324. 1864)，而不是科和族的名称构自
> 的 *Ricinocarpos* Desf. (in Mém. Mus. Hist. Nat. 3: 459. 1817)（见条款 41.2(a)；也见条款
> 49.2）。

❶ **注释 3.** 因为描述性名称〔descriptive name〕可不加改变地用于不同等级，一个
描述性名称（条款 16.1（b））用在不同于其最初合格发表的等级时，不是一个新等
级名称。

❶ **注释 4.** 本《法规》中使用的短语"新命名〔nomenclatural novelty〕"指下列类别中
的任何或全部：新分类群名称、新组合、新等级名称和替代名称。

❶ **注释 5.** 一个新组合可以同时是一个新等级名称（comb. & stat. nov.）；一个具有基
名的新命名无需是二者之一。

---

1 在本《法规》中此处和他处，短语"最终加词〔final epithet〕"指任何特定名称中按顺序的最后加词，无
  论它是一个属的次级区分，还是种或种下分类群的名称。

例 12. *Aloe vera* (L.) Burm. f. (Fl. Indica: 83. 1768)基于 *A. perfoliata* var. *vera* L. (Sp. Pl.: 320. 1753)，它既是一个新组合也是一个新等级名称。

例 13. *Centaurea jacea* subsp. *weldeniana* (Rchb.) Greuter, "comb. in stat. nov." (in Willdenowia 33: 55. 2002)基于 *C. weldeniana* Rchb. (Fl. Germ. Excurs.: 213. 1831)，由于之前已发表 *C. jacea* var. *weldeniana* (Rchb.) Briq. (Monogr. Centaurées Alpes Marit.: 69. 1902)，因而不是一个新组合；由于存在 *C. amara* subsp. *weldeniana* (Rchb.) Kušan (in Prir. Istraž. Kral. Jugoslavije 20: 29. 1936)，它也不是一个新等级名称；尽管如此，它是一个新命名。

6.11. 替代名称〔replacement name〕（nomen novum, nom. nov.）是作为明确的替代者〔substitute〕（声明替代者〔avowed substitute〕）发表给一个合法或不合法的、之前发表的名称（即其被替代异名〔replaced synonym〕）的新名称。被替代异名合法时，不提供该替代名称的最终加词、名称或词干（也见条款 41.2 和 58.1）。

例 14. Gussone (Fl. Sicul. Syn. 2: 468. 1844)在名称 *Helichrysum litoreum* Guss.下描述了产自西西里附近的埃奥利群岛的植物，在异名中引用了 *Gnaphalium angustifolium* Lam. (Encycl. 2: 746. 1788)，但没有指明存在的 *H. angustifolium* (Lam.) DC. (in Candolle & Lamarck, Fl. Franç., ed. 3, 6: 467. 1815)是 *H. angustifolium* Pers. (in Syn. Pl. 2: 415. 1807)的一个晚出同名而需要替代者。在原白的最后，Gussone 写道："nomen mutavi confusionis vitendi gratia [为避免混淆，我改变了名称]"。这构成 Gussone 的明确意图是提出 *H. litoreum* 作为基于 *G. angustifolium*（产自那不勒斯附近的波斯利波）的一个替代名称，而不是基于他在原白中描述和引用的材料。

例 15. *Mycena coccineoides* Grgur. (in Fungal Diversity Res. Ser. 9: 287. 2003)是作为 *Omphalina coccinea* Murrill (in Britton, N. Amer. Fl. 9: 350. 1916)的一个明确替代者（"nom. nov.〔替代名称〕"）发表的，因为 *M. coccinea* (Murrill) Singer (in Sydowia 15: 65. 1962) 是 *M. coccinea* (Sowerby) Quél. (in Bull. Soc. Amis Sci. Nat. Rouen, ser. 2, 15: 155. 1880)的不合法晚出同名。

例 16. 由于加词 *intermedia* 因 *Centaurea intermedia* Mutel (in Rev. Bot. Recueil Mens. 1: 400. 1846)而在 *Centaurea*〔矢车菊属〕中不可用，*Centaurea chartolepis* Greuter〔薄鳞菊〕(in Willdenowia 33: 54. 2003) 是作为明确替代者（"nom. nov.〔替代名称〕"）发表给合法名称 *Chartolepis intermedia* Boiss. (Diagn. Pl. Orient., ser. 2, 3: 64. 1856)的。

6.12. （a）如果它是仅仅通过引证那个较早名称而被合格化，或者（b）根据条款 7.5 的规定，一个未明确作为较早名称的替代者提出的名称仍然是替代名称。

6.13. 如果在原白[1]中既（a）引用了一个潜在的被替代异名，又（b）独立地满

---

1 原白〔protologue〕（源自希腊文 πρῶτος, *protos*，首次；λόγος, *logos*，论述）：与一个名称在其合格发表时相关的所有内容，如描述、特征集要、图示、参考文献、异名、参考文献、地理数据、标本引用、讨论和评论等。

足了新分类群名称合格发表的所有条件，一个并未明确作为较早名称的替代者提出，且未被条款 6.12 所涵盖的名称可以处理为一个替代名称或新分类群的名称。判断此类名称的地位应基于占优势的用法，并受恰当的模式指定〔type designation〕（条款 9 和 10）方式影响。

> **例 17.** 在描述 *Astragalus penduliflorus* Lam. (Fl. Franç. 2: 636. 1779)时，Lamarck 使用了来自法国阿尔卑斯山脉的材料,在异名中也引用了描述自西伯利亚的 *Phaca alpina* L. (Sp. Pl.: 755. 1753) [non *Astragalus alpinus* L., Sp. Pl.: 760. 1753]。Linnaeus 和 Lamarck 的植物是否属于相同种是有疑问的。Greuter (in Candollea 23: 265. 1969)为这两个名称指定了不同的模式，因此，与占优势的用法一致，*A. penduliflorus* 处理为一个新的欧洲物种的名称。

6.14. 如在条款 6.9–6.11 所定义的，事实上不正确的名称地位陈述并不妨碍该名称拥有不同地位的合格发表；它被处理为一个可更正的错误（也见条款 41.4 和 41.8）。

> **例 18.** *Racosperma nelsonii* 被 Pedley (in Bot. J. Linn. Soc. 92: 249. 1986) 作为一个新组合（"comb. nova〔新组合〕"）发表，引用了 *Acacia nelsonii* Maslin (in J. Adelaide Bot. Gard. 2: 314. 1980)为 "基名"。然而，由于它是 *A. nelsonii* Saff. (in J. Wash. Acad. Sci. 4: 363. 1914)的晚出同名，根据条款 53.1，*A. nelsonii* Maslin 是不合法的。*Racosperma nelsonii* Pedley 因而是作为一个替代名称（条款 6.11）合格发表的，以 *A. nelsonii* Maslin 为其被替代异名，且 Pedley 的陈述处理为可更正的错误。

第二节　模式标定

条款 7

7.1. 科或以下等级名称的应用由命名模式〔nomenclatural type〕决定（分类群名称的模式）。当名称构自于属名时，更高等级分类群的名称的应用也由模式决定（见条款 10.10）。

7.2. 命名模式（typus）是指分类群的名称（无论作为正确名称或作为异名）永久依附的那个成分。命名模式无需是分类群最典型或最有代表性的成分。

7.3. 新组合或新等级名称（条款 6.10）是由其基名的模式作模式标定〔typification〕，即使它可能被错误地应用于一个现在认为并不包括那个模式的分类群（但见条款 48.1）。

> **例 1.** Carrière (in Traité Gén. Conif., ed. 2: 250. 1867)将 *Pinus mertensiana* Bong. (in Mém. Acad. Imp. Sci. St.-Pétersbourg, Sér. 6, Sci. Math. 2: 163. 1832)转移至铁杉属〔*Tsuga*〕时，从

其描述中可以明显看出，他错误地将新组合 *T. mertensiana*〔山地铁杉〕应用于铁杉属的另一个种，即 *T. heterophylla* (Raf.) Sarg. (Silva 12: 73. 1899)〔异叶铁杉〕。但当那个种置于铁杉属时，组合 *T. mertensiana* (Bong.) Carrière 不得应用于 *T. heterophylla*，而必须保留给 *P. mertensiana*；括号中原作者 Bongard 的姓名引用（根据条款 49）指明了该名称的基名，因而也指明了该名称的模式。

例 2. *Delesseria gmelinii* J. V. Lamour.〔红叶藻〕(in Ann. Mus. Natl. Hist. Nat. 20: 124.1813) 是 *Fucus palmetta* S. G. Gmel. (1768)的合法替代名称，由于同时发表的 *D. palmetta* (Stackh.) J. V. Lamour.使加词必须改变（见条款 11 注释 2）。尽管 Lamouroux 使用的材料现在被归隶于不同的种 *D. bonnemaisonii* C. Agardh (Spec. Alg.: 186.1822)，所有基于 *D. gmelinii*（且未排除 *F. palmetta* 的模式；见条款 48.1）的组合具有与 *F. palmetta* 相同的模式。

例 3. 尽管 Thwaites 用作图示的材料是 *Racodium rupestre* Pers. (in Neues Mag. Bot. 1: 123.1794)，新组合 *Cystocoleus ebeneus* (Dillwyn) Thwaites (in Ann. Mag. Nat. Hist., ser. 2, 3: 241. 1849)是以其基名 *Conferva ebenea* Dillwyn (Brit. Conferv.: t. 101. 1809)的模式作模式标定的。

7.4. 即使它可能被错误地应用于一个现在认为不包含那个模式的分类群(但见条款 41 注释 3 和条款 48.1)，替代名称（条款 6.11）是以被替代异名的模式作模式标定的。

例 4. *Myrcia lucida* McVaugh (in Mem. New York Bot. Gard. 18(2): 100.1969)是作为替代名称发表给 *M. laevis* G. Don (Gen. Hist. 2: 845.1832)的晚出同名 *M. laevis* O. Berg (in Linnaea 31: 252. 1862)。因此，*M. lucida* 的模式为 *M. laevis* O. Berg (non G. Don)的模式。

7.5. 根据条款 52 为不合法的名称是替代名称，自动以名称（被替代异名）自身的模式或根据规则（条款 7.4；但见条款 7.6）其加词应被采用的名称的模式来模式标定的，除非在原白中指定或明确指明了一个不同模式，在此情形下，它是，(a) 具有不同被替代异名的替代名称，或（b）处理为一个新分类群的名称。自动模式标定〔automatic typification〕不适用于根据条款 F.3 认可的名称。

例 5. 根据条款 52（见条款 52 例 8），*Bauhinia semla* Wunderlin (in Taxon 25: 362. 1976)是不合法的，但是，其发表为 *B. retusa* Roxb. (Fl. Ind., ed. 1832, 2: 322.1832) non Poir. (in Lamarck, Encycl. Suppl. 1: 599. 1811)的替代名称，明确指明了一个与应被采用的名称（*B. roxburghiana* Voigt, Hort. Suburb. Calcutt.: 254. 1845）不同的模式（*B. retusa* 的模式）。

例 6. 因为除了不合法的有意基名 *Convolvulus bicolor* Vahl (Symb. Bot. 3: 25.1794) non Desr. (in Lamarck, Encycl. 3: 564. 1792)外，合法的 *C. bracteatus* Vahl (Symb. Bot. 3: 25. 1794)被引用为异名，根据条款 52，为 *Hewittia* Wight & Arn.〔猪菜藤属〕提供模式的 *Hewittia bicolor* Wight & Arn.〔猪菜藤〕 (in Madras J. Lit. Sci. 5: 22. 1837)是不合法的。Wight & Arnott 采用加词"*bicolor*"明确地表明，*H. bicolor* 的模式及因此 *Hewittia* 的模式均为 *C. bicolor* 的模式，而不是其加词应当被采用的 *C. bracteatus* 的模式。

7.6. 如果导致名称不合法的模式（条款 52.2）是包括在一个次级分类群中，而后者不包括该不合法名称的有意模式时，则模式标定不是自动的（见条款 7.5）。

例 **7.** Mason & Grant (in Madroño 9: 212. 1948)合格发表了名称 *Gilia splendens* 和 *G. splendens* subsp. *grinnellii*，前者没有指明模式（因为他们认为该名称已被合格发表），而后者给予"该种的长花冠管类型"。根据条款 52，由于包含了 subsp. *grinnellii* 的基名 *G. grinnellii* Brand (in Engler, Pflanzenr. IV. 250 (Heft 27): 101. 1907)的模式，*G. splendens* 是不合法的。但是，因为 subsp. *grinnellii* 被应用于一个并未包括该不合法名称的有意模式的从属分类群，*G. grinnellii* 的模式并不自动地为 *G. splendens* 的模式。名称 *G. splendens* 和 *G. grinnellii* 后来分别被保留和废弃（见附录 IV 和 V）。

7.7. 自动名的模式与其所源于的名称的模式相同。

例 **8.** *Caulerpa racemosa* (Forssk.) J. Agardh var. *racemosa* 的模式是 *C. racemosa*〔总状蕨藻〕的模式；*C. racemosa* 的模式是其基名 *Fucus racemosus* Forssk. (Fl. Aegypt.-Arab.: 191. 1775)的模式，即 Herb. Forsskål No. 845 (C)。

7.8. 除非合格化作者已明确指定一个不同的模式，仅通过引证之前有效发表的描述或特征集要（条款 38.1(a)）（且不是通过复制这样一个描述或特征集要）合格发表的新分类群的名称，应以选自该合格化描述或特征集要的完整语境中的一个成分，但不以被该合格化作者明确排除的成分（也见条款 7.9）作模式标定。

例 **9.** *Adenanthera bicolor* Moon (Cat. Pl. Ceylon: 34. 1824)仅是通过引证与被 Moon 引用为 "Rumph. amb. 3: t. 112" 而缺乏分解图的图示相关联的描述而合格发表的。因为 Moon 并未明确指定他采集的标本（存于 K，有标签*"Adenanthera bicolor"*）为模式，该标本不可用作为模式。在缺少合格化描述所基于的材料时，后选模式仅可是相关联的图示（Rumphius, Herb. Amboin. 3. 1743）。

例 **10.** *Echium lycopsis* L.〔洋蓝蓟〕(Fl. Angl.: 12. 1754)在发表时无描述或特征集要，但有对 Ray (Syn. Meth. Stirp. Brit., ed. 3: 227. 1724)的引证。Ray 在其中讨论的一个 *"Lycopsis"* 种也没有描述和特征集要，但具有对包括 Bauhin (Pinax: 255. 1623)在内的较早文献的引用。*Echium lycopsis* 被接受的合格化描述是 Bauhin 的描述，模式也必须从其著作的语境中选择。因此，后来被 Klotz (in Wiss. Z. Martin-Luther-Univ. Halle-Wittenberg, Math.-Naturwiss. Reihe 9: 375–376. 1960)选择的保存于 Morison 标本馆（OXF）的 Sherard 标本尽管可能被 Ray 参考过，但并不能作为模式。第一个可接受的后选模式选择是被 Ray 和 Bauhin 均引证的 Dodonaeus (Stirp. Hist. Pempt.: 620. 1583)中的 *"Echii altera species"* 的图示。该选择由 Gibbs (in Lagascalia 1: 60–61. 1971)建议，并由 Stearn (in Ray Soc. Publ. 148, Introd.: 65. 1973)正式作出。

例 **11.** *Hieracium oribates* Brenner (in Meddeland. Soc. Fauna Fl. Fenn. 30: 142. 1904)合格发表时未伴有描述性的内容，但有对 *H. saxifragum* subsp. *oreinum* Dahlst. ex Brenner (in

Meddeland. Soc. Fauna Fl. Fenn. 18: 89. 1892)的合格化描述的引证。由于 Brenner 明确地排除了他较早的种下名称及其部分原始材料，*H. oribates* 是一个新分类群的名称，而不是一个替代名称，且不能以一个被排除的成分模式标定。

7.9. 归隶于类群的命名起点晚于 1753 年 5 月 1 日（见条款 13.1）的分类群的名称，应以选自其合格发表（条款 32–45）的语境中的一个成分作模式标定。

❶ **注释 1.** 在属或以下等级的化石分类群（条款 1.2）和其他任何类似分类群的名称的模式标定与以上所述无异。

7.10. 就优先权〔priority〕（条款 9.19、9.20 和 10.5）而言，模式指定仅能通过有效发表（条款 29–31）来实现。

7.11. 就优先权（条款 9.19、9.20 和 10.5）而言，仅当模式被模式标定的作者明确接受如此，模式成分通过直接引用包括术语"type〔模式〕"（typus）或一个等同语清楚指明，并且，在 2001 年 1 月 1 日或之后模式标定陈述包括短语"designated here〔此处指定〕"（hic designatus）或一个等同语时，模式指定方可实现。

❶ **注释 2.** 条款 7.10 和 7.11 仅适用于后选模式（及其根据条款 10 的等同语）、新模式和附加模式的指定；对于主模式见条款 9.1。

例 12. 名称 *Quercus acutifolia* Née 的原始材料包括保存于 MA 的 9 份标本。Breedlove 于 1985 年将其中之一标注为"lectotype〔后选模式〕"，但是，因为这不是有效发表，Bredlove 并未实现模式的指定（见条款 7.10）。Valencia-A. & al. (in Phytotaxa 218: 289–294. 2015)有效发表了相同标本为"lectotype〔后选模式〕"的模式指定，但未包括条款 7.11 所要求的词语"designated here〔此处指定〕"或一个语言上的等同语。Nixon & Barrie (in Novon 25: 449. 2017)发表了满足条款 7.11 所有要求的有效后选模式标定陈述"TYPE: Mexico. Guerrero, *Née s.n.* (lectotype, designated here, MA [bc] MA25953 as image!)"。

例 13. *Dryopteris hirsutosetosa* Hieron. (in Hedwigia 46: 343–344, t. 6. 1907)的原白仅引用了一个地点（"Aequatoria: crescit in altiplanicie supra Allpayacu inter Baños et Jivaría de Píntuc"）和 Stübel 的采集号（"n. 903"），但并未指定一个标本馆，因而表明那个采集的所有标本为合模式（条款 40 注释 1）。Christensen (in Kongel. Danske Vidensk. Selsk. Skr., Naturvidensk. Math. Afd., ser. 8, 6: 112. 1920) 在引用 "Type from Ecuador: Baños-Pintuc, Stübel nr. 903 (B!)" 中，指定了保存于 B 的标本为 *D. hirsutosetosa* 的后选模式，满足了条款 7.11 的要求。保存于 BM 的一个复份标本是等后选模式。

例 14. 对于 *Ocimum gratissimum* L.〔丁香罗勒〕(Sp. Pl.: 1197. 1753)，任何原始材料的缺乏（条款 9.13）意味着 Cramer (in Dassanayake & Fosberg, Revis. Handb. Fl. Ceylon 3: 112. 1981)的引用 "Type: Hortu Upsalensi, *749.2* (LINN)" 为 "type〔模式〕"应被接受为指定一个新模式（条款 7.11），早于 Paton (in Kew Bull. 47: 411. 1992)的多余的新模式标定。

例 15. *Chlorosarcina* Gerneck (in Beih. Bot. Centralbl., Abt. 2, 21: 224. 1907)最初包含 *C. minor* Gerneck 和 *C. elegans* Gerneck 两个种。Vischer (in Beih. Bot. Centralbl., Abt. 1, 51: 12. 1933)将 *C. minor* 转移至 *Chlorosphaera* G.A. Klebs，而将 *C. elegans* 保留在 *Chlorosarcina*。然而，他并未使用术语 "type〔模式〕"或等同语，因此，他的行为并未构成 *Chlorosarcina* 的模式标定。首次以"LT.〔后选模式〕"方式指定模式的是 Starr (in ING Card No. 16528, Nov 1962)，他选择了 *Chlorosarcina elegans*。

*例 16[1]. Hitchcock & Green (in Sprague, Nom. Prop. Brit. Bot.: 110–199. 1929)使用的短语 "standard species〔标准种〕"现处理为等同于"type〔模式〕"，因此，在那一著作中的模式指定是可接受的。

例 17. Pfeiffer (Nomencl. Bot. 1: [Praefatio, p. 2]. 1871)解释道，他仅在有意指明属或组的名称的模式时才引用种名："Species plantarum in libro meo omnino negliguntur, excepta indicatione illarum, quae typum generis novi aut novo modo circumscripti vel sectionis offerunt. [除了指明它们代表一个新的或重新界定的属或组的模式，植物的物种在我的书中完全被忽略。]"这一解释包含模式术语，因而，种名的引用被接受为模式的指定。

辅则 7A

7A.1. 强烈建议分类群名称所基于的材料，特别是主模式，应保存在公共标本馆或其他公共收藏机构，相关机构有给予友善研究者使用所收藏材料的政策，并妥善保存相关材料。

条款 8

8.1. 种或种下分类群的名称的模式（主模式、后选模式或新模式）是保存于一个标本馆或其他收藏机构或研究机构的一份标本，或一幅发表或未发表的图示（但见条款 8.5；也见条款 40.4、40.5 和条款 40 例 6）。

8.2. 就模式标定而言，一份标本〔specimen〕是属于单一种或种下分类群的一个采集[2]，或一个采集的部分（忽略混杂物〔admixture〕）（见条款 9.14）。它可由单个有机体、一个或多个有机体的部分或多个小的有机体组成。一份标本通常装订在单一的标本馆台纸上或在一个等同的制品中，如盒子、小包、罐子或显微载玻片。

1　本《法规》中此处及他处，前缀星号表示由某届国际植物学大会在《法规》的相应条款的诠释有歧义或未准确地涵盖该情形时为管理命名实践而接受的"表决过的例子〔voted Example〕"。与其他由编辑委员会提供仅用解释性目的的例子相比，一个表决过的例子堪比一条规则。

2　本《法规》中此处和他处，术语"采集〔gathering〕"用于一个推定是由同一采集人在同一时间从同一地点采集的单个分类群的采集物。尤其在指定模式时，始终应考虑混杂采集的可能性。

例 1. *Asparagus kansuensis* F. T. Wang & Tang ex S. C. Chen〔甘肃天门冬〕(in Acta Phytotax. Sin. 16(1): 94. 1978)的主模式 *Hao*〔郝景盛〕*416*（PE [barcode 00034519]）属于在同一时间在同一地点制作的一个雌雄异株的采集。它由一个雄花枝和一个雌花枝（即两个个体的部分）组成，装订在单张标本馆台纸上。

例 2. 硅藻种 *Tursiocola denysii* Frankovich & M. J. Sullivan (in Phytotaxa 234: 228. 2015)描述自采自四只赤蠵龟颈部皮肤的材料，模式指定为 "Type:—UNITED STATES. Florida: Florida Bay, samples removed from the skin in the dorsal neck area of loggerhead sea turtles *Caretta caretta*, 24°55'01"N, 80°48'28"W, *B.A. Stacy, 24 June 2015* (holotype CAS! 223049, illustrated as Figs 1–4, 6, 12, 15–30, paratypes ANSP! GC59142, BM! 101 808, illustrated as Figs 7–10, 14, BRM! ZU10/31, Figs 5, 11, 13)."。因为标本由同一采集人在同一日期采自同一地点，除掉混杂物，它们构成单个采集，而且，根据条款 9.10，作者引用的 "paratype〔副模式〕" 可更正为等模式。

例 3. 根据标签，*"Echinocereus sanpedroensis"* (Raudonat & Rischer in Echinocereenfreund 8(4): 91–92. 1995)基于在不同时间取自同一栽培个体并用乙醇保存于单个罐子中的 "holotype〔主模式〕"，包括一株具根的完整植物、一条分离的枝条、一朵完整的花、一朵切成两半的花和两个果实。由于这个材料在多个时间采集，它属于多于一个采集而不能接受为模式。根据条款 40.2，Raudonat & Rischer 的名称未被合格发表。

❶ 注释 1. 单独的野外编号、采集编号、登记编号或标本标识码〔identifer〕未必指示不同采集。

例 4. *Solidago* ×*snarskisii* Gudžinskas & Žalneravičius (in Phytotaxa 253: 148. 2016)是合格发表的（条款 40.2），伴有保存于 BILAS 的单个采集被指明为模式，其各部分在野外分别编号并装订于不同台纸上，且指定如下："Holotype:—LITHUANIA. Trakai district, Aukštadvaris Regional Park, environs of Zabarauskai village, in an abandoned meadow on the edge of forest (54.555191° N; 24.512987° E), 13 September 2014, *Z. Gudžinskas & E. Žalneravičius 76801* (generative shoot〔繁殖枝〕) and *76802* (vegetative shoot〔营养枝〕) (BILAS, on two cross-referenced sheets〔在两张交叉引证的台纸上〕). Isotypes:—*Z. Gudžinskas & E. Žalneravičius 76803, 76804* (BILAS)."。

8.3. 只要各部分被清楚地标注为同一标本的部分，或通常具有单一的原始标签，一份标本可以被制作为多于一个制品。未清楚地标注为单个标本的部分而来源于单个采集的多个制品为复份[1]，无论是否来源于一个或多于一个个体。

例 5. *Delissea eleeleensis* H. St. John 的主模式标本 *Christensen 261* (BISH)制作成两个制品，即一张具有 "fl. bottled〔花在瓶子中〕" 标注的标本馆台纸（BISH No. 519675 [barcode BISH1006410]）和一个用乙醇保存于贴有标签 *"Cyanea, Christensen 261"* 的罐子中的花序。这一标注表明该花序是主模式标本的一部分而不是一个复份，也不是等模式标本

---

1 在本《法规》中此处或他处，词语"复份〔duplicate〕"给予它在馆藏管理实践中的惯常意义。一个复份是单个种或种下分类群的单个采集的部分。

（BISH No. 519676 [barcode BISH1006411]）的一部分；该等模式标本未被标注为包括保存于单独制品中的额外材料。

例 6. *Johannesteijsmannia magnifica* J. Dransf.的主模式标本 *Dransfield 862*（K）由装订在 5 张标本馆台纸上的一片叶、在一个盒子中的一个花序和果序，以及一个瓶子中液浸保存的材料组成。

例 7. *Cephaelis acanthacea* Standl. ex Steyerm.的主模式 *Cuatrecasas 16752*（F）由装订在两张贴有标签"sheet 1〔台纸 1〕"和"sheet 2〔台纸 2〕"的标本馆台纸上的单个标本组成。尽管这两张台纸分别具有独立的标本馆登记号 F No. F-1153741 和 F No. F-1153742，但是该交叉标签表明它们构成一份单个标本。*Cuatrecasas 16572* 的第三张标本（F No.F-11539740）没有交叉标签，因而是一个复份。（Taylor 在 Novon 25: 331–332. 2017 中讨论了这个名称的合格发表。）

例 8. *Eugenia ceibensis* Standl.的主模式标本 *Yuncker & al. 8309* 是装订于 F 的一张标本馆台纸上。一个碎片后来从指定为主模式的标本上移走，且现保存在 LL。该碎片与该主模式的一张照片一并装订在一张标本馆台纸上，并贴上标签"fragment of type〔模式的碎片〕!"。因为它没有永久地和主模式一样保存在同一标本馆中，该碎片不再是主模式的一部分。它是一个复份，即一份等模式。

例 9. 在日内瓦标本馆，一份单一标本常常被制作在两张或更多张台纸上，它们因而不是复份。尽管各台纸通常未被标注为同一标本的一部分，但它们实质上一起保存在它们共有的标本封套内，并共同拥有单一的原始标签。

例 10. Martius 采集的三份标本（Brazil, Maranhão, "in sylvi s ad fl. Itapicurú", May 1819, *Martius s.n.,* M）是 *Erythrina falcata* Benth. (in Martius, Fl. Bras. 15(1): 172. 1859)的合模式。仅有一张台纸（barcode M-0213337）上有 Martius 的原始蓝色标签，而其他两张（barcodes M-0213336 and M-0213338）已标注地点以确定它们为同一采集。由于这三份标本并未拥有共同的单个原始标签，也未交叉标注，它们被处理为复份。

8.4. 分类群名称的模式标本必须永久保存，且不能是活的有机体或培养物。然而，如果保存在一个代谢不活跃状态下（如低温干燥或超低温冷冻以保持生命不活跃状态），藻类或菌物的培养物可接受为模式（也见条款 40.8）。

例 11. *"Dendrobium sibuyanense"* (Lubag-Arquiza & al. in Philipp. Agric. Sci. 88: 484–488. 2005)在描述时伴有陈述 "Type specimen is a living specimen being maintained at the Orchid Nursery, Department of Horticulture, University of the Philippines Los Baños (UPLB). Collectors: Orville C. Baldos & Ramil R.Marasigan, April 5, 2004〔模式标本是保存在菲律宾洛斯巴洛斯大学园艺系兰花保育中心（UPLB）的活体标本。采集人：Orville C. Baldos & Ramil R. Marasigan，2004 年 4 月 5 日〕"。然而，这是一个活体采集物，其本身不可接受作为一个模式。因此，没有指明模式，该名称未被合格发表（条款 40.1）。

例 12. 因为它被以低温干燥永久保存在代谢不活跃状态（也见辅则 8B.2），菌株 CBS 7351 可接受作为名称 *Candida populi* Hagler & al. (in Int. J. Syst. Bacteriol. 39: 98. 1989)的模式。

8.5. 除附加模式（条款 9.9）外，种或以下等级的化石分类群的名称的模式总是一份标本（见条款 9.15）。一份完整的标本应被视为命名模式（见辅则 8A.3）。

辅则 8A

8A.1. 当主模式、后选模式或新模式为一幅图示时，那幅图示所依据的一份或多份标本应被用来帮助确定该名称的应用（也见条款 9.15）。

8A.2. 当根据条款 40.5 将一幅图示指定为一个名称的模式时，应给出图示材料的采集资料（也见辅则 38D.2）。

8A.3. 如果一个化石分类群名称的模式标本被切成断片（化石木材的节段、煤核植物的断片等），应清楚地标注最初用来建立特征集要的所有部分。

8A.4. 当被指定为模式的一份单个标本装订为多个制品时，应在原白中说明，并在各个制品中适当标注。

辅则 8B

8B.1. 只要可行，应从一个新描述的藻类或菌物分类群名称的主模式材料中制备活的培养物，并至少保存在两个研究机构的培养物或遗传资源收藏处。（这一行为并不排除根据条款 8.4 对主模式标本的要求。）

8B.2. 在名称的模式为永久保存在代谢不活跃状态下的培养物（见条款 8.4）的情形时，从它获得的任何活的分离物应被称为"衍生模式〔ex-type〕"（ex typo）、"衍生主模式〔ex-holotype〕"（ex holotypo）、"衍生等模式〔ex-isotype〕"（ex isotypo）等等，目的是清楚表明它们来源于模式，但其本身并非是命名模式。

条款 9

9.1. 种或种下分类群的名称的主模式〔holotype〕是（a）被作者指明为命名模式或（b）未指明模式时作者使用的一份标本或一幅图示（但见条款 40.4）。只要主模式存在，它就固定了有关名称的应用（但见条款 9.15）。

❶ 注释 1. 如果分类群的名称最初发表时有明确表述，原作者做出的任何模式指定都是最终的（但见条款 9.11、9.15 和 9.16）。如果作者在准备该新分类群的文稿时仅使用了一份标本或一幅图示（引用或未引用的），它必须被接受为主模式，但是通常也须考虑作者使用了额外的、未引用的标本或图示（它们可能被遗失或损毁）的可能性。如果一个新分类群的名称仅仅是通过引证之前发表的描述或特征集要，同样的考虑适

用于被那个描述和特征集要的作者使用的标本或图示（见条款 7.8；但见条款 7.9）。

> **例 1.** 当 Tuckerman 建立 *Opegrapha oulocheila* Tuck. (Lich Calif.: 32. 1866)时，他提及 "the single specimen, from Schweinitz's herbarium (Herb. Acad. Sci. Philad.) before me [在我面前有来自 Schweinitz 标本馆（Herb. Acad. Sci. Philad.）的单个标本]"。尽管在原白中没有使用术语 "type〔模式〕" 或其等同语，那份标本（在 PH）明显是作者使用的单独一份标本，因而是主模式。

> **例 2.** 在 *Coronilla argentea* L. (Sp. Pl.: 743. 1753)的原白中，林奈引用了 Alpini(Pl. Exot.: 16. 1627) 的一幅图示，且未指定模式。尽管未知存在未引证的标本或图示，使得 Alpini 的图示成为原始材料中现存的唯一成分，但是，由于不能确定它是林奈在准备该新分类群的文稿时仅使用了这一成分，因而它不是主模式；他可能持有一份后来已遗失或损毁的标本。而且，根据条款 40.3 的第二子句，引用图示不能被接受为指明模式，因为该规定仅适用于条款 40.1 的目的，即指明模式作为发表于 1958 年 1 月 1 日或之后的名称合格发表的必要条件。Alpini 的图示被 Greuter (in Ann. Mus. Goulandris 1: 44. 1973)指定为 *C. argentea* 的后选模式。

9.2. 如果在一个分类群名称的原白中做出的主模式指定后来发现含有错误（如地点、日期、采集人、采集号、标本馆代码、标本标识码或图示引用），只要原作者的意图未被改变，这些错误应予更正。然而，遗漏条款 40.6–40.8 规定的必要信息是不可更正的。

> **例 3.** 名称 *Phoebe calcarea* S. K. Lee & F. N. Wei〔石山楠〕(in Guihaia 3: 7. 1983)合格发表时，伴随主模式指定为 IBK 的 *Du'an Expedition*〔都安队〕"*4-10-004*"，但是，在 IBK 并不存在具该采集编号的标本。然而，在 IBK 的一份标注有"*Phoebe calcarea* sp. nov."、"Typus〔模式〕"，且与原白的其他所有细节相吻合的标本具有采集编号 *Duan Exped. 4-10-243*。因此，原始的模式引用是明显错误的，且应予以更正。

9.3. 如果名称发表时无主模式、或主模式遗失或损毁、或主模式被发现属于多于一个分类群（也见条款 9.14），后选模式〔lectotype〕是依照条款 9.11 和 9.12 从原始材料（条款 9.4）中指定作为命名模式的一份标本或一幅图示。对于认可名称（条款 F.3），后选模式可以从与原白和认可处理二者之一或二者相关联的成分中选择（条款 F.3.9）。

> **例 4.** *Adansonia grandidieri* Baill. (in Grandidier, Hist. Phys. Madagascar 34: t. 79B bis, fig. 2 & t. 79E, fig. 1. 1893)合格发表时仅伴有 2 幅具分解图的图示（见条款 38.8）。Baum (in Ann. Missouri Bot. Gard. 82: 447. 1995)指定 *Grevé 275* 的其中一份标本（在 P [barcode P00037169] 的花标本）为这个名称的后选模式，即被他推测是绘制 t. 79E, fig. 1 的大部分或全部组成成分的标本。

9.4. 就本《法规》而言，原始材料〔original material〕由以下成分组成：（a）那些作者与该分类群相关联的标本或（原白发表之前未发表的或发表的）图示，且在作者准备合格化名称的描述、特征集要或具分解图的图示（条款 38.7 和 38.8）之前或同时可用；（b）作为原白部分发表的任何图示；（c）主模式和那些在其合格发表之处被指定为名称的模式（合模式及副模式）的那些标本（即使是使名称合格化的描述或特征集要的作者并未见过）；（d）名称的等模式或等合模式[1]，无论这些标本是否被合格化描述或被特征集要的作者或名称的作者见过（也见条款 7.7、7.8 和 F.3.9）。

❶ 注释 2. 对于根据条款 7.9 产生的名称，仅仅来源于原白语境自身的成分被考虑为原始材料。

❶ 注释 3. 对于根据条款 7.8 产生的名称，仅仅来源于合格化描述语境的成分被考虑为原始材料，除非合格化作者已明确指定了一个不同的模式。

9.5. 等模式〔isotype〕是主模式的任何复份；它总是一份标本。

❶ 注释 4. 术语等模式也用于一个种的保留名称模式的复份，因为根据条款 14.8，这样一个模式如同主模式，仅可通过保留程序而变更。

9.6. 合模式〔syntype〕是当无主模式时原白中引用的任何标本，或是在原白中同时被指定为模式的两份或更多份标本中的任一标本（也见条款 40 注释 1）。引用一个完整的采集或其一部分被认为引用所包括的标本。

> **例 5.** 在 *Laurentia frontidentata* E. Wimm.（见条款 40 例 2）的原白中，在两个标本馆的单个采集被指定为模式。因此，一定至少存在两份标本，且这些均为合模式。

> **例 6.** 在 *Anemone alpina* L.〔高山银莲花〕(Sp. Pl.: 539. 1753)的原白中，两份标本在（未命名的）变种 β 和 γ 下引用为 "Burs. IX: 80" 和 "Burs. IX: 81"。这些保存在 Burser 标本馆（UPS）的标本是 *A. alpina* 的合模式。

9.7. 副模式〔paratype〕是指引用在原白中的任一标本，它既不是主模式也不是等模式，如果在原白中两份或多份标本同时被指定为模式时，也不是合模式之一。

> **例 7.** 应用于杂性种的名称 *Rheedia kappleri* Eyma (in Meded. Bot. Mus. Herb. Rijks Univ. Utrecht 4: 26. 1932)的主模式是一份雄性标本 *Kappler 593a*（U）。作者指定了一份两性标本 *Forestry Service of Surinam B. W. 1618*（U）作为副模式。

❶ 注释 5. 在大多数没有指定主模式的情况下，因为所有引用的标本将是合模式，也将无副模式。然而，当一个作者指定两份或更多标本为模式时（条款 9.6），任何其他

---

1 合模式、后选模式、新模式和附加模式的复份标本分别是等合模式〔isosyntype〕、等后选模式〔isolectotype〕、等新模式〔isoneotype〕和等附加模式〔isoepitype〕。

被引用的标本是副模式，而不是合模式。

> **例 8.** 在 *Eurya hebeclados* Y. Ling〔微毛柃〕(in Acta Phytotax. Sin. 1: 208. 1951)的原白中，作者同时指定了两份标本作为模式，*Y. Ling*〔林镕〕*5014* 为 "typus, ♂〔模式，雄性〕" 和 *Y. Y. Tung*〔董以有〕*315* 为 "typus, ♀〔模式，雌性〕"，因而它们均为合模式。Ling〔林镕〕也引用了标本 *Y. Ling 5366*，但没有指定它为模式；因而，它是副模式。

9.8. 新模式〔neotype〕是被选择用来作为命名模式的一份标本或一幅图示，如果原始材料不存在或只要它失踪（也见条款 9.16 和 9.19（c））。

9.9. 附加模式〔epitype〕是当主模式、后选模式或之前指定的新模式、或与合格发表名称相关联的所有原始材料证明是模棱两可，且就分类群名称的准确应用而言不能被准确鉴定时，选择用来作为解释性模式的一份标本或一幅图示。除非明确引用附加模式所支撑的主模式、后选模式或新模式，否则，附加模式的指定是无效的（见条款 9.20）。

> **例 9.** Podlech (in Taxon 46: 465. 1997)指定 Herb. Linnaeus No. 926.43 (LINN)为 *Astragalus trimestris* L. (1753)的后选模式。因为后选模式缺乏 "显示这个种的重要鉴别特征的" 果实，他同时指定了一个附加模式（Egypt. Dünen oberhalb Rosetta am linken Nilufer bei Schech Mantur, 9 May 1902, *Anonymous*, BM）。

> **例 10.** *Salicornia europaea* L.的后选模式（Herb. Linnaeus No. 10.1, LINN，由 Jafri & Rateeb 在 Jafri & El-Gadi, Fl. Libya 58: 57. 1978 指定）并未显示出相关特征，从而不能将这个名称准确地应用于一个分子上最具特征的关键分类群组中。因此，Kadereit & al. (in Taxon 61: 1234. 2012)指定了一份分子检测过的来自模式产地的标本（Sweden, Gotland, W shore of Burgsviken Bay, Näsudden Cape, *Piirainen & Piirainen 4222,* only the plant numbered G38-1, MJG）为附加模式。

9.10. 本《法规》（条款 9.1、9.3 和 9.5–9.9）中所定义的作为指示模式的术语使用在不同于其定义的意义时，处理为应更正的错误（例如，术语后选模式用于指示实际上的新模式)。

> **例 11.** Borssum Waalkes (in Blumea 14: 198. 1966)引用 Herb. Linnaeus No. 866.7 (LINN)为 *Sida retusa* L. (Sp. Pl., ed. 2: 961. 1763)的主模式。然而，Plukenet（Phytographia: t. 9, fig. 2. 1691）和 Rumphius（Herb. Amboin. 6: t. 19. 1750）中的图示被林奈引用在原白中。因此，*S. retusa* 的原始材料由三个成分组成（条款 9.4(a)），而 Borssum Waalkes 使用的主模式是一个应更正为后选模式的错误。

❶ **注释 6.** 只有条款 7.11（对于后选模式、新模式和附加模式的更正）的要求被满足及条款 40.6（对于主模式的更正）不适用时，一个误用术语才可更正。

9.11. 如果一个种或种下分类群的名称在发表时无主模式（条款 9.1），或当主模式或之前指定的后选模式已经遗失或损毁时,或当发现指定为模式的材料属于多于一个分类群时，可指定一个后选模式，或在允许时（条款 9.8）可指定一个新模式作为其替代者（也见条款 9.16）。

9.12. 在指定后选模式时，如果存在等模式，必须从中选择，或不然，如果存在合模式或等合模式，则必须从中选择一份。如果无等模式、合模式或等合模式存在时，后选模式必须从如果存在的副模式中选择。如果上述标本无一存在时,后选模式必须从如果存在的组成其余原始材料的未引用的标本及引用和未引用的图示中选择。

> **例 12.** Baumann & al. (in J. Eur. Orch. 34: 176. 2006)指定了引用在 *Gymnadenia rubra* Wettst. (in Verh. K. K. Zool.-Bot. Ges. Wien 39: 83. 1889)的原白中的一幅图示作为 "后选模式"。因为 Wettstein 也引用了合模式，它在后选模式指定时总是优先于图示，Baumann 的选择与条款 9.12 不一致而不需遵从。后来，Baumann & Lorenz (in Taxon 60: 1775. 2011)正确指定了合模式之一为后选模式。

9.13. 如果原始材料不存在或只要它失踪时，可选择一个新模式。除条款 9.16 和 9.19(c)规定的情形外，后选模式总是优先于新模式。

9.14 当一个模式（标本馆台纸或相当制品）包括属于多于一个分类群的部分时（见条款 9.11），其名称必须保持依附于最接近原始描述或特征集要的那个部分（条款 8.2 中定义的标本）。

> **例 13.** 名称 *Tillandsia bryoides* Griseb. ex Baker (in Abh. Königl. Ges. Wiss. Göttingen 24: 334. 1878)的模式是 *Lorentz 128* (BM)；然而，在这张台纸上的材料被证实是混杂的。Smith (in Proc. Amer. Acad. Arts 70: 192. 1935)遵照条款 9.14 行事，指定在 BM 的该台纸上的一部分为后选模式。

9.15. 一个化石种或种下化石分类群（条款 8.5）的名称的主模式（或后选模式）是合格化图示（条款 43.2）所基于的标本（或标本之一）。2001 年 1 月 1 日之前（条款 43.3），当在一个种或以下等级的新化石分类群名称的原白中，指明了一份模式标本（条款 40.1），但未在合格化图示中识别时，必须从原白中绘制图示的标本中指定一个后选模式。如果能证明原始模式标本与另一幅合格化图示一致，则这一选择必须被取代。

9.16. 当主模式或之前指定的后选模式遗失或损毁，且可证明所有其他原始材料在分类学上不同于已遗失或损毁的模式时,可选择一个新模式以保持由之前的模式标定建立的用法（也见条款 9.18）。

9.17. 指定的后选模式、新模式或附加模式后来即便被发现涉及单个采集但多于一份标本，也必须接受（遵从条款 9.19 和 9.20），但可以进一步通过后续的后选模式标定、新模式标定或附加模式标定的方式限定为这些标本中的单一一份（也见条款 9.14）。

> **例 14.** *Erigeron plantagineus* Greene (in Pittonia 3: 292. 1898)是描述自 R. M. Austin 在加利福尼亚采集的材料。Cronquist (in Brittonia 6: 173. 1947)写道 "Type: *Austin s.n.,* Modoc County, California (ND)"，从而指定了保存于 ND 的 Austin 的材料为[第一步]后选模式。Strother & Ferlatte (in Madroño 35: 85. 1988)注意到这个采集在 ND 有两份标本，而指定它们中的一份 "ND-G No. 057228"作为[第二步]后选模式。在后来的引证中，这两个后选模式标定步骤可依次引用。

9.18. 如果能够表明它在分类学上不同于所替代的主模式或后选模式，根据条款 9.16 选择的新模式可被替代。

9.19. 必须遵从首次指定（条款 7.10、7.11 和 F.5.4）符合条款 9.11–9.13 的后选模式或新模式的作者，但是，（a）如果主模式或任何原始材料（在新模式情形下）被重新发现，那个选择应废弃；如果可表明（b）它与条款 9.14 相悖，或（c）它与原白严重冲突，该选择也可被取代，在后一情形下应选择另一个不与原白冲突的成分；如果此类成分存在时，一个后选模式仅可被一个与原始材料不冲突的成分取代；如果无上述成分存在，它可被一个新模式取代。

> **例 15.** (b) Navarro & Rosúa (in Candollea 45: 584. 1990)指定了保存于 G-DC 的一张台纸上的标本为 *Teucrium gnaphalodes* L'Hér. (Stirp. Nov.: 84. 1788)的后选模式，但在这张台纸上包括多于一个采集和多于一个种的异质混杂物，并非它们中的全部符合 L'Héritier 的特征集要。Ferrer-Gallego & al. (in Candollea 67: 38. 2012)选择同一制品中最接近于原始特征集要的标本之一来取代之前的后选模式。

> **例 16.** (c) Fischer (in Feddes Repert. 108: 115. 1997)指定 Herb. Linnaeus No. 26.58 (LINN) 为 *Veronica agrestis* L. (Sp. Pl.: 13. 1753)的后选模式。然而，Martínez-Ortega & al. (in Taxon 51: 763. 2002)确定该指定的后选模式与林奈的特征集要严重冲突，且在 Celsius 标本馆有 3 份与原白不冲突的标本可用。其中之一取代 Fischer 的选择，被指定为 *V. agrestis* 新的后选模式。

ⓘ **注释 7.** 根据条款 9.19（c），仅未引用材料为后选模式的选择可被取代；引用的标本和图示是原白的部分，因而不可能与之严重冲突。

9.20. 必须遵从第一个指定（条款 7.10、7.11 和 F.5.4）附加模式的作者；只有当原始附加模式遗失或损毁时（也见条款 9.17），才可指定一个不同的附加模式。附加模式所支撑的后选模式或新模式可依据条款 9.19 或在新模式的情形下根据条款 9.18 取代。如果能够表明附加模式在分类学上不同于其所支撑的模式，而且条款 9.18 或 9.19 也不适用时，该名称可以提议保留具一个保留模式（条款 14.9；也见条款 57）。

ℹ️ **注释 8.** 附加模式仅支撑由模式标定的作者所关联的模式。如果所支撑的模式遗失、损毁或被取代，附加模式不具有与替代模式相应的地位。

9.21. 除非指定保存该附加模式的标本馆、收藏机构或研究机构，或者，如果该附加模式为一幅已发表的图示，则提供对其完整且直接的文献引证（条款41.5），否则，附加模式的指定是无效的。

9.22. 在 1990 年 1 月 1 日或之后，除非指定模式保存的标本馆、收藏机构或研究机构，以一份标本或一幅未发表的图示所做的种或种下分类群的名称的后选模式标定或新模式标定是无效的。

9.23. 在 2001 年 1 月 1 日或之后，除非使用术语 "lectotypus〔后选模式〕"、"neotypus〔新模式〕" 或 "epitype〔附加模式〕"，其缩写或其在现代语言中的等同语指明（也见条款 7.11 和 9.10），否则，种或种下分类群名称的后选模式标定、新模式标定或附加模式标定是无效的。

辅则 9A

9A.1. 对未指定主模式的名称的模式标定只应在理解作者工作方法时进行；特别是应该意识到作者用来描述该分类群的某些材料可能不存放在作者的标本馆，或可能甚至未被保存下来，相反，并不是所有保存在该作者的保本馆中的材料必定用来描述该分类群。

9A.2. 后选模式的指定只应在了解所涉及类群的基础上进行。在选择一个后选模式时，原白中的所有方面均应考虑为基本指引。由于不科学且可能导致将来的混淆和进一步变更，应该避免机械方法，如自动选择所引用的第一个成分，或以其名字命名该种的人采集的一份标本。

9A.3. 在选择后选模式时，应优先考虑表明名称作者意图的任何指示，除非此类指示与原白相悖。此类指示是手稿注释、标本馆台纸上的注解、可辨认的图及诸如 *typicus*〔如模式的、标准的〕、*genuinus*〔真实的〕等加词。

9A.4. 当原始描述或特征集要中包括或引用 2 个或多个异质成分时，后选模式应选择以保持当前用法。特别是，如果另一位作者已将一个或多个成分分开为其他分类群，只要与原始描述或特征集要不相冲突，剩余成分之一应被指定为后选模式（见条款9.19(c)）。

辅则 9B

9B.1. 至于什么最符合原白，除个人判断外，通常无指南可循，因此，选择新模式时，应做到特别谨慎和运用关键知识；如果这个选择被证明是错误的，它可能导致进一步的变更。

9B.2. 指定附加模式的作者应陈述主模式、后选模式、新模式或所有原始材料以何种方式模糊不清，以致附加模式标定是必要的。

辅则 9C

9C.1. 指定存放的标本馆、收藏机构或研究机构应跟随任何永久且毫不含糊地识别后选模式、新模式或附加模式标本的可用编号（也见辅则 40A.6）。

条款 10

10.1. 属或任何属内次级区分的名称的模式是一个种的名称的模式（条款 10.4 的规定除外）。就模式的指定或引用而言，单独的种名即足够，即它被认为完全等同于其模式（也见辅则 40A.3）。

ⓘ **注释 1.** 在条款 9 中当前所定义的诸如"主模式"、"合模式"和"后选模式"等术语，尽管不适用于等级高于种的名称的模式，但有时已被类似地使用。

10.2. 如果在属或任何属内次级区分的名称的原白中明确包括了一个或多个之前或同时发表的种名的主模式或后选模式（见条款 10.3），模式必须从这些模式中选择，除非：（a）名称的作者已指明（条款 10.8、40.1 和 40.3）或指定模式；或（b）名称被认可（条款 F.3），在此情形下，模式也可以选自在认可处理中包括的种名的模式。如果没有明确包括之前或同时发表的种名的模式，必须另行指定一个模式，但如果能证明所选的模式与原白或认可处理相关的任何材料不为同一个种，该选择应被取代。

　　例 1. 如林奈（Sp. Pl.: 892. 1753）最初界定的，*Anacyclus* 属包括 3 个合格命名的种。Cassini (in Cuvier, Dict. Sci. Nat. 34: 104. 1825)指定 *Anthemis valentina* L. (l.c.: 895. 1753)为 *Anacyclus* 的模式，但这不是该属的一个原始成分。Green (in Sprague, Nom. Prop. Brit. Bot.: 182. 1929)将"三个原始种中仍然保留在该属中唯一的" *Anacyclus valentinus* L. (l.c.: 892. 1753) 指定为"标准种"（见条款 7*例 16），她的选择必须遵从（条款 10.5）。Humphries (in Bull. Brit. Mus. (Nat. Hist.), Bot. 7: 109. 1979)指定 Clifford 标本馆（BM）的一份标本作为 *Anacyclus valentinus* 的后选模式，那份标本因而成为 *Anacyclus* 的模式。

例 2. *Castanella* Spruce ex Benth. & Hook. f. (Gen. Pl. 1: 394. Aug 1862)是基于 Spruce 采集的单个标本描述的，未提及一个种名。Swart (in ING Card No. 2143. 1957)第一个指定了一个模式（作"T."）：*C. granatensis* Planch. & Linden (in Ann. Sci. Nat., Bot., ser. 4, 18: 365. Dec 1862)，基于 *Linden 1360*。尽管 Spruce 的标本后来成为 *Paullinia paullinioides* Radlk. (Monogr. Paullinia: 173. 1896)的模式，只要 Spruce 的标本被认可是与 Linden 的材料为同一种，Swart 的模式指定就不能被取代，因为后者不是一个 "之前或同时发表的种名"。

10.3. 就条款 10.2 而言，明确包含一个种的名称的模式，通过引用或引证（直接或间接地）一个合格发表的种的名称（不论是被作者接受还是作为异名）或引用一个之前或同时发表的种名的主模式或后选模式来实现。

例 3. *Elodes* Adans. (Fam. Pl. 2: 444, 553. 1763)的原白包括引证：Clusius（Alt. App. Rar. Pl. Hist., App. Alt. Auct.: [7]. 1611，即"*Ascyrum supinum* □λώδης"）的"*Elodes*"、Tournefort (Inst. Rei Herb. 1: 255. 1700，即 "*Hypericum palustre, supinum, tomentosum*"）的 "*Hypericum*"，以及 *Hypericum aegypticum* L.（Sp. Pl.: 784. 1753）。仅最后一个是对一个合格发表的种名的引证，而其他成分无一是种名的模式。因此，尽管后来的作者指定 *H. elodes* L.（Amoen. Acad. 4: 105. 1759）为模式（见 Robson in Bull. Brit. Mus. (Nat. Hist.), Bot. 5: 305, 336. 1977），*H. aegypticum* 的模式是 *Elodes* 的模式。

10.4. 通过且只能通过保留（条款 14.9），属的名称的模式可为一份标本或一幅图示（最好为作者在准备原白时使用过的），而不是所包括的一个种的名称的模式。

❶ **注释 2.** 如果根据条款 10.4 指定的成分是一个种名的模式时，那个名称可引用为该属名的模式。当该成分不是一个种名的模式时，可在括号中添加对该模式成分的正确名称的引证。

例 4. *Physconia* Poelt（in Nova Hedwigia 9: 30. 1965）是以标本"*Lichen pulverulentus'*, Germania, Lipsia in *Tilia*, 1767, *Schreber* (M)"作为保留模式而保留。那份标本是 *P. pulverulacea* Moberg (in Mycotaxon 8: 310.1979)的模式，该名称现在被引用在附录 III 的模式条目中。

例 5. *Pseudolarix* Gordon〔金钱松属〕(Pinetum: 292.1858)以一份来自 Gordon 标本馆（K No. 3455）的标本为其保留模式而被保留。因为这份标本不是任何种名的模式，它被接受的身份"[= *P. amabilis* (J. Nelson) Rehder〔金钱松〕...]"已被添加在附录 III 的相应条目下。

10.5. 必须遵从第一个指定（条款 7.10、7.11 和 F.5.4）属或属内次级区分的名称的模式的作者，但如果该作者使用很大程度上机械的选择方法（条款 10.6）时，该选择可被取代。一个使用很大程度上机械的选择方法选择的模式可被任何后来不是使用这一方法做出的不同模式的选择所取代，除非该可被取代的选择在此期间已被它接受在一个不是使用机械选择方法的出版物中所确认。

ⓘ 注释 3. 一个服从根据条款 10.5 更新的模式标定的有效日期（参见条款 22.2、48.2 和 52.2(b)）保持最初选择的日期，除非该模式已被取代。

10.6. 就条款 10.5 而言，"很大程度上机械的选择方法"被定义为在模式选择时遵从一系列客观标准的方法，例如，在所谓"费城法规"（Arthur & al. in Bull. Torrey Bot. Club 31: 255–257. 1904）的"准则 15"或《美国植物命名法规》（Arthur & al. in Bull. Torrey Bot. Club 34: 172–174. 1907）的"准则 15"中的表述。

> **例 6.** Britton (in Britton & Brown, Ill. Fl. N. U.S., ed. 2, 2: 93. 1913)遵循《美国法规》为 *Delphinium* L.〔翠雀属〕进行了首次模式指定，因此，他选择的 *D. consolida* L.被认为是很大程度上机械的。根据条款 10.5，他的选择已被 Green（in Sprague, Nom. Prop. Brit. Bot.: 162. 1929）指定的 *D. peregrinum* L.取代。

10.7. 除非作者强调他们并非使用机械的模式选择方法，下列标准可判断一个早于 1935 年 1 月 1 日发表的特定出版物是否采用很大程度上机械的模式选择方法：

（a）关于那个结果的任何陈述，包括遵循《美国法规》或"费城法规"，或以特定机械方式（如顺序上的第一个种）确定模式；或

（b）采用与当时生效的《国际植物命名规则》规定相抵触的"费城法规"或《美国法规》的任何规定，如包括一个或多个重词名为种名。

此外，对于早于 1921 年 1 月 1 日发表的出版物：

（c）如果该出版物的作者为"费城法规"[1]的签署人（因此也是《美国法规》的签署人）；

（d）如果该出版物的作者公开声明（如在另一出版物中）在属名的模式标定中遵从"费城法规"或《美国法规》；

（e）如果该出版物的作者为纽约植物园雇员或认可的合作者；或

（f）如果该出版物的一位作者为美国政府雇员。

> **例 7.** (a) Fink（in Contr. U.S. Natl. Herb. 14(1): 2. 1910）指出，他是"依据'第一种'的规则来陈述属的模式"。因而,他的模式指定可根据条款 10.5 被取代。例如,Fink 指定 *Biatorina griffithii* (Ach.) A. Massal.为 *Biatorina* A. Massal.的模式；但是，当 Santesson (in Symb. Bot. Upsal. 12(1): 428. 1952)在接下来的指定中陈述一个不同模式 *B. atropurpurea* (Schaer.) A. Massal.时，他的选择被取代。

---

1 "费城法规"的23位签署人名单发表在Taxon 65: 1448. 2016和Bull. Torrey Bot. Club 31: 250. 1904。

例 8. (a) Underwood (in Mem. Torrey Bot. Club 6: 247–283. 1899)写道（251 页）："对每个属建立的第一个命名的种将被视为模式"。因而，他指定为 *Caenopteris* Bergius (in Acta Acad. Sci. Imp. Petrop. 1782(2): 249. 1786)模式的 *Caenopteris furcata* Bergius 是可取代的；这已被指定 *C. rutifolia* Bergius 为模式的 Copeland (Gen. Filicum: 166. 1947)实现。

例 9. (a) 关于属的模式，Murrill (in J. Mycol. 9: 87. 1903)写道："我主要遵循的原则也是众所周知已由 Underwood 阐述和解释的"［见例 8］。因此，Murrill（l.c.: 95, 98. 1903）列出 Quélet (Enchir. Fung.: 175. 1886)处理的第一个命名的种 *Coriolus lutescens* (Pers.) Quél.为 *Coriolus* Quél.（l.c.）的模式，后来他（in Bull. Torrey Bot. Club 32: 640. 1906）列出 *Polyporus zonatus* Nees 作为模式，因为它是"伴随着正确引用一幅图的第一个种"。两个后选模式标定均被认为是机械的，并被 Donk（Revis. Niederl. Homobasidiomyc.: 180. 1933）选择的 *Polyporus versicolor* (L.) Fr.取代。

例 10. (b) Britton & Wilson (Bot. Porto Rico 6: 262. 1925)指定 *Cucurbita lagenaria* L.为 *Cucurbita* L. (Sp. Pl.: 1010. 1753)的模式。然而，因为他们显然遵循《美国法规》（在他们的出版物中包括许多重词名，如 "*Abrus Abrus* (L.) W. Wight"，"*Acisanthera Acisanthera* (L.) Britton" 和 "*Ananas Ananas* (L.) Voss"），所以，他们的模式选择使用了很大程度上机械的方法。他们选择的 *C. lagenaria*（现处理为 *Lagenaria siceraria* (Molina) Standl.）已被 Green（in Sprague, Nom. Prop. Brit. Bot.: 190. 1929）选择的 *C. pepo* L.所取代。

例 11. (d)在对其 *North American Flora*〔《北美植物志》〕中 *Amaranthaceae*〔苋科〕文稿的预报中，在考虑 *Achyranthes* L.〔牛膝属〕的模式标定时，Paul C. Standley（in J. Wash. Acad. Sci. 5: 72. 1915）选择 *A. repens* L.为模式，并陈述"而且，根据《美国法规》的命名法，看来它无疑是牛膝属〔*Achyranthes*〕的模式"，且作为结果注解"名称 *Achyranthes* 必须用于不同于近年来它被普遍应用的意义"。由于发表接受《美国法规》的声明，不仅 Standley 选择的 *A. repens* 被 Hitchcock (in Sprague, Nom. Prop. Brit. Bot.: 135. 1929)选择的 *A. aspera* L.〔土牛膝〕所取代，而且，根据条款 10.5，在 Standley 的其他出版物（如 Britton, N. Amer. Fl. 21: 1–254. 1916–1918）中引用的模式也可被取代。因而，Standley 对 *A. repens* 作为 *Achyranthes* 模式的陈述（l.c.: 134. 1917）并未构成其较早选择的确认；类似地，他对之前 Britton & Brown 做出诸如 *Chenopodium rubrum* L.〔红叶藜〕（l.c.: 9. 1916）和 *Amaranthus caudatus* L.〔老枪谷〕（l.c.: 102. 1917）的模式指定的出版物，并未构成其选择的确认；*Chenopodium* L.〔藜属〕的模式标定已被 Hitchcock（in Sprague, Nom. Prop. Brit. Bot.: 137. 1929）选择的 *C. album* L.〔藜〕所取代，*Amaranthus* L.〔苋属〕的模式标定最早被 Green（in Sprague, l.c.: 188. 1929）确认。

10.8. 当属内次级区分的名称中的加词相同于或来源于其最初所包括的种名之一的加词时，该较高等级名称的模式与该种名的模式相同，除非该较高等级名称的原作者指定了另一个模式。

例 12. *Euphorbia* subg. *Esula* Pers. (Syn. Pl. 2: 14. 1806)的模式是 Persoon 所包括的种名之一的 *E. esula* L.的模式；被 Croizat (in Revista Sudamer. Bot. 6: 13. 1939)指定为模式的 *E. peplus* L.（也被 Persoon 包括在内）没有地位。

例 13. *Cassia* [unranked〔无等级的〕] *Chamaecrista* L. (Sp. Pl.: 379. 1753)的模式是被林奈包括的五个种名之一的 *C. chamaecrista* L., nom. rej. (附录 V) 的模式。

10.9. 科或任何科内次级区分的名称的模式与其所构自的属名的模式相同（见条款 18.1）。就模式指定或引用而言，单独的属名即满足。不是构自于属名的科或亚科的名称的模式与其相对应的互用名称的模式相同（条款 18.5 和 19.8）。

10.10. 模式标定的原则不适用于科级以上的分类群的名称，除了那些由所构自的属名自动模式标定（见条款 16(a)）的名称，其模式与属名的模式相同。

辅则 10A

10A.1. 当在属内次级区分等级上的组合已被发表在一个未被模式标定的属名下时，如果是显而易见的，该属名的模式应选自那个被指定为命名上有代表性的属内次级区分。

10A.2. 在引用使用很大程度上机械的选择方法选择的模式，而该模式已被一个并不采用该方法的作者确认时，最初选择和确认之处均应被引用，如，"*Quercus* L.〔栎属〕… Type: *Q. robur* L. designated〔指定〕by Britton & Brown (Ill. Fl. N. U.S., ed. 2, 1: 616 1913); affirmed〔确认〕by Green (in Sprague, Nom. Prop. Brit. Bot.: 189. 1929"。

第三节　优　先　权

条款 11

11.1. 每一个具有特定界定、位置和等级的科或科以下等级的分类群只能拥有一个正确名称。特例是允许 9 个科和 1 个亚科使用互用名称〔alternative name〕（见条款 18.5 和 19.8）。对于代表不同部分、生活史阶段或保存状态的化石分类群，允许使用不同的名称（条款 1.2），该分类群可能曾经是一个单一有机体分类群或甚至是单个个体。

例 1. 属名 *Sigillaria* Brongn.（in Mém. Mus. Hist. Nat. 8: 222. 1822）是以"树皮"碎片化石建立的，但是，Brongniart（in Arch. Mus. Hist. Nat. 1: 405. 1839）后来在其 *Sigillaria* 的概念中包括了保存具解剖特征的茎。保存有解剖特征的球果可能在某种程度上代表了相同生物学分类群，被称为 *Mazocarpon* M. J. Benson (in Ann. Bot. (Oxford) 32: 569. 1918)，然而，保存为印痕化石的类似球果被称为 *Sigillariostrobus* Schimp. (Traité Paléont. Vég. 2: 105. 1870)。尽管它们事实上（至少在某种程度上）可能应用于相同有机体，所有这些属名可以同时使用。

11.2. 名称在其所发表的等级之外没有优先权（但见条款 53.3）

例 2. 当 *Campanula* sect. *Campanopsis* R. Br. (Prodr.: 561. 1810)被处理为属时，称为 *Wahlenbergia* Roth〔蓝花参属〕(Nov. Pl. Sp.: 399. 1821)，系针对异模式（分类学的）异名 *Cervicina* Delile (Descr. Egypte, Hist. Nat.: 150. 1813)而保留的名称，而不是 *Campanopsis* (R. Br.) Kuntze (Revis. Gen. Pl. 2: 378.1891)。

例 3. *Solanum* subg. *Leptostemonum* Bitter (in Bot. Jahrb. Syst. 55: 69. 1919)是 *Solanum* L.〔茄属〕中包括其模式 *S. mammosum* L.〔乳茄〕的亚属的正确名称，因为它是在那个等级上最早可用的名称。包含它导致 *S.* sect. *Leptostemonum* Dunal (in Candolle, Prodr. 13(1): 29, 183. 1852)不合法性的同模式的 *S.* sect. *Acanthophora* Dunal (Hist. Nat. Solanum: 131, 218. 1813)，在其自身等级之外没有优先权。

例 4. 当 *Helichrysum stoechas* subsp. *barrelieri* (Ten.) Nyman (Consp. Fl. Eur.: 381. 1879)处理为种的等级时称为基于 *Gnaphalium conglobatum* Viv. (Fl. Libyc. Spec.: 55.1824)的 *H. conglobatum* (Viv.) Steud. (Nomencl. Bot., ed. 2, 1: 738. 1840)，而不是基于 *G. barrelieri* Ten. (Fl. Napol. 5: 220. 1835–1838)的 *H. barrelieri* (Ten.) Greuter (in Boissiera 13: 138.1967)。

例 5. *Magnolia virginiana* var. *foetida* L. (Sp. Pl.: 536. 1753)提升为种的等级时称为 *M. grandiflora* L.〔广玉兰〕(Syst. Nat., ed. 10: 1082. 1759)，而不是 *M. foetida* (L.) Sarg. (in Gard. & Forest 2: 615. 1889)。

ⓘ 注释 1. 条款 11 的规定确定适用于同一分类群的不同名称间的优先权；它们不涉及同名性。

11.3. 除了保留和保护（见条款 14 和 F.2）限制优先权的情形或适用条款 11.7、11.8、19.4、56、57、F.3 或 F.7 外，自科到属（均含）的任何分类群的正确名称是在同一等级上最早的合法名称。

例 6. 当 *Aesculus* L.〔七叶树属〕(Sp. Pl.: 344. 1753)、*Pavia* Mill. (Gard. Dict. Abr., ed. 4: *Pavia*. 1754)、*Macrothyrsus* Spach (in Ann. Sci. Nat., Bot., ser. 2, 2: 61. 1834)和 *Calothyrsus* Spach (l.c.: 62. 1834)归为一个属时，其正确名称是 *Aesculus*。

11.4. 对于任何属级以下的分类群，正确名称是在同一等级上该分类群最早的合法名称的最终加词与其所归隶的属或种的正确名称的组合，以下情形除外：（a）根据条款 14、56、57、F.2、F.3 或 F.7 限制优先权的情形，或（b）如果条款 11.7、11.8、22.1 或 26.1 规定应使用不同的组合，或（c）如果产生的组合根据条款 32.1(c)不能被合格发表，或根据条款 53 将是不合法。如果（c）适用，应使用在同一等级的下一个最早合法名称的最终加词来代替，或如果无最终加词可用，则可发表一个替代名称或一个新分类群的名称。

例 7. *Primula* sect. *Dionysiopsis* Pax (in Jahresber. Schles. Ges. Vaterländ. Kultur 87: 20. 1909)转移至 *Dionysia* Fenzl 时变为 *D.* sect. *Dionysiopsis* (Pax) Melch. (in Mitt. Thüring. Bot.

Vereins 50: 164–168. 1943)；根据条款 52.1，替代名称 *D.* sect. *Ariadna* Wendelbo (in Bot. Not. 112: 496. 1959)是不合法的。

例 8. *Antirrhinum spurium* L. (Sp. Pl.: 613. 1753)转移至 *Linaria* Mill.〔柳穿鱼属〕时称为 *L. spuria* (L.) Mill. (Gard. Dict., ed. 8: *Linaria* No. 15. 1768)。

例 9. 当 *Serratula chamaepeuce* L. (1753)转移至 *Ptilostemon* Cass.时，Cassini 不合法地（条款 52.1）命名该种为 *P. muticus* Cass. (in Cuvier, Dict. Sci. Nat. 44: 59. 1826)。在 *Ptilostemon* 中，正确名称是 *P. chamaepeuce* (L.) Less. (Gen. Cynaroceph.: 5. 1832)。

例 10. 因为 *Rubus taitoensis* Hayata〔台东悬钩子〕(in J. Coll. Sci. Imp. Univ. Tokyo 30(1): 96. 1911〕较 *R. aculeatiflorus* Hayata〔刺花悬钩子〕(Icon. Pl. Formosan. 5: 39. 1915) 具有优先权，*R. aculeatiflorus* var. *taitoensis* (Hayata) T. S. Liu & T. Y. Yang (in Annual Taiwan Prov. Mus. 12: 12. 1969)的正确名称是 *R. taitoensis* Hayata var. *taitoensis*。

例 11. *Spartium biflorum* Desf. (Fl. Atlant. 2: 133. 1798)转移至 *Cytisus* Desf.〔金雀儿属〕时，由于之前合格发表的 *Cytisus biflorus* L'Hér. (Stirp. Nov.: 184. 1791)，Ball 正确地提出了替代名称 *C. fontanesii* Spach ex Ball (in J. Linn. Soc., Bot. 16: 405. 1878)；根据条款 53.1，基于 *S. biflorum* 的组合 *C. biflorus* 将是不合法的。

例 12. 由于存在基于不同模式的名称 *Arenaria stricta* Michx. (Fl. Bor.-Amer. 1: 274. 1803)，*Spergula stricta* Sw.（in Kongl. Vetensk. Acad. Nya Handl. 20: 235. 1799）转移至 *Arenaria* L.〔无心菜属〕时称为 *A. uliginosa* Schleich. ex Schltdl.（in Mag. Neuesten Entdeck. Gesammten Naturk. Ges. Naturf. Freunde Berlin 7: 207. 1808）；但当进一步转移至米努草属〔*Minuartia* L.〕时，加词 *stricta* 又是可用的，而该种被称为 *M. stricta* (Sw.) Hiern〔直立米努草〕(in J. Bot. 37: 320. 1899）。

例 13. *Arum dracunculus* L. (Sp. Pl.: 964. 1753)转移至 *Dracunculus* Mill.时被命名为 *D. vulgaris* Schott (Melet. Bot. 1: 17. 1832)。在 *Dracunculus* 中使用林奈的加词将产生一个不能合格发表的（条款 32.1(c)）重词名（条款 23.4）。

例 14. *Cucubalus behen* L. (Sp. Pl.: 414. 1753)转移至 *Behen* Moench 时，为避免重词名"*B. behen*"，被合法地重新命名为 *B. vulgaris* Moench (Methodus: 709. 1794)。在 *Silene* L.〔蝇子草属〕中，由于存在 *S. behen* L. (Sp. Pl.: 418. 1753)，加词 *behen* 是不可用的。因而，提出替代名称 *S. cucubalus* Wibel (Prim. Fl. Werth.: 241. 1799)。然而，因为种加词 *vulgaris* 是可用的，这是不合法的（条款 52.1）。在 *Silene* 中，该种的正确名称是 *S. vulgaris* (Moench) Garcke〔白玉草〕(Fl. N. Mitt.-Deutschland, ed. 9: 64.1869）。

例 15. 当 *Helianthemum italicum* var. *micranthum* Gren. & Godr. (Fl. France 1: 171. 1847)转移至 *H. penicillatum* Thibaud ex Dunal 作为变种时保留其变种加词，而命名为 *H. penicillatum* var. *micranthum* (Gren. & Godr.) Grosser (in Engler, Pflanzenr. IV. 193 (Heft 14): 115. 1903)。

例 16. 组合 *Thymus praecox* subsp. *arcticus* (Durand) Jalas (in Veröff. Geobot. Inst. ETH Stiftung Rübel Zürich 43: 190. 1970)基于 *T. serpyllum* var. *arcticus* Durand (Pl. Kaneanae Groenl. 196. 1856)，其最终加词首先用在亚种等级的组合 *T. serpyllum* subsp. *arcticus*

(Durand) Hyl. (in Uppsala Univ. Arsskr. 1945(7): 276. 1945)中。然而，如果 *T. britannicus* Ronniger (in Repert. Spec. Nov. Regni Veg. 20: 330. 1924)被包含在这个分类群中，在亚种等级的正确名称是 *T. praecox* subsp. *britannicus* (Ronniger) Holub (in Preslia 45: 359. 1973)，该最终加词首先是在这一等级上用在组合 *T. serpyllum* subsp. *britannicus* (Ronniger) P. Fourn. (Quatre Fl. France: 841. 1938, "S.-E. [Sous-Espèce] *Th. Britannicus*")中。

例 17. 由于存在基于 *Goniopteris tenera* Fée (Mém. Foug. 11: 60. 1866)的 *Cyclosorus tener* (Fée) Christenh. (in Bot. J. Linn. Soc. 161: 250. 2009)，*Polypodium tenerum* Roxb. (in Calcutta J. Nat. Hist. 4: 490. 1844)转移至 *Cyclosorus* Link (Hort. Berol. 2: 128. 1833)时可能产生一个晚出同名。正确名称是基于该分类群在同一等级上的下一个最早的合法名称 *Aspidium ciliatum* Wall. ex Benth. (Fl. Hongkong.: 455. 1861)的异模式异名 *C. ciliatus* (Wall. ex Benth.) Panigrahi (in Res. J. Pl. Environm. 9: 66. 1993)。

❶ **注释 2.** 属以下等级名称的合格发表排除任何同时的同名组合（条款 53），不考虑可能需要转移到同一属或种的具有相同最终加词的其他名称的优先权。

例 18. Tausch 在其新属 *Alkanna* 中包括两个种：基于林奈（Sp. Pl., ed. 2: 192. 1762）意义上的 "*Anchusa tinctoria*" 的新种 *A. tinctoria* Tausch (in Flora 7: 234. 1824)，以及基于 *Lithospermum tinctorium* L. (Sp. Pl.: 132. 1753)的替代名称 *A. matthioli* Tausch (l.c. 1824)。这两个名称均是合法的，且自 1824 年获得优先权。

例 19. Raymond-Hamet 将 *Cotyledon sedoides* DC. (in Mém. Agric. Econ. Soc. Agric. Seine 11: 11. 1808)和 *Sempervivum sedoides* Decne. (in Jacquemont, Voy. Inde 4(Bot.): 63. 1844)均转移至 *Sedum* 属。他在 *Sedum* 下组合较晚名称 *Sempervivum sedoides* 的加词为 *S. sedoides* (Decne.) Raym.-Hamet (in Candollea 4: 26.1929)，而为较早名称发表了一个替代名称 *S. candollei* Raym.-Hamet (l.c. 1929)。Raymond-Hamet 的两个名称都是合法的。

11.5. 对于任何科或以下等级的分类群，可能要在相应等级上具有同等优先权的合法名称之间、或在相应等级上具有同等优先权的可用最终加词之间做出选择时，首次有效发表（条款 29–31）的选择建立了所选择的名称及在那个等级上有相同模式和最终加词的任何合法组合较其他竞争名称的优先权（但见条款 11.6；也见辅则 F.5A.2）。

❶ **注释 3.** 条款 11.5 中规定的选择通过采用竞争名称或所需组合中的最终加词之一，且同时将其他名称或其同模式（命名学的）异名废弃或归入异名来实现。

例 20. 当 *Dentaria* L. (Sp. Pl.: 653. 1753)和 *Cardamine* L.〔碎米荠属〕(l.c.: 654. 1753)合并时，产生的属称为 *Cardamine*，因为该名称是由首次合并它们的 Crantz (Cl. Crucif. Emend.: 126. 1769)选择的。

例 21. 当 *Claudopus* Gillet (Hyménomycètes: 426.1876)、*Eccilia* (Fr. : Fr.) P. Kumm. (Führer Pilzk.: 23.1871)、*Entoloma* (Fr. ex Rabenh.) P. Kumm. (l.c.: 23. 1871)、*Leptonia* (Fr. : Fr.) P. Kumm. (l.c.: 24. 1871)和 *Nolanea* (Fr. : Fr.) P. Kumm. (l.c.: 24. 1871)合并时，由 Kummer 同

时发表的四个属名之一必须用于合并后的属。Donk (in Bull. Jard. Bot. Buitenzorg, ser. 3, 18(1): 157. 1949)选择了 *Entoloma*〔粉褶菌属〕，因而它被处理为较其他名称具优先权。

例 22. Brown (in Tuckey, Narr. Exped. Zaire: 484. 1818)是最早合并 *Waltheria americana* L. (Sp. Pl.: 673. 1753)和 *W. indica* L.〔蛇婆子〕(l.c. 1753)的。他为合并后的种采用了名称 *W. indica*，于是该名称相应地被处理为较 *W. americana* 具优先权。

例 23. Baillon (in Adansonia 3: 162. 1863)首次合并 *Sclerocroton integerrimus* Hochst. (in Flora 28: 85.1845)和 *S. reticulatus* Hochst. (l.c.1845)时，为合并后的分类群采用了名称 *Stillingia integerrima* (Hochst.) Baill.。因而，*Sclerocroton integerrimus* 被处理为较 *S. reticulatus* 具优先权，而与该种所归隶的属（*Sclerocroton*、*Stillingia* 或其他任何属）无关。

例 24. Linnaeus (Sp. Pl.: 902. 1753)同时发表了名称 *Verbesina alba* 和 *V. prostrata*。后来（Mant. Pl.: 286. 1771），他发表了因在异名中引用了 *V. alba* 而为不合法名称的 *Eclipta erecta*，以及基于 *V. prostrata* 的 *E. prostrata*〔鳢肠〕。合并这些分类群的第一个作者是 Roxburgh (Fl. Ind., ed. 1832, 3: 438. 1832)，他采用了名称 *E. prostrata* (L.) L.。因而 *V. prostrata* 被处理为较 *V. alba* 具优先权。

例 25. Don (Gen. Hist. 2: 468. 1832)同时发表的 *Donia speciosa* 和 *D. formosa* 被 Lindley (in Trans. Hort. Soc. London, ser. 2, 1: 522. 1835)分别不合法地重新命名为 *Clianthus oxleyi* 和 *C. dampieri*。Brown (in Sturt, Narr. Exped. C. Australia 2: 71. 1849)将它们合并为一个种，采用了不合法名称 *C. dampieri*，并引用 *D. speciosa* 和 *C. oxleyi* 为异名；他的选择不是条款 11.5 规定的情形。因发表时 *D. speciosa* 和 *C. dampieri* 被列为异名，*Clianthus speciosus* (G. Don) Asch. & Graebn. (Syn. Mitteleur. Fl. 6(2): 725. 1909)是 *C. speciosus* (Endl.) Steud. (Nomencl. Bot., ed. 2, 1: 384. 1840)的一个不合法晚出同名；根据条款 11.5，选择的条件又未能满足。Ford & Vickery (in Contr. New South Wales Natl. Herb. 1: 303. 1950)发表了一个合法组合 *Clianthus speciosus* (G. Don) Asch. & Graebn. (Syn. Mitteleur. Fl. 6(2): 725.1909)，且引用 *D. formosa* 和 *D. speciosa* 为异名，但是，由于后者的加词在 *Clianthus* Sol. ex Lindl.内不可用，选择是不可能的，且条款 11.5 再次不适用。当发表新组合 *Swainsona formosa* (G. Don) Joy Thomps.且指明 *D. speciosa* 为其异名时，Thompson (in Telopea 4: 4.1990)首次实现了一个可接受的选择。

11.6. 自动名处理为较据其合格发表建立该自动名的相同日期或等级的名称具优先权（见条款 22.3 和 26.3）。

❶ 注释 4. 当自动名的最终加词根据条款 11.6 的要求用于新组合时，该组合的基名是该自动名源自的名称，或如果有基名时则为其基名。

例 26. 发表 *Synthyris* subg. *Plagiocarpus* Pennell (in Proc. Acad. Nat. Sci. Philadelphia 85: 86. 1933)的同时建立了自动名 *Synthyris* Benth. (in Candolle, Prodr. 10: 454. 1846) subg. *Synthyris*。如果包括 subg. *Plagiocarpus* 的 *Synthyris* 被认为是 *Veronica* L. (Sp. Pl.: 9. 1753)的一个亚属时，正确名称是 *V.* subg. *Synthyris* (Benth.) M. M. Mart. Ort. & al. (in Taxon 53: 440. 2004)，它优先于在 *Veronica* 中基于 *S.* subg. *Plagiocarpus* 的组合。

例 27. *Heracleum sibiricum* L. (Sp. Pl.: 249. 1753)包括 *H. sibiricum* subsp. *lecokii* (Godr. & Gren.) Nyman (Consp. Fl. Eur.: 290. 1879)和同时自动建立的 *H. sibiricum* subsp. *sibiricum*。当 *H. sibiricum* 如其界定包含在 *H. sphondylium* L. (l.c. 1753)中为一个亚种时，那个亚种的正确名称是 *H. sphondylium* subsp. *sibiricum* (L.) Simonk. (Enum. Fl. Transsilv.: 266. 1887)，而不是 "*H. sphondylium* subsp. *lecokii*"。

例 28. 发表 *Salix tristis* var. *microphylla* Andersson (Salices Bor.-Amer.: 21. 1858)的同时建立了自动名 *S. tristis* Aiton (in Hort. Kew. 3: 393. 1789) var. *tristis*。如果包括 var. *microphylla* 的 *S. tristis* 被认为是 *S. humilis* Marshall (Arbust. Amer.: 140. 1785)的一个变种时，正确名称是 *S. humilis* var. *tristis* (Aiton) Griggs (in Proc. Ohio Acad. Sci. 4: 301. 1905)。然而，如果 *S. tristis* 的这两个变种都被认为是 *S. humilis* 的变种时，则使用名称 *S. humilis* var. *tristis* 和 *S. humilis* var. *microphylla* (Andersson) Fernald (in Rhodora 48: 46. 1946)。

11.7. 就优先权而言，化石分类群（除硅藻分类群外）的名称仅与基于化石模式的名称竞争。

例 29. 即使相同类型的胞囊已知为非化石种 *Pyrodinium bahamense* L. Plate (in Arch. Protistenk. 7: 427. 1906)生活史的一部分，基于 *Hystrichosphaeridium zoharyi* M. Rossignol (in Pollen & Spores 4: 132. 1962)的名称 *Polysphaeridium zoharyi* (M. Rossignol) J. P. Bujak & al. (in Special Pap. Palaeontol. 24: 34. 1980)可保留给一个胞囊化石种。

例 30. Reid (in Nova Hedwigia 29: 429–462. 1977)指出他的新化石种 *Votadinium calvum* 是非化石甲藻 *Peridinium oblongum* (Auriv.) Cleve (in Kongl. Svenska Vetensk. Acad. Handl., n.s., 32(8): 20. 1900)的休眠胞囊。由于它具有一个化石模式，且因此并不与 *P. oblongum* 竞争优先权，*Votadinium calvum* 可用作该胞囊化石种的正确名称。

11.8. 在处理为非化石分类群的异名时，基于非化石模式的有机体（硅藻除外）的名称较相同等级基于化石模式的名称具优先权。

例 31. 如果基于非化石模式的 *Platycarya* Siebold & Zucc.〔化香树属〕(in Abh. Math.-Phys. Cl. Königl. Bayer. Akad. Wiss. 3: 741. 1843)与基于化石模式的 *Petrophiloides* Bowerb. (Hist. Fruits London Clay: 43. 1840)被处理为一个非化石属的异模式异名时，尽管 *Petrophiloides* 较早，名称 *Platycarya* 仍是正确的。

例 32. 属名 *Metasequoia* Miki (in Jap. J. Bot. 11: 261. 1941)基于 *M. disticha* (Heer) Miki 的化石模式。在发现非化石种 *M. glyptostroboides* Hu & W. C. Cheng〔水杉〕后，作为基于非化石模式的 *Metasequoia* Hu & W. C. Cheng〔水杉属〕(in Bull. Fan Mem. Inst. Biol., Bot., ser. 2, 1: 154. 1948)被批准得以保留。否则，任何基于 *M. glyptostroboides* 的新属名将被认为较 *Metasequoia* Miki 有优先权。

例 33. 基于 *Hyalodiscus laevis* Ehrenb. (in Ber. Bekanntm. Verh. Königl. Preuss. Akad. Wiss. Berlin 1845: 78. 1845)的化石模式的 *Hyalodiscus* Ehrenb. (l.c.: 71. 1845)是一个包括非化石种的硅藻的属的名称。因为条款 11.8 排除硅藻，如果存在基于非化石模式的晚出异名属名，它们不被认为较 *Hyalodiscus* 具优先权。

例 34. Boalch & Guy-Ohlson (in Taxon 41: 529–531. 1992) 将两个非硅藻的藻类属的名称 *Pachysphaera* Ostenf. (in Knudsen & Ostenfeld, Iagtt. Overfladevand. Temp. Salth. Plankt. 1898: 52. 1899)和 *Tasmanites* E. J. Newton (in Geol. Mag. 12: 341. 1875)归并为异名。*Pachysphaera* 基于非化石模式，而 *Tasmanites* 基于化石模式。根据 1992 年生效的《法规》，*Tasmanites* 具优先权，且因此被采用。根据现行条款 11.8，仅排除硅藻而非全部藻类，*Pachysphaera* 是这两个名称处理为异模式异名的非化石属的正确名称。

例 35. 在原白中，非化石种 *Gonyaulax ellegaardiae* K. N. Mertens & al. (in J. Phycol. 51: 563. 2015)被指明是产生自一个与化石种 *Spiniferites pachydermus* (M. Rossignol) P. C. Reid (in Nova Hedwigia 25: 607. 1974)相关的胞囊。因为 Mertens & al.并未将它们处理为异名，二者均是正确的。然而，当这些名称被处理为非化石种的异名时，尽管 *S. pachydermus* 较早，*G. ellegaardiae* 被视为具优先权。

❶ 注释 5. 与条款 53 一致，无论模式是化石还是非化石，晚出同名是不合法的。

例 36. 基于非化石模式的 *Endolepis* Torr. (in Pacif. Railr. Rep. 12(2, 2): 47. 1860–1861)是基于化石模式的 *Endolepis* Schleid. (in Schmid & Schleiden, Geognos. Verhältnisse Saalthales Jena: 72. 1846)的不合法晚出同名。

例 37. 基于非化石模式的 *Cornus paucinervis* Hance〔小梾木〕(in J. Bot. 19: 216. 1881)是基于化石模式的 *C. paucinervis* Heer (Fl. Tert. Helv. 3: 289. 1859)的不合法晚出同名。

例 38. 各自基于非化石模式的 *Ficus crassipes* F. M. Bailey (Rep. Pl. Prelim. Gen. Rep. Bot. Meston's Exped. Bellenden-Ker Range: 2.1889)、*F. tiliifolia* Baker (in J. Linn. Soc., Bot. 21: 443. 1885)和 *F. tremula* Warb. (in Bot. Jahrb. Syst. 20: 171. 1894)分别是各自基于化石模式的 *F. crassipes* (Heer) Heer (Fl. Foss. Arct. 6(2): 70. 1882)、*F. tiliifolia* (A. Braun) Heer (Fl. Tert. Helv. 2: 68. 1856)和 *F. tremula* Heer (in Abh. Schweiz. Paläontol. Ges. 1: 11. 1874)的不合法晚出同名。为了保持它们的使用，这三个具非化石模式的名称已针对其早出同名而保留（见附录 IV）。

11.9. 就优先权而言，给予杂种的名称遵从与同等等级的非杂种分类群名称的相同规则（但见条款 H.8）。

例 39. 对于 *Aster* L.〔紫菀属〕和 *Solidago* L.〔一枝黄花属〕之间的杂种，名称×*Solidaster* H. R. Wehrh. (in Bonstedt, Pareys Blumengärtn. 2: 525. 1932)较×*Asterago* Everett (in Gard. Chron., ser. 3, 101: 6. 1937)具优先权。

例 40. *Anemone ×hybrida* Paxton (in Paxton's Mag. Bot. 15: 239.1848)较 *A. ×elegans* Decne. (pro sp.〔作为种〕) (Rev. Hort. (Paris) 1852: 41.1852)具优先权。当二者被考虑应用于相同的杂种 *A. hupehensis* (Lemoine & É. Lemoine) Lemoine & É. Lemoine〔打破碗碗花〕× *A. vitifolia* Buch.-Ham. ex DC.〔野棉花〕（条款 H.4.1）时，前者是正确的。

例 41. Camus (in Bull. Mus. Natl. Hist. Nat. 33: 538. 1927)发表名称×*Agroelymus* E. G. Camus ex A. Camus 时无描述或特征集要，仅提及亲本属的名称（*Agropyron* Gaertn.〔冰草属〕和 *Elymus* L.〔披碱草属〕）。因为根据当时生效的《法规》，这个名称未被合格发表，Rousseau (in Mém. Jard. Bot. Montréal 29: 10–11. 1952)发表了一个拉丁文特征集要。然而，根据现行《法规》（条款 H.9），×*Agroelymus* 的合格发表日期是 1927 年而不是 1952 年，而且它因此较名称× *Elymopyrum* Cugnac (in Bull. Soc. Hist. Nat. Ardennes 33: 14. 1938)具优先权。

11.10. 优先权的原则不适用于科以上等级（但见辅则 16A）。

条款 12

12.1. 除非被合格发表（见条款 6.3；但见条款 14.9 和 14.14），否则，一个分类群的名称在本《法规》中没有地位。

第四节　优先权原则的限制

条款 13

13.1. 对于不同类群有机体，名称的合格发表被处理为始自下列日期（提及给各个分类群的著作被处理为已在给予该类群的日期发表）：

非化石有机体：

(a) 种子植物门〔Spermatophyta〕和蕨类植物门〔Pteridophyta〕，属及以下等级的名称，1753 年 5 月 1 日（Linnaeus, *Species plantarum*〔《植物种志》〕, ed. 1）；属以上的名称，1789 年 8 月 4 日（Jussieu, *Genera plantarum*〔《植物属志》〕）。

(b) 藓纲〔Musci〕（泥炭藓科〔*Sphagnaceae*〕除外），1801 年 1 月 1 日（Hedwig, *Species muscorum frondosorum*）。

(c) 泥炭藓科和苔纲〔Hepaticae〕（包括角苔纲〔*Anthocerotae*〕），属及以下等级的名称，1753 年 5 月 1 日（Linnaeus, *Species plantarum,* ed. 1）；属以上的名称，1789 年 8 月 4 日（Jussieu, *Genera plantarum*）。

(d) 菌物〔fungi〕（导言 8），见条款 F.1.1.

(e) 藻类〔algae〕，1753 年 5 月 1 日（Linnaeus, *Species plantarum,* ed. 1）。除以下类群外：

同胞念珠藻类〔Nostocaceae Homocysteae〕，1892 年 1 月 1 日（Gomont, "Monographie des Oscillariées", in Ann. Sci. Nat., Bot., ser. 7, 15: 263–368; 16:

91–264）。Gomont 的"Monographie"的两部分分别于 1892 年和 1893 年出版，处理为已于 1892 年 1 月 1 日同时发表。

异胞念珠藻类〔Nostocaceae Heterocysteae），1886 年 1 月 1 日（Bornet & Flahault, "Révision des Nostocacées hétérocystées", in Ann. Sci. Nat., Bot., ser. 7, 3: 323–381; 4: 343–373; 5: 51–129; 7: 177–262）。"Révision" 的 4 个部分分别于 1886 年、1886 年、1887 年和 1888 年出版，处理为已于 1886 年 1 月 1 日同时出版。

广义鼓藻科〔Desmidiaceae (s. l.)），1948 年 1 月 1 日（Ralfs, *British Desmidieae*）。

鞘藻科〔Oedogoniaceae），1900 年 1 月 1 日（Hirn, "Monographie und Iconographie der Oedogoniaceen", in Acta Soc. Sci. Fenn. 27(1)）。

化石有机体（硅藻除外）：

(f) 全部类群, 1820 年 12 月 31 日 (Sternberg, *Flora der Vorwelt, Versuch* 1: 1–24, t. 1–13)。Schlotheim 的 *Petrefactenkunde* (1820)被视为于 1820 年 12 月 31 日前出版。

13.2. 就条款 13.1 和 F.1 而言，名称所归隶的类群取决于该名称的模式所接受的分类学位置。

> **例 1.** *Porella*〔光萼苔属〕及其唯一种 *P. pinnata*〔羽枝光萼苔〕被 Linnaeus (1753)归入藓纲；因为 *P. pinnata* 的模式标本现接受为属于苔纲，这些名称是于 1753 年合格发表的。

> **例 2.** *Lycopodium* L.〔石松属〕(Sp. Pl.: 1100. 1753)的指定模式是 *L. clavatum* L.〔欧洲石松〕(l.c.: 1101. 1753)，其模式标本现被接受为蕨类植物。相应地，尽管该属被林奈列在藓纲中，该属名及被林奈包括在其中的蕨类植物种的名称是在 1753 年合格发表的。

13.3. 就命名而言，除非其模式来源于化石（条款 1.2），否则，一个名称处理为属于非化石分类群〔non-fossil taxon〕。化石材料与非化石材料的区别在于最初发现之处的地层学关系。在地层学关系有疑问的情形，以及对于所有硅藻，适用非化石分类群的规定。

13.4. 出现在林奈的 *Species plantarum*〔《植物种志》〕第一版（1753）和第二版（1762–1763）中的属名，是与林奈的 *Genera plantarum*〔《植物属志》〕第五版（1754）和第六版（1764）中在那些名称下给出的首个后续描述相关联。包括在 *Species plantarum* 第一版中的属名的拼写不应因为在 *Genera plantarum*

第 5 版中已使用了一个不同拼写而改变。

ℹ **注释 1.** 林奈的 *Species plantarum* 第一版（1753）的两卷分别于 1753 年 5 月和 8 月出版，被处理为已于 1753 年 5 月 1 日同时出版（条款 13.1）。

> **例 3.** 属名 *Thea* L. (Sp. Pl.: 515. 24 May 1753; Gen. Pl., ed. 5: 232. 1754)和 *Camellia* L.〔山茶属〕(Sp. Pl.: 698. 16 Aug 1753; Gen. Pl., ed. 5: 311. 1754)被处理为已于 1753 年 5 月 1 日同时发表。根据条款 11.5，合并后的属使用名称 *Camellia*，因为首次合并这两属的 Sweet (Hort. Suburb. Lond.: 157. 1818)是选择了那个名称且引用 *Thea* 作为异名。

> **例 4.** *Sideroxylon* L. (Sp. Pl.: 192. 1753)不应因为林奈在 *Genera plantarum*, ed. 5 (p. 89. 1754)中将它拼写为 "*Sideroxylum*" 而改变；林奈在 1754 年采用的 *Brunfelsia* L. (Sp. Pl.: 191. 1753, orth. cons., '*Brunsfelsia*')用法只有通过保留才变为可能（见附录 III）。

条款 14

14.1. 为了避免由于严格地应用各项规则（特别是条款 13 和 F.1 给出的起始日期的优先权原则）所导致的不利的命名变更，本《法规》在附录 II–IV 中列出了被保留的科、属和种的名称（保留名称〔nomina conservanda〕）（见辅则 50E.1）。即使它们最初可能为不合法，保留名称〔conserved name〕均为合法。当它为一个属或种的基名或被替代异名，按当前意义的用法未经保留不能继续使用时，属的次级区分或种下分类群的名称可通过保留模式而保留，并被分别列入附录 III 和 IV。

14.2. 保留的目的在于保留最有利于命名稳定性的那些名称。

14.3. 保留名称和废弃名称〔rejected name〕的应用取决于命名模式。如有必要，引用为保留属名模式的种名模式可被保留，并列在附录 IV 中。杂交属的保留名称和废弃名称的应用取决于亲本的表述（条款 H.9.1）。

14.4. 科或属的保留名称针对在相同等级上具相同模式（同模式的〔homotypic〕，即应予废弃的命名学异名〔nomenclatural synonym〕）的所有其他名称（无论它们是否作为废弃名称引用在相关清单中）及针对作为废弃[1]而列入的具不同模式（异模式的〔heterotypic〕，即分类学异名〔taxonomic synonym〕）的那些名称而保留。一个种的保留名称针对作为废弃而列入的所有名称及针对基于该废弃名称的所有组合而保留。

---

1 《国际动物命名法规》对同模式和异模式异名分别使用术语 "客观异名〔objective synonym〕" 和 "主观异名〔subjective synonym〕"。

ⓘ 注释 1. 除条款 14.14 的规定外（也见条款 14.9）外，本《法规》不支持名称针对其自身的保留，即针对一个"等名"（条款 6 注释 2：具相同模式的相同名称，但具不同的合格发表出处和日期且可能具不同作者）。仅最早的已知等名被列入附录 IIA、III和 IV 中。

ⓘ 注释 2. 一个作为保留或废弃列入附录 IV 中的种名，可能是发表为一个新分类群的名称或为基于一个较早名称的组合。废弃一个基于较早名称的名称其本身并不妨碍该较早名称的使用，因为那个名称不是"一个基于废弃名称的组合"（条款 14.4）。

> **例 1.** 废弃 *Lycopersicon lycopersicum* (L.) H. Karst. (Deut. Fl.: 966. 1882)而保留 *L. esculentum* Mill.〔普通番茄〕(Gard. Dict., ed. 8: *Lycopersicon* No. 1. 1768)，并不妨碍同模式的 *Solanum lycopersicum* L. (Sp. Pl.: 185. 1753)的使用。

14.5. 当一个保留名称与一个或多个基于不同模式且并未明确针对其保留的名称竞争时，除列入附录 IIB 中针对未列出名称保留的保留科名外，依照条款 11 应采用最早的那个竞争名称。

> **例 2.** 如果 *Mahonia* Nutt.〔十大功劳属〕(Gen. N. Amer. Pl. 1: 211. 1818)与 *Berberis* L.〔小檗属〕(Sp. Pl.: 330. 1753)合并，尽管 *Mahonia* 是保留名称，而 *Berberis* 不是，合并后的属将使用较早的名称 *Berberis*。

> **例 3.** *Nasturtium* R. Br.〔豆瓣菜属〕(Hort. Kew., ed. 2, 4: 109.1812)仅针对同名 *Nasturtium* Mill. (Gard. Dict. Abr., ed. 4: *Nasturtium*. 1754)和同模式（命名学的）异名 *Cardaminum* Moench (Methodus: 262. 1794)保留；因此，如果与 *Rorippa* Scop.〔蔊菜属〕(Fl. Carniol.: 520. 1760)再合并时，它必须使用名称 *Rorippa*。

> **例 4.** *Combretaceae* R. Br.〔使君子科〕(Prodr.: 351. 1810)针对未列出的较早异模式名称 *Terminaliaceae* J. St.-Hil. (Expos. Fam. Nat. 1: 178. 1805)保留。

14.6. 当一个分类群的名称针对一个较早的异模式异名保留时，如果后者被认为在相同等级上是一个与该保留名称不同的分类群名称时，后者应遵从条款 11 而恢复。

> **例 5.** 属名 *Luzuriaga* Ruiz & Pav. (Fl. Peruv. 3: 65. 1802)针对较早的名称 *Enargea* Banks ex Gaertn. (Fruct. Sem. Pl. 1: 283. 1788)和 *Callixene* Comm. ex Juss. (Gen. Pl.: 41. 1789)保留。然而，当 *Enargea* 被认为是一个独立的属时，名称 *Enargea* 应保留给它。

> **例 6.** 为保持名称 *Roystonea regia* (Kunth) O. F. Cook〔王棕〕(in Science, n.s., 12: 479. 1900)，其基名 *Oreodoxa regia* Kunth (in Humboldt & al., Nov. Gen. Sp. 1, ed. qu.: 305; ed. fol.: 244.1816)针对 *Palma elata* W. Bartram (Travels Carolina: iv, 115–116. 1791)保留。然而，名称 *R. elata* (W. Bartram) F. Harper (in Proc. Biol. Soc. Washington 59: 29. 1946)可以用于一个与 *R. regia* 不同的种。

14.7. 废弃名称或基于废弃名称的组合不能恢复给一个包括相应保留名称的模式的分类群。

> **例 7.** *Enallagma* (Miers) Baill. (Hist. Pl. 10: 54. 1888)的保留针对 *Dendrosicus* Raf. (Sylva Tellur.: 80. 1838)，而并不针对 *Amphitecna* Miers (in Trans. Linn. Soc. London 26: 163.1868)；当 *Enallagma*、*Dendrosicus* 和 *Amphitecna* 合并时，合并后的属必须使用名称 *Amphitecna*，尽管后者不是明确针对 *Dendrosicus* 保留。

14.8. 保留名称所列出的模式和拼写（除明显的拼写错误外）仅可由条款 14.12 概述的程序变更。

> **例 8.** Bullock & Killick (in Taxon 6: 239. 1957)发表了一个将 *Plectranthus* L'Hér.列出的模式从 *P. punctatus* (L. f.) L'Hér.变更为 *P. fruticosus* L'Hér.的提案。这个提案被相关委员会及国际植物学大会批准（见附录 III）。

14.9. 一个名称可保留具有一个不同于作者指定的或应用本《法规》所确定的模式（也见条款 10.4）。这样的名称可被保留自：（a）它合格发表之处（即使该模式当时可能并不包括在该命名的分类群中），或（b）一个包括了该作为保留模式的作者的较晚出版物。在第二种情形下，无论该作为保留的名称是否伴有命名该分类群的描述或特征集要，该保留名称处理为合格发表于该较晚的出版物；最初的名称和该保留名称处理为同名（见条款 14.10）。

> **例 9.** 尽管为其保留模式的采自 1932 年的一份标本（*Hubbard 9045*, E）最初并未包括在林奈的种中，*Bromus sterilis* L.〔贫育雀麦〕(Sp. Pl.: 77.1753)保留它合格发表之处。

> **例 10.** *Protea* L.(Sp. Pl.: 94. 1753)不包括属名的保留模式 *P. cynaroides* (L.) L. (Mant. Pl.: 190. 1771)，后者在 1753 年被置于 *Leucadendron* 属中。因而，*Protea* 保留自 1771 年的出版物，并且，虽然无意将 *Protea* L. (Mant. Pl.: 187. 1771)作为一个新属名且仍然包括最初的模式成分，但仍被处理为如同为 *Protea* L. (1753) 的合格发表的同名。

14.10. 一个保留名称及其任何相应的自动名是针对所有早出同名而保留。一个保留名称的早出同名并不因为该保留而变得不合法，但不可用；如果没有其他不合法的情形，它可以用作基于相同模式的另一个名称或组合的基名（也见条款 55.3）。

> **例 11.** 针对 *Damapana* Adans. (Fam. Pl. 2: 323, 548.1763)而保留的属名 *Smithia* Aiton〔坡油甘属〕(Hort. Kew. 3: 496. 1789)自动针对较早的列出同名 *Smithia* Scop. (Intr. Hist. Nat.: 322. 1777)而保留。— *Blumea* DC.〔艾纳香属〕(in Arch. Bot. (Paris) 2: 514. 1833)自动针对 *Blumea* Rchb. (Consp. Regn. Veg.: 209. 1828–1829)而保留，尽管后者并未随前者列在附录 III 中。

14.11. 一个名称可以保留以保持特定的拼写或性。如此保留的名称应不改变日期而归予合格发表它的作者，而不是后来引入该保留的拼写或性的作者。

例 12. Montagne (in Ann. Sci. Nat., Bot., ser. 2, 12: 44. 1839)使用的拼写 *Rhodymenia* 已针对 Greville (Alg. Brit.: xlviii, 84. 1830)使用的原始拼写"*Rhodomenia*"而保留。该名称应引用为 *Rhodymenia* Grev.〔红皮藻属〕(1830)。

🛈 **注释 3.** 名称的优先权（条款 11）并不受该名称被保留日期的影响，而仅以其合格发表（条款 32–45；也见条款 F.4、F.5.1、F.5.2 和 H.9，但见条款 14.9 和 14.14）的日期为基础来确定。

14.12. 保留名称的清单对增加和变更将保持长期开放。任何增加名称的提案必须伴有支持和反对保留的详细陈述。此类提案必须提交给总委员会，并由其将它们指派给不同分类群的专家委员会（也见辅则 14A，第三篇规程 2.2、7.9 和 7.10；也见条款 34.1 和 56.2）审查。

14.13. 保留名称的条目不可删除。

例 13. 在 1972 年的《西雅图法规》(254 页)中，"*Alternaria* C. G. Nees ex Wallroth, Fl. Crypt. Germ. 148. 1833"针对"*Macrosporium* E. M. Fries, Syst. Mycol. 3: 373. 1832"保留而被列入，因为涉及当时菌物的起点著作（Fries, *Systema mycologicum,* vol. 1, 1 January 1821）的 *Macrosporium* Fr.〔格孢菌属〕早于 *Alternaria* "C. G. Nees ex Wallroth"。遵循 1981 年悉尼大会及 1983 年的《悉尼法规》放弃了给予菌物的较晚起点著作，它导致 *Alternaria* 被认可已由 Nees (Syst. Pilze: 72. 1816)合格发表，保留变得没有必要。此外，*Alternaria* 已被 Fries 在认可著作(Syst. Mycol. 1: xlvi. 1821；条款 F.3.1)的简介里被接受而实现。由于条目不能删除，*Alternaria* Nees Nees : Fr.〔链格孢属〕继续列在附录 III 中，但无相应的废弃名称。

14.14. 在附录 IIB 中引用给科的保留名称的发表之处被处理为在任何情形下是正确的，并且，除了根据条款 14.12 的规定外均不应变更，即使这样的名称可能未被合格发表或为晚出等名。

14.15. 当一个名称的保留（条款 14）或保护（条款 F.2）的提案在相关分类群专家委员会研究后并被总委员会批准时，该批准名称的保持需经下一届国际植物学大会的决定（见条款 34.2 和 56.4）核准。1954 年 1 月 1 日前，保留生效于相关国际植物学大会作出决定的日期。在该日期或之后，保留或保护生效于总委员会的批准有效发表（条款 29–32）的日期。

🛈 **注释 4.** 1954 年前，国际植物学大会（IBC）作出的关于名称的保留的决定的生效日期如下：

（a）在 1906 年《维也纳规则》中的名称的保留生效于维也纳第二届国际植物学大会的 1905 年 6 月 17 日（见 Verh. Int. Bot. Kongr. Wien 1905: 135–137. 1906）。

（b）在 1912 年《布鲁塞尔规则》中的名称的保留生效于布鲁塞尔第三届国际植物学大会的 1910 年 5 月 18 日（见 Actes Congr. Int. Bot. Bruxelles 1910: 67–83. 1912）。

（c）在 1952 年《斯德哥尔摩法规》中的名称的保留包括：（1）由 1935 年在阿姆斯特丹举行的第六届国际植物学大会授权由显花植物和蕨类植物专门委员会批准的名称生效于 1940 年 6 月 1 日（见 Bull. Misc. Inform. Kew 1940: 81–134）；（2）由菌物专门委员会批准的名称生效于在斯德哥尔摩第七届国际植物大会的 1950 年 7 月 20 日（见 Regnum Veg. 1: 549–550. 1953）。

自 1954 年之后，总委员会批准的特定保留或保护提案的日期可通过查询《国际藻类、菌物和植物命名法规》附录数据库确定 (http://botany.si.edu/references/codes/props/index.cfm)。

辅则 14A

14A.1. 当名称的保留（条款 14）或保护（条款 F.2）的提案已经指派给适当的专家委员会研究时，作者应尽可能遵从该名称的现用法直至总委员会对该提案做出建议（也见辅则 34A 和 56A）。

条款 15

（认可名称）

见第 F 章条款 F.3

第三章　分类群根据其等级命名

第一节　科级以上分类群的名称

条款 16

16.1. 科级以上分类群的名称被处理为复数名词且以首字母大写书写。此类名称可以是：（a）自动模式标定的名称（条款 10.10），通过添加恰当的等级指示词尾（条款 16.3 和 17.1），以与科名（条款 18.1；但见条款 16.4）相同方式构自于属名，如果结尾是辅音字母开始时，则在其前加连接元音-*o*-；或（b）不是如上方式构成的描述性名称，可不加改变地使用在不同等级上（也见条款 6 注释 3）。

例 1. 自动模式标定的科级以上名称：*Lycopodiophyta*〔石松植物门〕构自于 *Lycopodium*〔石松属〕；*Magnoliophyta*〔木兰植物门〕构自于 *Magnolia*〔木兰属〕；*Gnetophytina*〔倪藤植物亚门〕构自于 *Gnetum*〔买麻藤属〕；*Pinopsida*〔松柏纲〕构自于 *Pinus*〔松属〕；*Marattiidae*〔合囊蕨亚纲〕构自于 *Marattia*〔合囊蕨属〕；*Caryophyllidae*〔石竹亚纲〕和 *Caryophyllales*〔石竹目〕构自于 *Caryophyllus*；*Fucales*〔墨角藻目〕构自 *Fucus*〔墨角藻属〕；*Bromeliineae*〔凤梨亚目〕构自 *Bromelia*〔红心凤梨属〕。

例 2. 科级以上的描述性名称：*Angiospermae*〔被子植物门〕、*Anthophyta*〔有花植物门〕、*Ascomycetes*〔子囊菌纲〕、*Ascomycota*〔子囊菌门〕、*Ascomycotina*〔子囊菌亚门〕、*Centrospermae*〔中央种子目〕、*Chlorophyta*〔绿藻门〕、*Coniferae*〔球果目〕、*Enantioblastae*〔帚灯草亚目〕、*Gymnospermae*〔裸子植物门〕、*Lycophyta*〔石松植物门〕、*Parietales*〔侧膜胎座目〕。

16.2. 对于自动模式标定的名称，包括门的接受名称模式的亚门的名称、包括纲的接受名称模式的亚纲的名称，以及包括目的接受名称模式的亚目的名称，应与相应的较高等级名称一样构自于相同的属名。

例 3. *Pteridophyta* Schimp.〔蕨类植物门〕(in Zittel, Handb. Palaeont., Palaeophyt.: 1. 1879) 和 *Pteridophytina* B. Boivin〔蕨亚门〕(in Bull. Soc. Bot. France 103: 493. 1956)；*Gnetopsida* Prantl〔倪藤纲〕(Lehrb. Bot., ed. 5: 194. 1883)和 *Gnetidae* Pax〔倪藤亚纲〕(in Prantl, Lehrb. Bot., ed. 9: 210. 1894)；*Liliales* Perleb〔百合目〕(Lehrb. Naturgesch. Pflanzenr.: 129. 1826) 和 *Liliineae* Rchb.〔百合亚目〕(Deut. Bot. Herb.-Buch: xxxvii. 1841)。

16.3. 自动模式标定的名称结尾如下：门的名称以-*phyta* 结尾，除非可归属于菌物的情形下以-*mycota* 结尾；亚门的名称以-*phytina* 结尾，除非可归属于菌物的情形下以-*mycotina* 结尾；在藻类中，纲的名称以-*phyceae* 结尾，亚纲的名称以-*phycidae* 结尾；在菌物中，纲的名称以-*mycetes* 结尾，亚纲的名称以-*mycetidae* 结尾；在植物中，纲的名称以-*opsida* 结尾，亚纲的名称以-*idae*（但不是-*viridae*）结尾。自动模式标定的名称的词尾不符合这一规则或条款 17.1 的应予以更正，不变更作者归属或发表日期（见条款 32.2）。然而，如果此类名称发表时具有一个非拉丁文词尾，则它们未被合格发表。

> **例 4.** 均为发表给目级分类群的'*Cacteae*' Juss. ex Bercht. & J. Presl (Přir. Rostlin: 238. 1820, 构自于 *Cactus* L.)和'*Coriales*' Lindl. (Nix. Pl.: 11. 1833, 构自于 *Coriaria* L.〔马桑属〕)应分别更正为 *Cactales* Dumort.〔仙人掌目〕(1829) 和 *Coriariales* Lindl.〔马桑目〕(1833)。

> **例 5.** 由于它具有一个法文而不是拉丁文词尾,发表给目级分类群 Ptéridées (Kirschleger, Fl. Alsace 2: 379. 1853–Jul 1857)不应接受为"*Pteridales* Kirschl."。名称 *Pteridales*〔凤尾蕨目〕后由 Doweld (Prosyll. Tracheophyt., Tent. Syst. Pl. Vasc.: xi. 2001)合格发表。

🛈 **注释 1.** 术语 "division〔门〕" 和 "phylum〔门〕" 及其在现代语言中的等同语处理为指示一个且相同的等级。当 "divisio〔门〕" 和 "phylum〔门〕" 同时用来指示不同的非连续等级时，这应处理为等级指示术语的非正式用法（见条款 37.8；也见条款 37 注释 1）。

16.4. 在高于目的等级上，单词成分-*clad*-〔枝、芽〕、-*cocc*-〔仁、谷粒〕、-*cyst*-〔囊、袋〕、-*monad*-〔单个〕、-*mycet*-〔菌、球状体〕、-*nemat*-〔线〕或-*phyt*-〔树、植物〕是所包含属的名称的第二部分的属格单数词干时，可在等级指示词尾前省略。当其来源明显或在原白中被指明时,此类名称是自动模式标定的。

> **例 6.** 名称 *Raphidophyceae* Chadef. ex P. C. Silva〔针胞藻科〕(in Regnum Veg. 103: 78. 1980)被其作者指明构自于 *Raphidomonas* F. Stein (Organismus Infus. 3(1): x, 69, 152, 153. 1878)。名称 *Saccharomycetes* G. Winter〔酵母纲〕(Rabenh. Krypt.-Fl., ed. 2, 1(1): 32. 1880)被认为构自于 *Saccharomyces* Meyen〔酵母属〕(in Arch. Naturgesch. 4: 100. 1838)。名称 *Trimerophytina* H. P. Banks (in Taxon 24: 409. 1975)被其作者指明构自于 *Trimerophyton* Hopping〔三枝蕨属〕(in Proc. Roy. Soc. Edinburgh, B, Biol. 66: 25.1956)。

🛈 **注释 2.** 优先权原则不适用于科以上等级（条款 11.10；但见辅则 16A）。

辅则 16A

16A.1. 对于科级以上的分类群，在模式标定的名称中选择时，作者通常应遵循优先权原则。

条款 17

17.1. 目或亚目的自动模式标定的名称应分别以-*ales*（但不是-*virales*）和-*ineae* 结尾（见条款 16.3 和 32.2）.

17.2. 有意用作目，但发表时由诸如"cohors〔群〕"、"nixus〔集合〕"、"alliance 〔联盟〕"、"Reihe〔系列〕"等术语代替"order〔目〕"来指示其等级的名称，应处理为是发表为目的名称。

辅则 17A

17A.1. 对于一个已存在与所包含的科的名称基于相同模式的名称的目，不应发表一个新名称。

第二节　科和亚科、族和亚族的名称

条款 18

18.1. 科的名称是一个用作名词的复数形容词；它构自于所包含的一个属的名称的属格单数，以词尾-*aceae*（但见条款 18.5）替换属格单数的格尾部分（拉丁文-*ae*、-*i*、-*us*、-*is*；转写的希腊文-*ou*、-*os*、-*es*、-*as* 或-*ous* 及其等同语 -*eos*）。对于非传统来源的属名，当与传统名称类推方法不足以确定其属格单数时，可在完整单词后加-*aceae*。同样，当构自属名的属格单数形式导致同名时，可在主格单数后添加-*aceae*。对于具有可选择的属格的属名，除了以-*opsis* 结尾的名称的属格总是-*opsidis* 外，必须维持原作者明确使用的那个。

❶ 注释 1. 构成科的名称的属名提供了该科名的模式（条款 10.6），但不是该名称的基名（条款 6.10；见条款 41.2(a)）。

例 1. 构自于传统来源的属名的科名：*Rosaceae*〔蔷薇科〕（构自 *Rosa*〔蔷薇属〕，属格单数：*Rosae*）、*Salicaceae*〔杨柳科〕（构自 *Salix*〔柳属〕，*Salicis*）、*Plumbaginaceae*〔白花丹科〕（构自 *Plumbago*〔白花丹属〕，*Plumbaginis*）、*Rhodophyllaceae*〔粉褶菌科〕（构自 *Rhodophyllus*〔粉褶菌〕，*Rhodophylli*）、*Rhodophyllidaceae*（构自 *Rhodophyllis*，*Rhodophyllidos*）、*Sclerodermataceae*〔硬皮马勃科〕（构自 *Scleroderma*〔硬皮马勃属〕，*Sclerodermatos*）、*Aextoxicaceae*〔鳞枝树科〕（构自 *Aextoxicon*〔鳞枝树属〕，*Aextoxicou*）、*Potamogetonaceae*〔眼子菜科〕（构自 *Potamogeton*〔眼子菜属〕，*Potamogetonos*）。

例 2. 构自于非传统来源的属名的科名：*Nelumbonaceae*〔莲科〕（构自 *Nelumbo*〔莲属〕，*Nelumbonis*，格的变化类似于 *umbo, umbonis*〔鳞脐、突起〕），*Ginkgoaceae*〔银杏科〕（构自 *Ginkgo*〔银杏属〕，无格的变化）。

❶ **注释 2.** 一个科的名称可构自于任何所含属的合格发表的名称，甚至是一个不可用的名称，该属名为不合法时则适用条款 18.3 的规定。

例 3. *Cactaceae* Juss.〔仙人掌科〕(Gen. Pl.: 310. 1789)构自于因支持 *Mammillaria* Haw. (Syn. Pl. Succ.: 177. 1812)而现被废弃的属名 *Cactus* L. (Sp. Pl.: 466. 1753)。

18.2. 有意作为科的名称，但发表时以术语"order〔目〕"（ordo）或"natural order〔自然目〕"（ordo naturalis）之一而不是"family〔科〕"来指示其等级的名称处理为是发表为科的名称（也见条款 19.2），除非这个处理将导致在分类学序列中具误置的等级指示术语。

例 4. *Cyperaceae* Juss.〔莎草科〕(Gen. Pl.: 26. 1789)、*Lobeliaceae* Juss.〔半边莲科〕(in Bonpland, Descr. Pl. Malmaison: [19]. 1813)和 *Xylomataceae* Fr. (Scleromyceti Sveciae 2: p. post titulum.1820)分别发表为"ordo *Cyperoideae*"、"ordo naturalis *Lobeliaceae*"和"ordo *Xylomaceae*"。

❶ **注释 3.** 如果术语"family"被同时用于指示一个不同于"order"或"natural order"的等级，发表给后一等级的分类群的名称不可处理为是发表为科的名称。

*例 5. 因为术语科（"čeled'"）有时被用来指示一个低于目的等级，Berchtold & Presl (*O přirozenosti rostlin ...* 1820)发表在目（"řad"）的等级的名称不应处理为是发表在科的等级。

18.3. 构自于不合法属名的科的名称是不合法的，除非且直至它或它所构自的属名被保留或保护。

例 6. *Caryophyllaceae* Juss.〔石竹科〕(Gen. Pl.: 299. 1789), nom. cons.构自于 *Caryophyllus* Mill. non L.; *Winteraceae* R. Br. ex Lindl.〔林仙科〕(Intr. Nat. Syst. Bot.: 26. 1830), nom. cons.构自于 *Drimys* J. R. Forst. & G. Forst.的不合法替代名称 *Wintera* Murray。

例 7. 当属名针对其早出同名 *Narthecium* Gérard (Fl. Gallo-Prov.: 142.1761)（见 App. III）被保留时，构自于 *Narthecium* Huds., nom. cons. (Fl. Angl.: 127. 1762) 的 *Nartheciaceae* Fr. ex Bjurzon〔肺筋草科〕(1846)变为合法。

18.4. 当科的名称发表时具有不合式的拉丁文词尾〔improper Latin termination〕时，该词尾必须变更以符合条款 18.1，不改变作者归属或日期（见条款 32.2）。然而，如果这样的名称在发表时具非拉丁文词尾，则未被合格发表。

例 8. 发表给指定为科的"*Coscinodisceae*" Kützing (Kieselschal. Bacill.: 130. 1844)应被接受为 *Coscinodiscaceae* Kütz.〔圆筛藻科〕(1844)，并不归予首次使用该正确词尾的 De Toni (in Notarisia 5: 915. 1890)。

例 9. 发表给指定为科的"*Atherospermeae*" Brown (in Flinders, Voy. Terr. Austral. 2: 553. 1814)应接受为 *Atherospermataceae* R. Br.，且不归予首次使用正确拼写的 Airy Shaw (in Willis, Dict. Fl. Pl., ed. 7: 104. 1966)，也不归予使用拼写"*Atherospermaceae*"的 Lindley (Veg. Kingd.: 300. 1846)。

例 10. 因为具有法文词尾而不是拉丁文词尾，发表给指定为科的 Tricholomées (Roze in Bull. Soc. Bot. France 23: 49. 1876)不应接受为"*Tricholomataceae* Roze"。名称 *Tricholomataceae* 〔口蘑科〕是由 Pouzar (in Česká Mykol. 37: 175. 1983；见附录 IIA) 合格发表的。

18.5. 下列长期使用的名称处理为合格发表的：*Compositae*〔菊科〕（互用名称：*Asteraceae*；模式：*Aster* L.〔紫菀属〕）；*Cruciferae*〔十字花科〕（互用名称：*Brassicaceae*；模式：*Brassica* L.〔芸薹属〕）；*Gramineae*〔禾本科〕（互用名称：*Poaceae*；模式：*Poa* L.〔早熟禾属〕）；*Guttiferae*〔藤黄科〕（互用名称：*Clusiaceae*；模式：*Clusia* L.);*Labiatae*〔唇形科〕（互用名称：*Lamiaceae;*模式：*Lamium* L.〔野芝麻属〕）；*Leguminosae*〔豆科〕（互用名称：*Fabaceae*；模式：*Faba* Mill. [= *Vicia* L.〔野豌豆属〕]）；*Palmae*〔棕榈科〕（互用名称：*Arecaceae*；模式：*Areca* L.〔槟榔属〕）；*Papilionaceae*〔蝶形花科〕（互用名称：*Fabaceae*；模式：*Faba* Mill.）；*Umbelliferae*〔伞形科〕（互用名称：*Apiaceae*；模式：*Apium* L.〔芹属〕）。当 *Papilionaceae* 被视为不同于 *Leguminosae* 其余部分的一个科时，名称 *Papilionaceae* 针对 *Leguminosae* 保留。

18.6. 作为选择，允许使用条款 18.5 中指明为 "nom. alt."（nomen alternativum〔互用名称〕）的 8 个科名。

条款 19

19.1. 亚科的名称是一个用作名词的复数形容词；它以与科的名称（条款 18.1）相同的方式构成，但通过添加词尾-*oideae* 而不是-*aceae*。

19.2. 有意作为亚科的名称，但在发表时其等级以术语 "suborder〔亚目〕"（subordo）而不是亚科来指示的名称处理为是发表为亚科的名称（也见条款 18.2），除非这将导致分类学次序具一个误置等级指示术语。

例 1. *Cyrilloideae* Torr. & A. Gray (Fl. N. Amer. 1: 256. 1838)和 *Sphenocleoideae* Lindl. (Intr. Nat. Syst. Bot., ed. 2: 238. 1836) 分别发表为 "suborder *Cyrilleae*" 和 "Sub-Order ？ *Sphenocleaceae*"。

❶ **注释 1.** 如果术语 "subfamily〔亚科〕" 同时用于指示一个不同于 "suborder〔亚目〕" 的等级，则发表给后一等级分类群的名称不可视为是已发表为亚科的名称。

19.3. 族或亚族的名称以与亚科名称（条款 19.1）类似的方式构成，除了族的词尾是-*eae* 和亚族的词尾是-*inae*（但不是-*virinae*）。

19.4. 任何科内次级区分包含其所归隶的科被采用的合法名称的模式时，其名称应构自于等同于该模式的属名（条款 10.9；但见条款 19.8）。

> **例 2.** 科名 *Rosaceae* Juss.〔蔷薇科〕的模式是 *Rosa* L.〔蔷薇属〕，因此，包含 *Rosa* 且归隶于 *Rosaceae* 的亚科和族应分别称为 *Rosoideae* Endl.〔蔷薇亚科〕和 *Roseae* DC.〔蔷薇族〕。

> **例 3.** 科名 *Gramineae* Juss.〔禾本科〕（互用名称：*Poaceae* Barnhart，见条款 18.5）的模式是 *Poa* L.〔早熟禾属〕，因此，包含 *Poa* 且归隶于 *Gramineae* 的亚科、族和亚族应分别称为 *Pooideae* Asch.〔早熟禾亚科〕、*Poeae* R. Br.〔早熟禾族〕和 *Poinae* Dumort.〔早熟禾亚族〕。

❶ **注释 2.** 条款 19.4 仅适用于那些包括该科的被采用名称的模式的那些从属分类群的名称（但见辅则 19A.2）。

> **例 4.** 科名 *Ericaceae* Juss.〔杜鹃花科〕的模式是 *Erica* L.，因而，包括 *Erica* 且归隶于 *Ericaceae* 的亚科和族应分别称为 *Ericoideae* Endl.〔石南亚科〕和 *Ericeae* D. Don〔石南族〕，不考虑任何竞争名称的优先权。包括 *Rhododendron* L.〔杜鹃花属〕的亚科称为 *Rhododendroideae* Endl.〔杜鹃花亚科〕。然而，包括 *Rhododendron* 和 *Rhodora* L.在内的 *Ericaceae* 的族的正确名称是 *Rhodoreae* D. Don (in Edinburgh New Philos. J. 17: 152.1834)，而不是 *Rhododendreae* Brongn. (Énum. Pl. Mus. Paris: 127. 1843)。

❶ **注释 3.** 当一个科内次级区分的名称包括其所归隶的科被采用的合法名称的模式，但未构自于等同于该模式的属名时，是不正确的，但可能是合格发表的且可在不同的语境中变为正确的。

> **例 5.** 发表时，名称 *Lippieae* Endl. (Gen. Pl.: 633. 1838)应用于 *Verbenaceae*〔马鞭草科〕的一个族，包括了科名模式 *Verbena* L.〔马鞭草属〕和 *Lippia* L.。尽管最初不正确，如果用于 *Verbenaceae* 的一个包括 *Lippia* 但排除 *Verbena* 的族，*Lippieae* 可变为正确。

19.5. 任何科内次级区分的名称，包括列于附录 IIB（即针对所有未列出名称而保留的科的名称；见条款 14.5）的名称的模式时，应构自于等同于该模式的属名（条款 10.9），除非这与条款 19.4 相悖（也见条款 19.8）。如果包括多于一个这样的模式，正确名称取决于附录 IIB 中相应科名的优先顺序。

> **例 6.** 包括列于附录 IIB 的 *Malaceae* Small〔苹果科〕(Fl. S.E. U.S.: 495, 529. 1903)的模式 *Malus* Mill.〔苹果属〕而归隶于 *Rosaceae* Juss.的亚科应称为 *Maloideae* C. Weber〔苹果亚科〕(in J. Arnold Arbor. 45: 164.1964)，除非它也包括 *Rosaceae* 的模式 *Rosa* L.〔蔷薇属〕，或另一个列入附录 IIB 的优先顺序高于 *Malaceae* 的名称的模式.即使该亚科也包含 *Spiraea* L.〔绣线菊属〕和（或）*Pyrus* L.〔梨属〕也是如此，因为尽管 *Spiraeoideae* Arn.〔绣线菊

亚科〕(in Hooker & Arnott, Bot. Beechey Voy.: 107.1832)和 *Pyroideae* Burnett 〔梨亚科〕(Outlines Bot.: 695, 1835)早于 *Maloideae* 发表，但 *Spiraeaceae*〔绣线菊科〕和 *Pyraceae*〔梨科〕未列入附录 IIB。然而，当 *Amygdalus* L.〔桃属〕和 *Malus* 一起包括在相同的亚科中时，由于列入附录 IIB 的 *Amygdalaceae* Marquis〔桃科〕(1820)较 *Malaceae* 具优先权，名称 *Amygdaloideae* Arn.〔桃亚科〕(in Hooker & Arnott, Bot. Beechey Voy.: 107. 1832)居先。

例 7. *Monotropaceae* Nutt.〔水晶兰科〕(Gen. N. Amer. Pl. 1: 272. 1818)和 *Pyrolaceae* Link〔鹿蹄草科〕(Syn. Brit. Fl.: 175. 1829)均被列入附录 IIB 中，但是 *Pyrolaceae* 针对 *Monotropaceae* 保留。因此，包括 *Monotropa* L.〔水晶兰属〕和 *Pyrola* L.〔鹿蹄草属〕的亚科称为 *Pyroloideae* Kostel.〔鹿蹄草亚科〕(in Flora 16(Beibl. 1): 72, 109.1834)。

19.6. 构自于不合法属名的科内次级区分的名称是不合法的，除非而且直至该属名或相应科名被保留或保护。

例 8. 因为相应的科名 *Caryophyllaceae* Juss.〔石竹科〕被保留，构自于不合法名称 *Caryophyllus* Mill. non L.的名称 *Caryophylloideae* Arn.〔石竹亚科〕(in Hooker & Arnott, Bot. Beechey Voy.: 99.1832)是合法的。

例 9. 当 *Thunbergia* Retz., nom. cons.〔山牵牛属〕(in Physiogr. Sälsk. Handl. 1(3): 163. 1780) 针对其早出同名 *Thunbergia* Montin (in Kongl. Vetensk. Acad. Handl. 34: 288.1773)被保留时（见附录 III），构自于该属名的 *Thunbergioideae* T. Anderson〔山牵牛亚科〕(in Thwaites, Enum. Pl. Zeyl.: 223. 1860)变为合法。

19.7. 当科内次级区分的名称在发表时具不合式的拉丁文词尾，如 -*eae* 用于亚科或 -*oideae* 用于族，该词尾必须更改以符合条款 19.1 和 19.3，但不改变作者归属或日期（见条款 32.2）。然而，如果这样的名称发表时具非拉丁文词尾，则未被合格发表。

例 10. 发表指定给亚科的 "*Climacieae*" Grout (Moss Fl. N. Amer. 3: 4. 1928)应接受为 *Climacioideae* Grout (1928)。

例 11. 然而，由于用德文而不是拉丁文的词尾，发表给指定为族的 Melantheen (Kittel in Richard, Nouv. Elém. Bot., ed. 3, Germ. Transl.: 727. 1840)不应接受为 "*Melanthieae* Kitt."。名称 *Melanthieae*〔藜芦族〕后由 Grisebach (Spic. Fl. Rumel. 2: 377. 1846)合格发表。

19.8. 当 *Papilionaceae*〔蝶形花科〕包括在 *Leguminosae*〔豆科〕（互用名称：*Fabaceae*；见条款 18.5）中作为一个亚科时，名称 *Papilionoideae*〔含羞草亚科〕可用作 *Faboideae* 的互用名称。

辅则 19A

19A.1. 当科变更为科内次级区分的等级，或出现相反的改变，且在该新等级上无合法名称可用时，该名称应保留，仅改变词尾（-aceae, -oideae, -eae, -inae）。

19A.2. 当科内次级区分改变为另一个类似等级，且在新等级上无合法名称可用时，如果条款19.5允许，其名称应构自于与之前等级的名称相同的属名。

例1. 亚族 *Drypetinae* Griseb.〔核果木亚族〕(Fl. Brit. W. I.: 31. 1859)提升为族的等级时命名为 *Drypeteae* Small〔核果木族〕(Man. S.E. Fl.: 775. 1933)；亚族 *Antidesmatinae*〔五月茶亚族〕Müll. Arg. (in Linnaea 34: 64. 1865)提升为亚科时命名为 *Antidesmatoideae* Hurus.〔五月茶亚科〕(in J. Fac. Sci. Univ. Tokyo, Sect. 3, Bot. 6: 322, 340. 1954)。

第三节　属及属内次级区分的名称

条款 20

20.1. 属的名称是主格单数名词或作如此处理的单词，首字母以大写书写（见条款60.2）。它可以取自任何来源，甚至可以完全任意的方式构成，但不得以 *-virus* 结尾。

例1. *Bartramia*〔珠藓属〕、*Convolvulus*〔旋花属〕、*Gloriosa*、*Hedysarum*〔岩黄耆属〕、*Ifloga* (*Filago* 的易位词)、*Impatiens*〔凤仙花属〕、*Liquidambar*〔枫香属〕、*Manihot*〔木薯属〕、*Rhododendron*〔杜鹃花属〕、*Rosa*〔蔷薇属〕。

20.2. 除非发表在1912年1月1日之前，且伴有一个发表符合林奈双名系统的种名，属名不可与发表时正在使用的形态学拉丁文专业术语一致。

例2. "*Radicula*" (Hill, Brit. Herb.: 264. 1756)与拉丁文专业术语 "radicula"（胚根）一致，且未伴有一个符合林奈双名系统的种名。名称 *Radicula* 正确地归予第一个将它与种加词组合的 Moench (Methodus: 262. 1794)。

例3. 尽管与拉丁文专业术语一致，*Tuber* F. H. Wigg. : Fr.〔块菌属〕于1780年发表时伴有一个双名种名(*Tuber gulosorum* F. H. Wigg., Prim. Fl. Holsat.: 109. 1780)，且因此被合格发表。

例4. 有意的属名 "*Lanceolatus*" (Plumstead in Trans. Geol. Soc. South Africa 55: 299. 1952)和 "*Lobata*" (Chapman in Trans. Roy. Soc. New Zealand 80: 48. 1952)与拉丁文形态术语一致，因而未被合格发表。

例5. *Cleistogenes* Keng〔隐子草属〕(in Sinensia 5: 147. 1934)与发表时正在使用的英文复数专业术语 "cleistogenes〔闭花受精植物〕"一致。因为该专业术语不是拉丁文，Keng〔耿以礼〕的名称是合格发表的。根据条款52.1，作为 *Cleistogenes* 的替代名称发表的 *Kengia* Packer (in Bot. Not. 113: 291. 1960)是不合法的。

例6. 诸如 "*caulis*〔茎〕"、"*folium*〔叶〕"、"*radix*〔根〕"、"*spina*〔刺〕"等单词现在不能

合格发表为属名。

20.3. 属的名称不可由两个单词组成，除非这些单词是由连字符连接（但是，对于化石属的名称见条款 60.12）。

　　例 7. 最初由 Miller (Gard. Dict. Abr., ed. 4: Uva ursi. 1754)发表的 "*Uva ursi*" 由两个分开的单词组成而未用连字符连接，因而未被合格发表（条款 Art. 32.1(c)）；该名称作为 *Uva-ursi*（发表时使用连字符）正确地归予 Duhamel (Traité Arbr. Arbust. 2: 371. 1755)。

　　例 8. 诸如 *Quisqualis* L.〔使君子属〕（最初发表时由两个单词组合为一构成）、*Neves-armondia* K. Schum.、*Sebastiano-schaueria* Nees 和 *Solms-laubachia* Muschl. ex Diels〔丛菔属〕（最初发表时均使用连字符连接）等名称是合格发表的。

❶ 注释 1. 属间杂种的名称依照条款 H.6 的规定构成。

20.4. 下列情形不应被视为属名：

（a）无意作为名称的单词。

　　例 9. 称谓 "*Anonymos*〔无名的〕" 被 Walter (Fl. Carol.: 2, 4, 9, etc. 1788)应用于 28 个不同的属以指明它们没有名称 (见 Sprague in Bull. Misc. Inform. Kew 7: 318–319, 331–334. 1939)。

　　例 10. 如他在第 7 页所述有意以后再命名，"*Schaenoides*〔似赤箭莎属的〕" 和 "*Scirpoides*〔似藨草属的〕"被 Rottbøll (Descr. Pl. Rar.: 14, 27. 1772)用来指示未命名的属与 *Schoenus*〔赤箭莎属〕和 *Scirpus*〔藨草属〕相似，是标记单词，而不是属名。这些未命名的属后来分别被命名为 *Kyllinga* Rottb.〔水蜈蚣属〕(Descr. Icon. Rar. Pl.: 12. 1773), nom. cons.和 *Fuirena* Rottb.〔芙兰草属〕(l.c.: 70. 1773)。

（b）种的单一称谓。

❶ 注释 2. 列入 1994 年的《东京法规》之前各《法规》版本中的诸如"*Leptostachys*"和"*Anthopogon*"等例子来自现已被禁止的出版物（见附录 I）。

辅则 20A

20A.1. 作者构建属名时应遵循以下建议：

（a）尽可能使用拉丁文词尾。

（b）避免不易于被拉丁语所接受的名称。

（c）不要使用太长或在拉丁语中不易发音的名称。

（d）不要使用由不同语言单词组合的名称。

（e）如可能，通过名称的构成或结尾指明属的亲缘关系或相似性。

（f）避免形容词用作名词。

（g）不使用类似于或源自于该属中某个种的名称中加词的名称。

（h）不要将属献给一个通常与植物学、菌物学、藻类学或一般自然科学完全无关的个人。

（i）无论是纪念男性还是女性，所有构自于人名的属名均给予阴性形式（见辅则 60B；也见辅则 62A.1）。

（j）不要通过组合两个已有属名的部分来构成属名，因为此类名称与杂交属的名称相似而易于混淆（见条款 H.6）。

条款 21

21.1. 属内次级区分的名称是属名和次级区分加词的组合。连接术语（亚属、族、系等）用于指示等级。

❶ 注释 1. 因为等级指示术语不是名称的一部分，即使等级不同，如果它们有相同加词但基于不同模式（条款 53.3），属内次级区分的名称也是同名。

21.2. 属内次级区分的名称中的加词是与属名相同的形式，或属格复数名词，或与属名性一致的复数形容词（见条款 32.2)，但不是单数属格名词。它以首字母大写书写（见 60.2）。

> **例 1.** *Euphorbia* sect. *Tithymalus*〔欧亚大戟组〕, *Ricinocarpos* sect. *Anomodiscus*；*Pleione* subg. *Scopulorum*；*Arenaria* ser. *Anomalae*，*Euphorbia* subsect. *Tenellae*，*Sapium* subsect. *Patentinervia*。

> **例 2.** 在"*Vaccinium* sect. *Vitis idaea*"（Koch, Syn. Fl. Germ. Helv.: 474. 1837）中，有意的加词由两个未用连字符连接的分开单词组成；因而这不是一个合格发表的名称（条款 20.3 和 32.1(c)；"*Vitis idæa*"是一个前林奈时期的双名属名）。该名称正确地归予 Gray (in Mem. Acad. Arts Sci., n.s., 3: 53. 1846)为 *Vaccinium* sect. *Vitis-idaea*〔越桔组〕（发表时用连字符连接）。

21.3. 在属内次级区分名称中的加词不应通过添加前缀 *Eu-*〔真实的〕至其所隶属的属名构成（也见条款 22.2）。

> **例 3.** *Costus* subg. *Metacostus*；*Valeriana* sect. *Valerianopsis*；而不是"*Carex* sect. *Eucarex*"。

21.4. 具双名组合而不是次级区分加词，但在其他方面符合本《法规》的名称，处理为以由条款 21.1 确定的形式合格发表，不改变作者归属或日期。

例 4. *Sphagnum* "b. *Sph. rigida*" (Lindberg in Öfvers. Förh. Kongl. Svenska Vetensk.-Akad. 19: 135. 1862) 和 *S.* sect. "*Sphagna rigida*" (Limpricht, Laubm. Deutschl. 1: 116. 1885)应分别引用为 *Sphagnum* [unranked] *Rigida* Lindb.和 *S.* sect. *Rigida* (Lindb.) Limpr.。

ⓘ 注释 2. 属内次级区分等级上的杂种的名称根据条款 H.7 的规定构建。

辅则 21A

21A.1. 当有必要指明一个特定的种所归属的属内次级区分的名称与属名和种加词的关系时,属内次级区分加词应置于二者之间的括号内;可行时,也可指明该次级区分的等级。

> **例 1.** *Astragalus* (*Cycloglottis*) *contortuplicatus*〔环荚黄耆(环荚组)〕;*A.* (*Phaca*) *umbellatus*;*Loranthus* (sect. *Ischnanthus*) *gabonensis*。

辅则 21B

21B.1. 除非辅则 21B.2–4 另有建议,对于构建属的名称的辅则(辅则 20A)同等地适用于属内次级区分的加词。

21B.2. 亚属或组的名称中的加词最好是名词;亚组或更低等级的属内次级区分名称中的加词最好是复数形容词。

21B.3. 在为属内次级区分名称提出新加词时,当同属的其他从属次级区分具有复数形容词形式的加词时,作者应避免名词形式的加词,反之亦然。他们在为属内次级区分名称提出加词时,也应避免已经用于近缘属的次级区分中的加词,或与这样一个属的名称相同的加词。

21B.4. 当组或亚属提升为属的等级或出现相反的变更时,除非产生的名称将与本《法规》相悖,最初的名称或加词应予保留。

条款 22

22.1. 包括其所归隶的属采用的合法名称的模式时,任何属内次级区分的名称应不加改变地重复该属名为其加词,不跟随作者引用(见条款 46)。这样的名称是自动名(条款 6.8;也见条款 7.7)。

> **例 1.** 包括名称 *Rhododendron* L.〔杜鹃花属〕模式的亚属应被命名为 *Rhododendron* L. subg. *Rhododendron*〔杜鹃花亚属〕。

> **例 2.** 包括 *Malpighia* L.〔金虎尾属〕模式(*M. glabra* L.)的亚属应称为 *M.* subg. *Malpighia*

〔金虎尾亚属〕，而不是 *M.* subg. *Homoiostylis* Nied.；包括 *Malpighia* 模式的组应称为 *M.* sect. *Malpighia*〔金虎尾组〕，而不是 *M.* sect. *Apyrae* DC.。

❶ 注释 1. 条款 22.1 仅适用于那些包括属的采用名称模式的从属分类群的名称（但见辅则 22A）。

例 3. *Solanum* L.〔茄属〕中包括 *S.* sect. *Pseudocapsicum* (Medik.) Roem. & Schult. (Syst. Veg. 4: 569 (*'Pseudocapsica'*), 584 (*'Pseudo-Capsica'*). 1819)的模式 *S. pseudocapsicum* L.的亚属，如果认为不同于 *S.* subg. *Solanum*，其正确名称是该等级上最早的合法名称 *S.* subg. *Minon* Raf. (Autikon Bot.: 108. 1840)，而不是"*S.* subg. *Pseudocapsicum*"。

22.2. 包括该属采用的合法名称的模式（即原始模式，或可作为模式的所有成分，或之前指定的模式）的属内次级区分的名称，除非其加词不加改变地重复该属的名称，否则，不是合格发表的。就本规定而言，无论它之前是否已经被指定，明确指明包括该命名模式成分即认为等同于包括该模式（也见条款 21.3）。

例 4. 因为它是提出给包括属名 *Dodecatheon* L.的原始模式 *D. meadia* L.的组，*"Dodecatheon* sect. *Etubulosa"* (Knuth in Engler, Pflanzenr. IV. 237 (Heft 22): 234. 1905) 未被合格发表。

例5. *Cactus* [unranked〔无等级的〕] *Melocactus* L. (Gen. Pl., ed. 5: 210. 1754)是提出给 *Cactus* 命名的 4 个无等级的（条款 37.3）次级区分之一，包括 *C. melocactus* L.（根据条款 22.6 为其模式）和 *C. mammillaris* L.。尽管 *C. mammillaris* 后来被指定为 *Cactus* L.的模式（由 Coulter in Contr. U. S. Natl. Herb. 3: 95. 1894），它是合格发表的。

22.3. 在合法属名下首次合格发表一个属内次级区分的名称时，自动建立相应的自动名（也见条款 11.6 和 32.3）。

例 6. *Tibetoseris* sect. *Simulatrices* Sennikov (in Komarovia 5: 91. 2008)的发表自动建立了自动名 *Tibetoseris* Sennikov sect. *Tibetoseris*。*Pseudoyoungia* sect. *Simulatrices* (Sennikov) D. Maity & Maiti (in Compositae Newslett. 48: 31. 2010) 的发表自动建立了自动名 *Pseudoyoungia* D. Maity & Maiti sect. *Pseudoyoungia*。

22.4. 除非两个名称有相同的模式，属内次级区分的名称中的加词不能不加改变地重复该属的正确名称。

22.5. 如果属名不合法，属内次级区分名称中的加词不可不加改变地重复该属名。

例 7. 当 Kuntze (in Post & Kuntze, Lex. Gen. Phan.: 106. 1903)在 *Caulinia* Willd. (in Mém. Acad. Roy. Sci. Hist. (Berlin) 1798: 87. 1801)的晚出同名 *Caulinia* Moench (Suppl. Meth.: 47. 1802)下发表 *Caulinia* sect. *Hardenbergia* (Benth.) Kuntze 时，他并未建立自动名 "*Caulinia* sect. *Caulinia*"。

辅则 22A

22A.1. 根据各项规则没有障碍时，包括亚属正确名称的模式但不包含该属正确名称的模式的组，应给予与该亚属的名称具相同加词和模式的名称。

22A.2. 根据各项规则没有障碍时，不包括属的正确名称模式的亚属，应给予与其从属的组之一的正确名称具相同加词和模式的名称。

例 1. 当 Brizicky 将 *Rhamnus* sect. *Pseudofrangula* Grubov 提升为亚属等级时，他将该分类群命名为 *R.* subg. *Pseudofrangula* (Grubov) Brizicky 而不是使用一个新的加词，因此，这两个名称的模式是相同的。

辅则 22B

22B.1. 当发表属内次级区分的名称也将建立一个自动名时，作者应在该出版物中提及该自动名。

第四节　种 的 名 称

条款 23

23.1. 种的名称是一个双名组合〔binary combination〕，由属名跟随一个形式上为形容词、属格名词或同位词的种加词组成（也见条款 23.6）。如果加词最初由两个或多个单词组成，则应合并或用连字符连接。最初发表时并未如此连接的加词不应废弃，但使用时应按照条款 60.11 的规定合并或用连字符连接。

23.2. 种的名称中的加词可取自任何来源，甚至可任意构成（但见条款 60.1）。

例 1. *Adiantum capillus-veneris*〔铁线蕨〕，*Atropa bella-donna*〔颠茄〕，*Cornus sanguinea*〔欧洲红瑞木〕，*Dianthus monspessulanus*，*Embelia sarasiniorum*，*Fumaria gussonei*，*Geranium robertianum*〔纤细老鹳草〕，*Impatiens noli-tangere*〔水金凤〕，*Papaver rhoeas*〔虞美人〕，*Spondias mombin*（无格尾变化的加词），*Uromyces fabae*〔蚕豆单胞锈菌〕。

23.3. 林奈提出的构成种加词一部分的符号并不妨碍相关名称的合格发表，但必须转写。

例 2. *Scandix* 'pecten ♀' L. 应转写为 *Scandix pecten-veneris*；*Veronica* 'anagallis' L. 应转写为 *Veronica anagallis-aquatica*〔北水苦荬〕。

23.4. 无论是否有额外的转写符号，种加词不可完全重复属名（如此重复构成的称谓是重词名〔tautonym〕）。

例 3. "*Linaria linaria*"和"*Nasturtium nasturtium-aquaticum*"是重词名，且不能被合格发表。

例 4. 当 *Linum radiola* L. (Sp. Pl.: 281. 1753)转移至 *Radiola* Hill 时，不可如 Karsten (Deut. Fl.: 606. 1882)所做的那样命名为"*Radiola radiola*"，因为该组合是一个重词名且不能被合格发表。下一个最早的名称 *L. multiflorum* Lam. (Fl. Franç. 3: 70. 1779)是 *L. radiola* 的不合法多余名称。在 *Radiola* 中，该种已给予合法名称 *R. linoides* Roth (Tent. Fl. Germ. 1: 71. 1788)。

23.5. 当种加词形式上是形容词且不用作名词时，与属名的性一致；当种加词为同位名词或属格名词时，不考虑属名的性，它保持其自身的性和词尾。与本规则不一致的加词应更正（见条款 32.2）为原作者的词尾的合式形式（拉丁文或转写的希腊文）。特别是，单词成分-*cola* 作形容词的用法是一个可更正的错误。

例 5. 具拉丁文形容词加词的名称：*Helleborus niger* L.〔黑嚏根草〕，*Brassica nigra* (L.) W. D. J. Koch〔黑芥〕，*Verbascum nigrum* L.〔黑毛蕊花〕；*Rumex cantabricus* Rech. f.，*Daboecia cantabrica* (Huds.) K. Koch (*Vaccinium cantabricum* Huds.)；*Vinca major* L.〔蔓长春花〕，*Tropaeolum majus* L.〔旱金莲〕；*Bromus mollis* L.〔毛雀麦〕，*Geranium molle* L.〔软毛老鹳草〕；*Peridermium balsameum* Peck，源自 *Abies balsamea* (L.) Mill.〔香脂冷杉〕中的加词，被视为形容词。

例 6. 具转写的希腊文形容词加词的名称：*Brachypodium distachyon* (L.) P. Beauv.〔二穗短柄草〕（*Bromus distachyos* L.）；*Oxycoccus macrocarpos* (Aiton) Pursh (*Vaccinium macrocarpon* Aiton)。

例 7. 具名词为加词的名称：*Convolvulus cantabrica* L.，*Gentiana pneumonanthe* L.，*Liriodendron tulipifera* L.〔北美鹅掌楸〕，*Lythrum salicaria* L.〔千屈菜〕，*Schinus molle* L.，均具表达前林奈时期属名特点的加词。*Gloeosporium balsameae* Davis，源自 *Abies balsamea* (L.) Mill.中的加词，视为名词。

例 8. 拉丁文形容词加词中可更正的错误：*Zanthoxylum trifoliatum* L. (Sp. Pl.: 270. 1753) 转移至 *Acanthopanax* (Decne. & Planch.) Miq.〔五加属〕（阳性，见条款 62.2(a)）时正确的是 *A. trifoliatus* (L.) Voss〔白簕〕(Vilm. Blumengärtn., ed. 3: 1: 406. 1894, 'trifoliatum')；*Mimosa latisiliqua* L. (Sp. Pl.: 519. 1753) 转移至 *Lysiloma* Benth.（中性）时正确的是 *L. latisiliquum* (L.) Benth. (in Trans. Linn. Soc. London 30: 534. 1875, '*latisiliqua*')；*Corydalis chaerophylla* DC. (Prodr. 1: 128. 1824)转移至 *Capnoides* Mill.（阴性，见条款 62.4)时正确的是 *Capnoides chaerophylla* (DC.) Kuntze (Revis. Gen. Pl. 1: 14. 1891, '*chaerophyllum*')。

例 9. 在转写的希腊文形容词加词中可更正的错误：*Andropogon distachyos* L. (Sp. Pl.: 1046. 1753, '*distachyon*'), nom. cons.；*Bromus distachyos* L. (Fl. Palaest.: 13. 1756)转移至 *Brachypodium* P. Beauv.〔短柄草属〕（中性）时正确的是 *B. distachyon* (L.) P. Beauv.〔二穗短柄草〕(Ess. Agrostogr.: 155. 1812, '*distachyum*')，或转移至 Trachynia Link（阴性）正确的是 *T. distachyos* (L.) Link (Hort. Berol. 1: 43. 1827, '*distachya*')；*Vaccinium macrocarpon* Aiton (Hort. Kew. 2: 13. 1789) 转移至 *Oxycoccus* Hill（阳性）时正确的是 *O. macrocarpos*

(Aiton) Pursh (Fl. Amer. Sept. 1: 263. 1813, '*macrocarpus*')，或转移至 *Schollera* Roth（阴性）时正确的是 *S. macrocarpos* (Aiton) Steud. (Nomencl. Bot. 746. 1821, '*macrocarpa*')。

例 10. 加词为名词时可更正的错误：*Polygonum segetum* Kunth (in Humboldt & al., Nov. Gen. Sp. 2, ed. qu.: 177. 1817)的加词是属格复数名词（玉米地的）；当 Small (Fl. S.E. U.S.: 378. 1903)提出新组合 *Persicaria* '*segeta*'时，它是 *Persicaria segetum* (Kunth) Small 的可更正的错误。在 *Masdevallia echidna* Rchb. f. (in Bonplandia 3: 69. 1855)中，加词对应于一个动物的属名；当 Garay (in Svensk Bot. Tidskr. 47: 201. 1953)提出新组合 *Porroglossum* '*echidnum*'时，它是 *P. echidna* (Rchb. f.) Garay 的可更正的错误。

例 11. 在-*cola* 作形容词的用法中可更正的错误：当 Blanchard (in Rhodora 8: 170. 1906)提出 *Rubus* '*amnicolus*'时，它是 *R. amnicola* Blanch.的可更正的错误。

23.6. 下列称谓不应视为种名：

（a）称谓由属名跟随通常由一个或多个名词与相关联的夺格形容词组成的短语名称（林奈的 "nomen specificum legitimum〔合法种名〕"）组成，但也包括那些两个或多个单词的短语名称为主的著作中任何单个单词的短语名称。

例 12. *Smilax*〔菝葜属〕 "*caule inermi*" (Aublet, Hist. Pl. Guiane 2, Tabl.: 27. 1775)是一个对未详知种节略的描述性引证，它不是该文本中给予的一个双名，而仅是引证一个来自 Burman 的短语名称。

例 13. 在 Miller 的 *The gardeners dictionary*〔园艺学词典〕… *abridged*, ed. 4 (1754)中，由两个或多个单词组成的短语名称较由单个单词组成的短语名称占主导地位，而且，在那方面类似于林奈的普通名〔nomina trivialia〕（种加词），但在印刷或其他方式上与其他短语名称无区别。因此，在该著作中，诸如 "*Alkekengi officinarum*"、"*Leucanthemum vulgare*"、"*Oenanthe aquatica*" 和 "*Sanguisorba minor*" 的称谓均不是合格发表的名称。

（b）由属名跟随一个或多个无意用作种加词的单词组成的种的其他称谓。

例 14. *Viola*〔堇菜属〕 "*qualis*" [什么种类的] (Krocker, Fl. Siles. 2: 512, 517. 1790)。*Urtica*〔荨麻属〕 "*dubia*? [可疑的]" (Forsskål, Fl. Aegypt.-Arab.: cxxi. 1775)；在 Forsskål 的著作中，单词 "dubia?"反复用于那些不能可靠鉴定的种。

例 15. *Atriplex*〔滨藜属〕 "*nova*" (Winterl, Index Hort. Bot. Univ. Hung.: fol. A [8] recto et verso. 1788)；单词 "nova"（新的）在此与 *Atriplex* 内 4 个不同的种一起使用。然而，在 *Artemisia nova* A. Nelson (in Bull. Torrey Bot. Club 27: 274. 1900)中，该种是新近区别于其他种，且 *nova*〔新的〕有意作为一个种加词。

例 16. *Cornus*〔山茱萸属〕 "*gharaf*" (Forsskål, Fl. Aegypt.-Arab.: xci, xcvi. 1775)是一个无意作为种名的临时称谓。Forsskål 的著作中的临时称谓是一个具有形似加词而在该著作的 "Centuriae〔排列〕"部分不用作加词的方言名的最初称谓（用于一个接受的分类群，且因此不是如条款 36.1（a）定义的"暂用名称"）。*Elcaja "roka"* (Forsskål, Fl. Aegypt.-Arab.: xcv. 1775) 是这类临时称谓的另一个例子；在该著作（pp. c, cxvi, 127）的其他部分，该种未被命名。

例 17. 在 *Agaricus*〔蘑菇属〕 *"octogesimus nonus"* 和 *Boletus*〔牛肝菌属〕 *"vicesimus sextus"* (Schaeffer, Fung. Bavar. Palat. Nasc. 1: t. 100. 1762; 2: t. 137. 1763)中，属名跟随用作列举的序数形容词。在同一著作的最后一卷（l.c. 4: 100, 88. 1774）中，相应的种给予了合格发表的名称 *A. cinereus* Schaeff. : Fr.和 *B. ungulatus* Schaeff.。

例 18. Honckeny (1782；见条款 46 例47)在 *Agrostis*〔剪股颖属〕中使用的种的称谓，如"*A. Reygeri I.*"，"*A. Reyg. II.*"，"*A. Reyg. III.*"（均引证了在 Reyger, Tent. Fl. Gedan.: 36–37. 1763 中已描述但未命名的种），以及"*A. alpina. II*"也跟随在 *A. alpina* Scop.后给予一个新描述的种。这些均是用于列举的非正式称谓，不是合格发表的双名；它们不可扩展为如 *Agrostis reygeri-prima*"。

（c）由属名跟随两个或多个主格形容词单词组成的种的称谓〔designation〕。

例 19. "*Salvia africana caerulea*" (Linnaeus, Sp. Pl.: 26. 1753)和 "*Gnaphalium fruticosum flavum*" (Forsskål, Fl. Aegypt.-Arab.: cxix. 1775)是属名跟随两个主格形容词单词。它们不应视为种名。

例 20. 因为属名跟随均为主格的名词和形容词，*Rhamnus 'vitis idaea'* Burm. f. (Fl. Ind.: 61. 1768) 应视为种名；这些单词应根据条款 23.1 和 60.11 的规定用连字符连接（*R. vitis-idaea*〔小叶黑面神〕）。在 *Anthyllis 'Barba jovis'* L. (Sp. Pl.: 720. 1753)中，属名跟随一个主格名词和一个属格名词，且它们应使用连字符连接（*A. barba-jovis*）。同样地，*Hyacinthus 'non scriptus'* L. (Sp. Pl.: 316. 1753)中，属名跟随一个否定助词和一个用作形容词的过去分词，应更正为 *H. non-scriptus*，以及，*Impatiens 'noli tangere'* L. (Sp. Pl.: 938. 1753)中，属名跟随两个动词，应更正为 *I. noli-tangere*〔水金凤〕。

例 21. 在 *Narcissus 'Pseudo Narcissus'* L. (Sp. Pl.: 289. 1753)中，属名跟随一个前缀（一个不能独立使用的单词）和一个主格名词，该名称应根据条款 23.1 和 60.11 的规定更正为 *N. pseudonarcissus*〔洋水仙〕。

（d）指定杂种的公式（见条款 H.10.2）。

23.7. 被林奈用作种加词（"nomina trivialia〔普通名〕"）的短语名称应更正以与林奈本人后来的用法一致（但见条款 23.6(c)）。

例 22. *Apocynum 'fol. [foliis] androsaemi'* L.引用为 *A. androsaemifolium* L. (Sp. Pl.: 213. 1753 [corr. L., Syst. Nat., ed. 10: 946. 1759])；及 *Mussaenda 'fr. [fructu] frondoso'* L.引用为 *M. frondosa* L.〔洋玉叶金花〕 (Sp. Pl.: 177. 1753 [corr. L., Syst. Nat., ed. 10: 931. 1759])。

23.8. 一个种的称谓的地位根据条款 23.6 不确定时，应遵循已确立的惯例（导言 13）。

*例 23. 与已确立的惯例一致，*Polypodium 'F. mas'*、*P. 'F. femina'* 和 *P. 'F. fragile'* (Linnaeus,

Sp. Pl.: 1090–1091. 1753)应分别处理为 *P. filix-mas* L.〔欧洲鳞毛蕨〕、*P. filix-femina* L.〔蹄盖蕨〕和 *P. fragile* L.〔冷蕨〕。同样地，*Cambogia 'G. gutta'* 应处理为 *C. gummi-gutta* L. (Gen. Pl.: [522]. 1754)。在 *Asplenium*〔铁角蕨属〕和 *Trifolium*〔车轴草属〕中的林奈种的名称中的插入语"*Trich.*" [*Trichomanes*]和"*M.*" [*Melilotus*]应分别删除，因而，在形式上如 *Asplenium 'Trich. dentatum'* 和 *Trifolium 'M. indica'* 的名称应处理为 *A. dentatum* L.和 *T. indicum* L.〔印度草木犀〕(Sp. Pl.: 765, 1080. 1753)。

辅则 23A

23A.1. 用在种加词的人名、国家名和地点名应取用属格名词形式（*clusii, porsildiorum, saharae*）或形容词形式（*clusianus, dahuricus*)（也见条款 60，辅则 60C 和 60D）。

23A.2. 应避免使用同一单词的属格和形容词形式命名同属内两个不同的种（例如，*Lysimachia hemsleyana* Oliv.〔点腺过路黄〕和 *L. hemsleyi* Franch.〔叶苞过路黄〕)。

23A.3. 构建种加词时，作者也应遵循如下建议：

（a）尽可能使用拉丁文词尾。

（b）避免极长或难以按拉丁语发音的加词。

（c）不要使用由不用语言单词组合的加词。

（d）避免由两个或多个用连字符连接的单词构成的加词。

（e）避免与属名有相同意义的加词（赘语）。

（f）避免使用表达属中所有或几乎所有种的共有特征的加词。

（g）避免在同属中使用那些非常相似的加词，特别是区别仅在最后几个字母或两个字母排列上的加词。

（h）避免之前已用于任何近缘属中的加词。

（i）除非这些作者已同意发表，不要采用来自通信、游记、标本馆标签或相似来源的未发表名称的加词，并将它们归属于其作者（见辅则 50G）。

（j）除非该种是非常局域的，避免使用鲜为人知的或非常局限的地名。

第五节　种以下等级分类群（种下分类群）的名称

条款 24

24.1 种下分类群的名称是种的名称与种下加词的组合。连接术语用于指示等级。

例 1. *Saxifraga aizoon* subf. *surculosa* Engl. & Irmsch.。这个分类群也可称为 *Saxifraga aizoon* var. *aizoon* subvar. *brevifolia* f. *multicaulis* subf. *surculosa* Engl. & Irmsch.；这种方式给出了该亚变型在该种内的完整分类，而不仅仅是其名称。

24.2. 种下加词的构成与种加词相似，且当在形式上为形容词且不用作名词时，在语法上与属名一致（见条款 23.5 和 32.2）。

例 2. *Solanum melongena* var. *insanum* (L.) Prain (Bengal Pl.: 746. 1903, 'insana')。

24.3. 当有意表明该分类群包括上一更高等级分类群的名称的模式时，具有诸如 *genuinus*〔确实的〕、*originalis*〔原来的〕、*originarius*〔原来的〕、*typicus*〔模式的〕、*verus*〔真实的〕和 *veridicus*〔真实的〕或前缀 *eu-*〔真实〕的最终加词的种下名称是不合格发表的，除非它们与相应的较高等级分类群的名称具有相同的最终加词（见条款 26.2，辅则 26A.1 和 26A.3）。

例 3. "*Hieracium piliferum* var. *genuinum*" (Rouy, Fl. France 9: 270. 1905)基于 Arvet-Touvet (Hieracium Alpes Franç.: 37. 1888)的一个根据条款 26.2 未被合格发表的称谓"*H. armerioides* var. *genuinum*"。如 Rouy 所界定的，该分类群并未包括 *H. piliferum* Hoppe 的模式，但它包括了上一更高等级分类群 *H. piliferum* subsp. *armerioides* (Arv.-Touv.) Rouy 的模式。因此，"*H. piliferum* var. *genuinum*"不是一个合格发表的新变种名称。

例 4. "*Narcissus bulbocodium* var. *eu-praecox*"和"*N. bulbocodium* var. *eu-albidus*"均未被 Emberger & Maire (in Jahandiez & Maire, Cat. Pl. Maroc: 961. 1941)合格发表，因为它们分别被置于 *N. bulbocodium* subsp. *praecox* Gattef. & Maire (in Bull. Soc. Hist. Nat. Afrique N. 28: 540. 1937)和 *N. bulbocodium* subsp. *albidus* (Emb. & Maire) Maire (in Jahandiez & Maire, Cat. Pl. Maroc: 138. 1931)，且其加词意指在从属变种中包括了该较高等级名称的模式。

例 5. "*Lobelia spicata* var. *originalis*" (McVaugh in Rhodora 38: 308. 1936)是不合格发表的（见条款26例1），然而，自动名 *Galium verum* L.〔蓬子菜〕subsp. *verum* 和 *G. verum* var. *verum* 是合格发表的。

例 6. *Aloe perfoliata* var. *vera* L. (l.c. 1753)是合格发表的，因为它并非意指包括 *A. perfoliata* L. (Sp. Pl.: 320. 1753)的模式。

24.4. 具双名组合而不是种下加词的名称，但在其他方面符合本《法规》，处理为以由条款 24.1 确定的形式合格发表，不改变作者归属或日期。

例 7. *Salvia grandiflora* subsp. "*S. willeana*" (Holmboe in Bergens Mus. Skr., ser. 2, 1(2): 157. 1914)应改变为 *S. grandiflora* subsp. *willeana* Holmboe。

例 8. *Phyllerpa prolifera* var. "*Ph. firma*" (Kützing, Sp. Alg.: 495. 1849)应改变为 *P. prolifera* var. *firma* Kütz.。

例 9. 基于 *Anchusa lanata* L. (Syst. Nat., ed. 10, 2: 914. 1759)的新组合 *Cynoglossum* *cheirifolium* "β. Anchusa (*lanata*)" (Lehmann, Pl. Asperif. Nucif.: 141. 1818)应改变为 *C. cheirifolium* var. *lanatum* (L.) Lehm.。

ℹ **注释 1.** 不同种内的种下分类群可接受具有相同最终加词的名称；同一种内的种下分类群可接受具有与其他种的名称相同的最终加词的名称（但见辅则 24B.1）。

例 10. *Rosa glutinosa* var. *leioclada* H. Christ (in Boissier, Fl. Orient. Suppl.: 222. 1888)和 *Rosa jundzillii* f. *leioclada* Borbás (in Math. Term. Közlem. 16: 376, 383. 1880)均为允许的；尽管之前存在 *Viola hirta* L. (Sp. Pl.: 934. 1753)，*Viola tricolor* var. *hirta* Ging. (in Candolle, Prodr. 1: 304. 1824)同样允许。

ℹ **注释 2.** 因为等级指示术语不是名称的一部分，如果它们具有相同的最终加词但基于不同的模式，即使它们等级不同，相同种内的种下分类群的名称是同名（条款 53.3）。

辅则 24A

24A.1. 构建种加词（辅则 23A）的辅则同等适用于种下加词。

辅则 24B

24B.1. 作者提议新的种下名称时应避免之前在同属内已用作种加词的最终加词。

24B.2. 当种下分类群提升为种的等级，或存在相反变更时，除非所产生的组合将违反本《法规》，其名称的最终加词应予以保留。

条款 25

25.1. 就命名而言，如有，种或任何种以下等级的分类群被认为是其从属分类群的总和。

例 1. 当 *Montia parvifolia* (DC.) Greene 被处理为由两个亚种组成时，*M. parvifolia* 应用于该种的全部，即包括 *M. parvifolia* subsp. *parvifolia* 和 *M. parvifolia* subsp. *flagellaris* (Bong.) Ferris，而它仅用于 *M. parvifolia* subsp. *parvifolia* 可能导致混乱。

条款 26

26.1. 任何种下分类群如包括其所归隶的种所采用的合法名称的模式，其名称应不加改变地重复该种加词为其最终加词，并不跟随作者引用（见条款 46）。这样的名称是自动名（条款 6.8；也见条款 7.7）。

例 1. 包括名称 *Lobelia spicata* Lam.模式的变种应被命名为 *Lobelia spicata* Lam. var. *spicata*（也见条款 24 例 5）。

❶ **注释 1.** 条款 26.1 仅适用于包括该种所采用名称的模式的那些从属分类群的名称（但见辅则 26A）。

26.2. 一个种下分类群如包括其所归隶的种所采用的合法名称的模式（即主模式、或所有合模式、或之前指定的模式），除非其名称的最终加词不加改变地重复种加词，否则不是合格发表的。就本规定而言，不管它之前是否已被指定（也见条款 24.3），包括该种命名模式成分的明确指示应视为等同于包括该模式。

例 2. 有意的组合"*Vulpia myuros* subsp. *pseudomyuros* (Soy.-Will.) Maire & Weiller"未被 Maire (Fl. Afrique N. 3: 177. 1955)合格发表，因为在异名中它包括了"*F. myuros* L., Sp. 1, p. 74 (1753) sensu stricto"，即 *Vulpia myuros* (L.) C.C.Gmel 的基名 *Festuca myuros* L.。

例 3. Linnaeus (Sp. Pl.: 3. 1753)在 *Salicornia europaea*〔盐角草〕下认可两个命名的变种。由于 *S. europaea* 既无主模式也无合模式，两个变种名称均为合格发表的；即使 *S. europaea* 的后选模式（由 Jafri & Rateeb in Jafri & El-Gadi, Fl. Libya 58: 57. 1979 指定）可归予 *S. europaea* var. *herbacea* L. (l.c. 1753)，且该变种名称后来与种名一样以相同的标本后选模式标定（由 Piirainen in Ann. Bot. Fenn. 28: 82. 1991）。

例 4. Linnaeus (Sp. Pl.: 779–781. 1753)在 *Medicago polymorpha*〔南苜蓿〕下认可了 13 个命名的变种。因为 *M. polymorpha* L.既无主模式又无合模式，所有的变种名称都是合格发表的，而且，后来指定给种名的后选模式（被 Heyn 在 Bull. Res. Council Israel, Sect. D, Bot., 7: 163. 1959）并不是 1753 年的任何变种名称的原始材料的一部分。

26.3. 在合法种名下首次合格发表的种下分类群名称自动地建立相应的自动名（也见条款 11.6 和 32.3）。

例 5. 名称 *Lycopodium inundatum* var. *bigelovii* Tuck. (in Amer. J. Sci. Arts 45: 47. 1843)的发表自动建立了另一个变种的名称，即自动名 *L. inundatum* L. var. *inundatum*，其模式为名称 L. inundatum L.的模式（条款 7.7）。

例 6. 在描述 *Cucurbita mixta* Pangalo 时，Pangalo (in Trudy Prikl. Bot. 23: 258. 1930)区分了 *C. mixta* var. *cyanoperizona* Pangalo 和 var. *stenosperma* Pangalo 两个变种，一起涵盖了该种的完整界定。尽管 Pangalo 没有提及自动名（见辅则 16B.1），*C. mixta* var. *mixta* 被同时自动建立。因为既无主模式也无任何合模式指明给 *C. mixta*，这两个变种名称均为合格发表的（见条款 26.2）。在缺乏已知模式材料的情形下，Merrick & Bates (in Baileya 23: 96, 101. 1989)使用一个可被归予 *C. mixta* var. *stenosperma* 的成分新模式标定了 *C. mixta*。只要他们选择的新模式被遵循，根据条款 11.6,在 *C. mixta* 下认可的那个变种的正确名称是日期始于 1930 年的 *C. mixta* var. *mixta*，而非 *C. mixta* var. *stenosperma*。当那个变种如 Merrick & Bates 所做的那样被认可在 *C. argyrosperma* C. Huber (Cat. Graines: 8. 1867)下时，其正确名称不是 *C. argyrosperma* var. *stenosperma* (Pangalo) Merrick & D. M. Bates，而需要一个基于 *C. mixta* 的组合。

辅则 26A

26A.1. 在根据各项规则无障碍时，包括亚种正确名称的模式但不包括该种正确名称的模式的变种，应给予具有与该亚种名称相同的最终加词和模式的名称。

26A.2. 不包括该种正确名称的模式的亚种，在无碍于各项规则时，应给予具有与其从属的变种之一的名称相同的最终加词和模式的名称。

26A.3. 在根据各项规则无障碍时，变种以下等级的分类群如包括亚种或变种正确名称的模式但不包括该种正确名称的模式，应给予具有与该亚种或变种相同最终加词和模式的名称。另一方面，不包括该种正确名称的模式的亚种或变种，不必给予具有与其变种以下等级的从属分类群之一的名称相同最终加词和模式的名称。

例 1. Fernald 处理 *Stachys palustris*〔沼生水苏〕subsp. *pilosa* (Nutt.) Epling (in Repert. Spec. Nov. Regni Veg. Beih. 8: 63. 1934)为由 5 个变种组成，因为没有合法的变种名称可用，他为其中之一（包含 *S. palustris* subsp. *pilosa* 的模式）做出组合 *S. palustris* var. *pilosa* (Nutt.) Fernald (in Rhodora 45: 474. 1943)。

例 2. 因为在亚种等级上没有合法名称可用，Bonaparte 使用了 Sadebeck 之前已用在组合 *Pteridium aquilinum* var. *caudatum* (L.) Sadeb. (in Jahrb. Hamburg. Wiss. Anst. Beih. 14(3): 5. 1897)中相同的最终加词，做出组合 *P. aquilinum*〔欧洲蕨〕subsp. *caudatum* (L.) Bonap. (Notes Ptérid. 1: 62. 1915)，两个组合均基于 *Pteris caudata* L.。每个名称是合法的，且均可使用，正如 Tryon (in Rhodora 43: 52–54. 1941)所做的那样，将 *P. aquilinum* var. *caudatum* 处理为 subsp. *caudatum* 下的四个变种之一（也见条款 36.3）。

辅则 26B

26B.1. 当发表也将建立自动名的种下分类群的名称时，作者应在该出版物中提及那个自动名。

条款 27

27.1. 在种下分类群名称中的最终加词不可不加改变地重复该分类群所归隶的种的正确名称的加词，除非这两个名称具有相同模式。

27.2. 当种名为不合法时，种下分类群名称的最终加词不可不加改变地重复该种名的加词。

例 1. 当 *Agropyron japonicum* var. *hackelianum* Honda〔日本纤毛草〕被 Honda (in Bot. Mag. (Tokyo) 41: 385. 1927)发表在 *A. japonicum* (Miq.) P. Candargy (in Arch. Biol. Vég. Pure Appl.

1: 42. 1901)的不合法晚出同名 *A. japonicum* Honda (l.c.: 384. 1927)下时，他并未合格发表自动名"*A. japonicum* var. *japonicum*"（也见条款 55 例 3）。

第六节　栽培有机体的名称

条款 28

28.1. 自野生状态引入栽培的有机体保持应用于它们在自然生长时的名称。

❶ **注释 1.** 杂种（包括那些栽培中产生的）可接受如第 H 章规定的名称（也见条款 11.9、32.4 和 50）。

❶ **注释 2.** 对用在农业、林业和园艺（及来源于自然或栽培）中特殊类别有机体的额外的独立称谓由《国际栽培植物命名法规（ICNCP）》处理，其规定品种〔cultivar〕为其基本类别（见导言 11）。

❶ **注释 3.** 没有规定可妨碍依据本《法规》各项要求发表给栽培有机体的名称的使用。

❶ **注释 4.** 根据《国际栽培植物命名法规》的规则，当被认为处理为与该《法规》有关的分类群合适时，按照本《法规》发表的名称中的加词可置于单引号内保留为品种的加词。

    例 1. *Mahonia japonica* DC.〔台湾十大功劳〕(Syst. Nat. 2: 22. 1821)可处理为品种，称为 *Mahonia* 'Japonica'；*Taxus baccata*〔欧洲红豆杉〕var. *variegata* Weston (Bot. Univ. 1: 292, 347. 1770)处理为品种时，则称为 *Taxus baccata* 'Variegata'。

❶ **注释 5.** 《国际栽培植物命名法规》也规定加词的建立显著不同于本《法规》规定的加词。

    例 2. ×*Disophyllum* 'Frühlingsreigen'；*Eriobotrya japonica*〔枇杷〕'Golden Ziad' 和 *E. japonica* 'Maamora Golden Yellow'；*Phlox drummondii*〔福禄考〕'Sternenzauber'；*Quercus frainetto* 'Hungarian Crown'。

    例 3. *Juniperus* ×*pfitzeriana* 'Wilhelm Pfitzer' (P. A. Schmidt in Folia Dendrol. 10: 292. 1998) 是建立给一个推定为 *J. chinensis* L.〔圆柏〕和 *J. sabina* L.〔叉子圆柏〕之间的原始杂交产物的四倍体品种。

第四章 有效出版物

第一节 有效出版物的条件

条款 29

29.1. 根据本《法规》，出版物经由印刷品（通过出售、交换或赠送）分发至公众或至少具有通常可访问的图书馆的科研机构是有效的。2012 年 1 月 1 日或之后，出版物经由在具有国际标准连续出版物号〔International Standard Serial Number〕(ISSN)或国际标准书号〔International Standard Book Number〕(ISBN)的在线出版物中以移动文档格式〔Portable Document Format〕(PDF；也见条款 29.3 和辅则 29A.1）的电子材料分发，也是有效的。

例 1. 当它以具 ISSN 的移动文档格式于 2012 年 1 月 1 日在线发行时，包括基于 *Piromyces polycephalus* Y. C. Chen & al.〔多头瘤胃壶菌〕(in Nova Hedwigia 75: 411. 2002)的新组合 *Anaeromyces polycephalus* (Y. C. Chen & al.) Fliegerová & al. (Kirk in Index Fungorum 1: 1. 2012)的文章是有效发表的。

例 2. Ruck & al. (in Molec. Phylogen. Evol. 103: 155–171. 22 Jul 2016)有意的新命名仅出现在以微软文档格式在线发表的附录材料中，且因此不是有效发表的。当它们以满足条款 29.1 要求的移动文档格式（Ruck & al. in Notul. Alg. 10: 1–4. 17 Aug 2016）发表时，这些新命名才被有效发表。

ⓘ **注释 1.** 发行于 2012 年 1 月 1 日之前的电子材料不构成有效出版物。

例 3. 在 *Flora of China*〔《中国植物志（英文版）》〕第 20–21 卷中的 *Asteraceae*〔菊科〕植物志文稿包括众多新命名，是以移动文档格式于 2011 年 10 月 25 日在线发表的。因为它们在 2012 年 1 月 1 日前分发，因此它们不是有效发表的。有效发表实现于同一卷的印刷版本变为可用时的 2011 年 11 月 11 日。

例 4. 在其中描述硅藻"*Tursiocola podocnemicola*"的论文最初通过 *Diatom Research* 网站（ISSN 0269-249X, print; ISSN 2159-8347, online）以"iFirst〔首次在线〕"的 PDF 文档于 2011 年 12 月 14 日在线发行而可用。尽管该文在具有 ISSN 的电子出版物中以移动文档格式在线发表，但它发行在 2012 年 1 月 1 日前，因而不是有效出版物。它在 2012 年 1 月 1 日并不仅仅通过保持在线可用而变为有效发表。有效发表实现于当名称 *T. podocnemicola* C. E. Wetzel (in Diatom Res. 27: 2. 2012)合格发表于该期刊印刷版本发行时的 2012 年 2 月

28 日。

29.2. 就条款 29.1 而言，"在线〔online〕"定义为通过万维网以电子方式可获取。

29.3. 如果移动文档格式（PDF）应被替代，可接受一个由总委员会（见第三篇规程7.9）发布的国际标准格式的替代者。

❶ **注释 2.** 对于电子材料，引用一个不正确的 ISSN 或 IBSN（例如，并不存在的，或指的是其中并未包括该电子材料的连续出版物或书，甚至不是给所包含条目的声明附录）并不导致根据条款 29.1 的有效出版物。

例 5. Meyer、Baquero 和 Cameron 有意在其中描述新种"*Dracula trigonopetala*"的文章于 2012 年 3 月 1 日以 PDF/A 文档置于在线。在文档本身中未提及期刊或 ISSN，但是，因为它可通过 *OrchideenJournal* (ISSN 1864-9459)的主页可获取，其作为"具有国际连续出版物号的在线出版物"（条款 29.1）的资格可能有争议。然而，该文章的内容并未提供适合在 *OrchideenJournal* 发表的格式，且明显无意包括在该期刊中。该文章译成德文的新版本于 2012 年 8 月 15 日以印刷方式发表(OrchideenJ. 19: 107–112)。尽管这是有效发表的，因为没有提供拉丁文或英文描述或特征集要，"*D. trigonopetala*"在那是不合格发表的。（该名称后来合格化为 *D. trigonopetala* Gary Mey. & Baquero ex A. Doucette in Phytotaxa 74: 59. 9 December 2012。）

辅则 29A

29A.1. 以移动文档格式（PDF）电子发表的出版物应遵循 PDF/A 存档标准（ISO 19005）。

29A.2. 电子材料的作者应优先选择那些已归档和管理的出版物，就实用而言，满足下列标准（也见辅则 29A.1）：

（a）该材料应存放在多个可信赖的在线数字存储器中，如 ISO 认证的存储器。

（b）数字存储器应置于世界上多于一个地区，且最好在不同大陆。

条款 30

30.1. 经由在公开会议上交流新命名、将名称置于对公众开放的收藏机构或公园、发行由手稿或打字文稿或其他未发表材料制作的微缩胶片、或发行不同于条款 29 描述的电子材料的出版物，不是有效的。

例 1. Cusson 于 1770 年在蒙彼利埃科学学会〔the Société des Sciences de Montpellier〕及后来于 1782 年或 1783 年在巴黎医学学会〔the Société de Médecine de Paris〕上宣读的研究

报告中宣布了他建立的属 *Physospermum*，但是其有效出版物日期始于 1787 年（in Hist. Soc. Roy. Méd. 5(1): 279）。

30.2. 如果在该出版物内或与其相关的证据表明其内容仅仅是初步的，且将被出版商认可为最终的内容所替代，电子出版物不是有效发表的；在此情形下，仅具有那个最终内容的版本是有效发表的。

例 2. "*Rodaucea*" 发表在一篇以 PDF 文档于 2012 年 1 月 12 日首先置于在线的文章中，通过期刊 *Mycologia* (ISSN 0027-5514, print; ISSN 1557-2436, online) 网站可获取。那个文档有一个页眉说明 "In Press〔出版中〕"，且在该期刊的网站上它被限定为 "Preliminary version〔初级版本〕"，这是它不是被出版商认可为最终版本的明显证据。因为该文档的最终版本同时以在线和印刷方式出版，该名称的正确引用为：*Rodaucea* W. Rossi & Santam. in Mycologia 104 (print and online): 785. 11 Jun 2012。

例 3. "*Lycopinae*" 出现作为 "Advance Access〔提前获取〕" 的 PDF 文档于 2012 年 3 月 26 日首先置于在线的一篇文章中，通过 *American Journal of Botany* (ISSN 0002-9122, print; ISSN 1537-2197, online) 网站可获取。因为该期刊网站说明（2012 年 5 月）"AJB 提前获取的论文……还未被印刷或通过期号编排在线发行" 且 "在该期发行前可能做出细小的更正"，这显然不是出版商认可的最终版本。当包含它的印刷卷册有效发表时，名称 *Lycopinae* B. T. Drew & Sytsma 被合格发表在 Amer. J. Bot. 99: 945. 1 May 2012。

例 4. 其中出现名称 *Nanobubon hypogaeum* J. Magee 的文章 (in S. African J. Bot. 80: 63–66; ISSN 0254-6299) 作为 PDF 文档于 2012 年 3 月 30 日以其 "最终且完全可引用的" 形式在线有效发表，早于印刷版本的出版物（2012 年 5 月）。在同一期刊中标题 "In Press Corrected Proof〔出版中已更正的校样〕" 下的在线发表文章不是有效发表的，因为该期刊网站清楚地说明 "Corrected proofs: articles that contain the authors' corrections. Final citation details, e.g. volume/issue number, publication year and page numbers, still need to be added and the text might change before final publication.〔更正的校样：包含作者的更正的文章。诸如卷/期号、出版年份和页码编号等最终的引用细节仍需添加，且文本在最终出版前也许会变更〕"。

❶ **注释 1.** 即使诸如卷、期、论文或页码编号等细节应被添加或变更，只要那些细节不属于内容的一部分（见条款 30.3），电子出版物可能为最终版本。

30.3. 电子出版物的内容包括那些在页面上可见的诸如正文、表格、图示等，但它不包括卷、期、文章和页码的编号；它也不包括通过超链接或 URL（全球资源定位器）获得的外部资源。

例 5. 被 *Botanical Journal of the Linnean Society* (ISSN 0024-4074, print; ISSN 1095-8339, online) 接受的一篇描述了新属 *Partitatheca* 和其 4 个组成的种的文章以具有最初页码编排（1-29）的 "Early View〔提前查看〕" PDF 文档于 2012 年 2 月 1 日置于在线。因为在该文档本身声称为 "Version of Record〔记录的版本〕"（一个由标准 NISO-RP-8-2008 所定义的表达），这明显被期刊的出版商认可为最终版本。后来，另外与之相同的电子版本与印刷版本一并于 2012 年 2 月 27 日出版，添加了该卷的页码编排 (229–257)。该属名的正确引用是：*Partitatheca* D. Edwards & al. in Bot. J. Linn. Soc. 168 (online): [2 of 29], 230. 1 Feb 2012，或仅为"... 168 (online): 230. 1 Feb 2012"。

例 6. 新组合 *Rhododendron aureodorsale* 〔金背杜鹃〕是在 *Nordic Journal of Botany* (ISSN 1756-1051, online; ISSN 0107-055X, print)中的一篇论文中做出的，该论文于 2012 年 3 月 13 日以"包含在指定卷期之前的在线记录版本"的"Early View〔提前查看〕"的方式首先在线有效发表的〔具有一个永久的数字对象标识码（DOI）但伴有初步的页码编排（1-EV to 3-EV）。当该印刷版本于 2012 年 4 月 20 日出版时，该电子版本的页码编排变更为 184–186，且添加了该印刷版本的日期。该组合可被引用为 *Rhododendron aureodorsale* (W. P. Fang ex J. Q. Fu) Y. P. Ma & J. Nielsen in Nordic J. Bot. 30 (online): 184. 13 Mar 2012 (DOI: https://doi.org/10.1111/j.1756-1051.2011.01438.x)。

例 7. 蓝刺头属〔*Echinops*〕包括 *Echinops antayensis* 在内的两个新种被描述在 *Annales Botanici Fennici* (ISSN 1797-2442, online; ISSN 0003-3847, print) 的一篇论文中，该论文于 2012 年 3 月 13 日以其最终形式有效发表为仍带有初步的页码编排([1]-4)及水印"preprint〔预印本〕"的在线 PDF 文档。当印刷版本于 2012 年 4 月 26 日出版时，该在线文档被重新编排页码([95]–98)且移除了水印。该名称的正确引用是：*E. antalyensis* C. Vural in Ann. Bot. Fenn. 49 (online): 95. 13 Mar 2012。

30.4. 特定电子出版物的内容在其有效发表后不得改变。任何此类改变其本身不是有效发表。为有效发表，勘误或修订必须另行发表。

30.5. 在 1953 年 1 月 1 日前，经由不能消除的手写体〔indelible autograph〕的出版物是有效的。在那个日期或之后制作的不能消除的手写体不是有效的。

30.6. 就条款30.5而言，不能消除的手写体是指通过某种机械的或图像工艺（如石印、胶印或金属蚀刻）复制的手写材料。

例 8. Léveillé, *Flore du Kouy Tchéou*〔《贵州植物志》〕(1914–1915)是一部石印自手写体文本的著作。

例 9. *Catalogus plantarum hispanicarum ... ab A. Blanco lectarum* (Webb & Heldreich, Paris, Jul 1850, folio)作为不能消除的手写体目录是有效发表的。

例 10. *Journal of the International Conifer Preservation Society*, vol. 5[1]. 1997 ("1998")包括在数处伴有手写附注和更正的打印文本的复制单张。因为它是 1953 年 1 月 1 日之后发表的不能消除的手写体，该手写部分不是有效发表的。其基名引证为手写的有意新组合（如"*Abies koreana* var. *yuanbaoshanensis*〔元宝山冷杉〕",第 53 页）未被合格发表。一个新分类群（61 页：名称、拉丁文描述、模式陈述）的全部手写文稿被处理为不是有效发表的。

例 11. 属的称谓"*Lindenia*"是 Bentham 用墨水手写在 *Plantae hartwegianae* (p. 84. 1841) 已出版但尚未分发的数份分册的边缘，用以替代划除的名称 *Siphonia* Benth.，他发现后者为 *Siphonia* Rich. ex Schreb. (Gen. Pl.: 656. 1791)的晚出同名。尽管该分册后来被分发，但该手写体部分本身并未通过机械或图像工艺复制，因而不是有效发表的。

30.7. 1953 年 1 月 1 日或之后在贸易目录或非学术的报纸以及 1973 年 1 月 1 日或之后在种子交换清单的出版物不构成有效出版物。

30.8. 1953 年 1 月 1 日或之后伴随标本分发的印刷品不构成有效出版物。

❶ **注释 2.** 如果该印刷品也独立于标本分发，它是有效出版物。

　　例 12. 即使未独立发行，Fuckel 的 *Fungi rhenani exsiccati* (1863–1874)的印刷标签是有效发表的。该标签早于 Fuckel 的后续文稿（如 in Jahrb. Nassauischen Vereins Naturk. 23–24. 1870）。

　　例 13. Vězda 的 *Lichenes selecti exsiccati* (1960–1995)伴随印刷标签发行，它也以印刷分册分发；后者是有效发表的，且出现在 Vězda 的标签中的新命名要引用自该分册。

30.9. 1953 年 1 月 1 日或之后，一个申明为旨在获得学位而向大学或其他教育机构提交的论文的独立、非系列著作的出版物，不构成有效出版物，除非该著作包括被作者或出版商视为有效出版物的明确陈述（指本《法规》关于有效出版物的要求）或其他内部证据。

❶ **注释 3.** 存在国际标准书号（ISBN）或在原始印刷版本中的印刷商、出版商或发行者名字的陈述被视为该著作有意被有效发表的内部证据。

　　例 14. 由于具有 ISBN 90-5808-237-7，Brandenburg 的"Meclatis in *Clematis*; yellow flowering Clematis species – Systematic studies in *Clematis* L. (*Ranunculaceae*), inclusive of cultonomic aspects〔铁线莲属之黄花铁线莲组；铁线莲属的黄花种类——铁线莲属（毛茛科）的系统学研究兼栽培学方面〕"为一本 "Proefschrift ter verkrijging van de graad van doctor … van Wageningen Universiteit 〔获得博士学位的论文……瓦格宁根大学〕"，是于 2000 年 6 月 8 日有效发表的。

　　例 15. Rietema 于 1975 年提交给 Rijksuniversiteit te Groningen〔格罗宁根大学〕的毕业论文 "Comparative investigations on the life-histories and reproduction of some species in the siphoneous green algal genera *Bryopsis* and *Derbesia*〔虹吸绿藻类羽藻属 *Bryopsis* 和德氏藻属 *Derbesia* 中一些种生活史和繁殖的比较研究〕"已标明由 Verenigde Reproduktie Bedrijven, Groningen〔格罗宁根联合印制公司〕印刷（"Druk〔印刷〕"），因此，是有效发表的。

　　例 16. 由于具有指示一个商业印刷商的陈述 "Druck: Zeeb-Druck, Tübingen 7 (Hagelloch)〔印刷：西伊伯印刷公司，图宾根 7（Hagelloch）〕"，Rexer 提交给 the Eberhard-Karls-Universität Tübingen〔图宾根大学〕的学位论文 "Die Gattung *Mycena* s.l.〔广义小菇属〕" 于 1994 年有效发表。因而，属名 *Roridomyces* Rexer 和在 *Mycena* 内的新种（如 *M. taiwanensis* Rexer）的名称是合格发表的。

　　例 17. Demoulin 在 1971 年答辩的毕业论文"Le genre *Lycoperdon* en Europe et en Amérique du Nord〔欧洲和北美的马勃属〕"不是有效发表，因为它并未包括被认可为如此的内部证据。尽管其影印本可在一些图书馆找到，其中引入的马勃属的新种名称，如"*L.*

americanum"、"*L. cokeri*"和"*L. estonicum*"等，是在有效发表的文章 "Espèces nouvelles ou méconnues du genre *Lycoperdon* (Gastéromycètes)" (Demoulin in Lejeunia, ser. 2, 62: 1–28. 1972)中被合格发表。

例 18. Funk 于 1980 年提交给俄亥俄州立大学的学位论文 "The Systematics of *Montanoa* Cerv. (*Asteraceae*)〔菊科山菊木属的系统学〕" 不是有效发表的，因为它并未包含它被视为如此的内部证据。这同样适用于自 1980 年之后按要求由 University Microfilms，Ann Arbor〔大学微片公司，安娜堡〕印刷自微缩胶片并分发的该学位论文的复制副本。该学位论文中提出的名称 *Montanoa imbricata* V. A. Funk 合格发表在有效发表的文章 "The systematics of *Montanoa* (*Asteraceae, Heliantheae*)" (Funk in Mem. New York Bot. Gard. 36: 1–133. 1982)中。

例 19. 因为它并未包括 ISBN、任何印刷商或出版商或发行者的名字、或根据本《法规》它被有意有效发表的任何陈述，Ursula Zinnecker-Wiegand 于 1990 年提交给 Ludwig-Maximilians-Universität München〔慕尼黑大学〕的学位论文 "Revision der südafrikanischen Astereengattungen *Mairia* und *Zyrphelis*〔南非中部菊科 Mairia 和 Zyrphelis 属的分类修订〕"不是有效发表的，即使有约 50 本被分发至其他公共图书馆且满足了发表新分类群的所有其他形式。该论文中的称谓在 Ortiz & Zinnecker-Wiegand (in Taxon 60: 1194–1198. 2011)有效发表的文章中变为合格发表的名称。

辅则 30A

30A.1. 同一电子出版物的初级和最终版本在它们被首次发行时应被清楚地指明如此。短语"Version of Record〔记录的版本〕"应仅用于指示其内容不再变更的最终版本。

30A.2. 为便于引用，电子出版物的最终版本应包含最终的页码编排。

30A.3. 强烈建议作者和编辑在出版物的实际页面上包括页码编号，这样，如果电子出版物被印刷，这些页码编号是可见的。

30A.4. 强烈建议作者避免在任何类型的临时印刷品中发表新命名，特别是印数有限且数量不确定的印刷品，其文本的持久性可能受限、其有效出版物在复制份数方面不明显、或一般公众难以接触到。作者也应避免在通俗期刊、文摘期刊或勘误表中发表新命名。

例 1. 伴随制作在高密度磁盘（CD-ROM; 根据条款 30.1，它不是有效发表的）上的 *Synthesis of the North American flora*〔北美植物志纲要〕的电子版本(1.0)，Kartesz 提供了一份无页码编排的题为"Nomenclatural innovations〔命名学新发现〕"的印刷插件。根据条款 29–31，这个插件是有效发表的，也是出现在该磁盘上署名为 Kartesz 的条目"A synonymized checklist and atlas with biological attributes for the vascular flora of the United States, Canada, and Greenland〔美国、加拿大和格陵兰维管植物区系具异名的名录和分布图及生物学属性〕"中的41个新组合的合格发表之处（如，*Dichanthelium hirstii* (Swallen) Kartesz in Kartesz & Meacham, Synth. N. Amer. Fl., Nomencl. Innov.: [1]. Aug 1999）。由于该插件未必在图书馆

中永久保存并编目从而到达公众，不推荐 Kartesz 的做法。

30A.5. 为有助于跨时间和地点的有效获取，作者发表新命名时应优先选择在那些经常发表分类学工作的期刊，否则他们应将出版物（印刷的或电子的）的复份送至适当的分类群检索中心。当此类出版物仅以印刷品存在时，它们应保存在世界各地至少 10 个但最好更多个公众可访问的图书馆中。

30A.6. 鼓励作者或编辑在概述或摘要中提及新命名，或将它们列入该出版物的索引中。

第二节　有效出版物的日期

条款 31

31.1. 有效出版物的日期是该印刷品或电子材料如条款 29 和 30 所定义的那样变为可用的日期。在缺乏确立其他日期的证据时，出现在该印刷品或电子材料中的日期必须接受为正确的。

例 1. Willdenow 的 *Species plantarum*〔《植物种志》〕的各个部分出版日期如下：1(1)，1797 年 6 月；1(2)，1798 年 7 月；2(1)，1799 年 3 月；2(2)，1799 年 12 月；3(1)， 1800 年；3(2)，1802 年 11 月；3(3)，1803 年 4–12 月；4(1)，1805 年；4(2)，1806 年；这些日期目前接受为有效发表的日期（见 Stafleu & Cowan in Regnum Veg. 116: 303. 1988）。

例 2. Fries 于 1860 年首先将 *Lichenes arctoi* 发表在一本独立页码编排的预印本中，它早于发表在一本期刊（Nova Acta Reg. Soc. Sci. Upsal., ser. 3, 3: 103–398. 1861）中的相同内容。

例 3. *Diatom Research* 2(2)标有日期 1987 年 12 月。然而，该期内一篇文章的作者 Williams & Round 在随后的一篇文章（in Diatom Res. 3: 265. 1988）中指出该期发表的实际日期是 1988 年 2 月 18 日。根据条款 31.1，他们的陈述可接受为确立该期刊 2（2）期另一个发表日期的证据。

例 4. 在其中描述 *Ceratocystis omanensis* Al-Subhi & al.的文章于 2005 年 11 月 7 日以最终形式在 *Science Direct* 中在线可用，但不是有效发表的（条款 29 注释 1）。它以印刷版本形式（in Mycol. Res. 110(2): 237–245）分发于 2006 年 3 月 7 日，即为有效发表的日期。

31.2. 当出版物以电子材料和印刷品并行发行时，二者必须处理为在相同日期有效发表，除非这些版本日期由条款 31.1 确定为不同。

例 5. 在其中合格发表 *Solanum baretiae* 的文章是作为 PDF 文档以最终形式于 2012 年 1 月 3 日在期刊 *PhytoKeys* (ISSN 1314-2003)置于在线。因其包括一篇标注有日期 2012 年 1 月 6 日的文章，具有相同页码编排和内容的 *PhytoKeys* 相应期号的印刷版本(ISSN 1314-2011)未标日期但可证明较晚。该名称的正确引用为：*S. baretiae* Tepe in PhytoKeys 8 (online): 39. 3 Jan 2012.

31.3. 当源自期刊或其他待售著作的单行本被提前发行时，单行本上的日期接受为有效发表日期，除非有证据显示它是错误的。

> **例 6.** Hieronymus (in Hedwigia 51: 241–272)发表的卷柏属〔*Selaginella*〕物种的名称有效发表于 1911 年 11 月 15 日，因为尽管发表该论文的期刊卷册日期为 1912 年，但是在第 ii 页已说明该单行本发表于 1911 年 11 月 15 日。

辅则 31A

31A.1. 出版商或出版商的代理人将印刷品交付给一个通常的承运人向公众分发的日期应被接受为其有效出版物的日期。

辅则 31B

31B.1. 有效出版物的日期应尽可能准确地在出版物中清楚指明。当出版物分部分发行时，应在各部分指明该日期。

31B.2. 在电子材料中，应包括有效出版物的准确日期（年、月、日）。

辅则 31C

31C.1. 在发表于期刊的文章重印本上，应标明出版物的期刊名称、卷和分册编号、原始页码编排和日期（年、月、日）。

第五章　名称的合格发表

第一节　通用规定

条款 32

32.1. 为合格发表，分类群的名称（自动名除外）必须：（a）在各自类群的起点日期或之后（条款 13.1 和 F.1.1）有效发表（条款 29–31）；（b）仅由拉丁文字母组成，除条款 23.3、60.4、60.7 和 60.11–14 规定外；及（c）具有符合条款 16–27（但见条款 21.4 和 24.4）以及条款 H.6 和 H.7（也见条款 61）规定的形式。

ⓘ **注释 1.** 因为等级指示术语和图符不是名称的部分，在分类群排列中使用印刷符号、数字符号或非拉丁文字母表的字母（如在种内变种排列中的希腊文字母 α、β、γ 等）并不妨碍合格发表。

32.2. 种级以上的名称，即使它们或它们的加词以不合式的拉丁文词尾发表，但其他方面符合本《法规》，是合格发表的；它们应被更改以符合条款 16–19 和 21，不改变作者归属及日期。种或种下分类群的名称，即使它们的加词以不合式的拉丁文或改写的希腊文词尾发表，但其他方面符合本《法规》，是合格发表的；它们应被更改以符合条款 23 和 24，不改变作者归属或日期（也见条款 60.8）。

> **例 1.** 属内次级区分的名称 *Cassia* "*" '*Chamaecristae*' L. (Sp. Pl.: 379. 1753)中的加词是一个源自前林奈时期属的称谓 "*Chamaecrista*" 的主格复数名词。然而，根据条款 21.2，这个加词必须具有与属名一样的相同形式，即一个主格单数名词（条款 20.1）。该名称可据此更改，并引用为 *Cassia* [unranked〔无等级的〕] *Chamaecrista* L.。

ⓘ **注释 2.** 其他方面正确构成的名称或加词的不合式词尾可产生自使用不同于条款 32.2 要求的格尾形式。

> **例 2.** *Senecio* sect. *Synotii* Benth.〔合耳菊组〕 (in Bentham & Hooker, Gen. Pl. 2: 448. 1873) 合格发表时伴有引证构成一个组的某个种（"in speciebus … sectionem subdistinctam (*Synotios*) constituentibus〔种…构成区分的组（*Synotios*）〕"）。尽管该组的加词被写成一个受格形容词（因为它是一个直接宾语），它应如条款 21.2 的要求以主格复数引用，即 *S.* sect.

Synotii。

32.3. 无论它们在那个出版物中是否实际出现，自动名（条款 6.8）接受为合格发表的名称，日期始于建立它们的出版物（见条款 22.3 和 26.3）。

32.4. 为了合格发表，具有拉丁文加词的种或更低等级的杂种的名称必须遵循与相同等级的非杂种分类群名称相同的规则。

例 **3.** 由于它未伴随或关联于一个拉丁文描述或特征集要（条款 39.1），"*Nepeta* ×*faassenii*"（Bergmans, Vaste Pl. Rotsheesters, ed. 2: 544. 1939, 具荷兰文描述; Lawrence in Gentes Herb. 8: 64. 1949, 具英文特征集要）未被合格发表。因为它伴随拉丁文描述，名称 *Nepeta* ×*faassenii* Bergmans ex Stearn (in J. Roy. Hort. Soc. 75: 405. 1950)是合格发表的。

例 **4.** "*Rheum* ×*cultorum*" (Thorsrud & Reisaeter, Norske Plantenavn: 95. 1948)是裸名，且因而未被合格发表（条款 38.1(a)）。

例 **5.** 因为仅陈述推测的亲本关系（*F. densiflora* × *F. officinalis*），"*Fumaria* ×*salmonii*" (Druce, List Brit. Pl.: 4. 1908)未被合格发表（条款 38.1(a)）。

❶ 注释 **3.** 对于属或属内次级区分等级上杂种的名称，见条款 H.9。

❶ 注释 **4.** 对于最初归隶于未被本《法规》涵盖的有机体类群的名称的合格发表，见条款 45。

辅则 32A

32A.1. 发表新命名时，作者应通过包括单词"novus〔新〕"或其缩写的短语来指明，如 genus novum（gen. nov.，新属）、species nova（sp. nov.，新种）、combinatio nova（comb. nov.，新组合）、nomen novum（nom. nov.，替代名称）或 status novus（stat. nov.，新等级名称）。

条款 33

33.1. 名称的日期〔date of name〕是其合格发表的日期。当合格发表的不同条件未被同时满足时，日期是最后一个条件被满足时的日期。然而，该名称必须总是在其合格发表之处被明确接受。发表于 1973 年 1 月 1 日或之后、未同时满足合格发表的各个条件的名称是不合格发表的（但见条款 41.7），除非给出对之前满足这些要求之处的完整且直接的引证（条款 41.5）。

例 **1.** "*Clypeola minor*" 首先出现在林奈的论文 *Flora monspeliensis* (p. 21, 1756)中，在名称列表前有数字但无这些数字意义的解释，也无任何其他描述事项；当该论文在

Amoenitates academicae (1759)的第四卷中重印时，增加了一个说明（475 页）解释这些数字是指发表在 Magnol 的 *Botanicum monspeliense* (1676)中的较早描述。然而，"*Clypeola minor*"并未出现在重印本中，且因此未被合格发表。

例 2. 当提出"*Graphis meridionalis*"为新种时，Nakanishi (in J. Sci. Hiroshima Univ., Ser. B(2), 11: 75. 1966)提供了拉丁文描述，但未能指定模式。仅当 Nakanishi (in J. Sci. Hiroshima Univ., Ser. B(2), 11: 265. 1967)指定名称的主模式且提供了对其之前出版物完整且直接的引证时，*Graphis meridionalis* M. Nakan.才被合格发表。

例 3. 因为尽管单个采集 *S. Leiva & M. Leiva 5806* 被指定为"tipo〔模式〕"，但指定保存在 5 个标本馆中，违反了条款 40.7，所以，"*Passiflora salpoense*" (Leiva & Tantalean in Arnaldoa 22: 39. 2015)未被合格发表。仅当相同的作者(in Arnaldoa 23: 628. 2016)指定同一采集中在单个标本馆 HAO 的为"lectotipo〔后选模式〕"及在 CORD、F、MO 和 HUT 的为"isolectotipos〔等后选模式〕"（根据条款 9.10，分别可更正为主模式和等模式），同时提供了对他们之前发表的（l.c. 2015）该种的合格化英文特征集要完整且直接的引证时，名称 *P. salpoensis* S. Leiva & Tantalean（再次为'*salpoense*'，但根据条款 23.5 和 32.2 可更正为 *salpoensis*）才被合格发表。

33.2. 更正名称的原始拼写（见条款 32.2 和 60）不影响其日期。

例 4. 即使更正的日期始自 1883 年（Engler in Candolle & Candolle, Monogr. Phan. 4: 225），更正 *Gluta 'benghas'* L. (Mant. Pl.: 293. 1771)的错误拼写为 *G renghas* L.不影响该名称的日期。

条款 34

34.1. 包括在列为禁止著作〔suppresseded work〕（必须禁止的著作〔opera utique oppressa〕；附录 I）的出版物中在指定等级的新名称不是合格发表的，在该著作中与指定等级的任何名称相关联的命名行为[1]〔nomenclatural act〕均不是有效的。对于增加出版物至附录 I 的提案必须提交给总委员会，它将指派它们至不同分类群专家委员会进行审查（见辅则 34A，第三篇规程 2.2、7.9、7.10；也见条款 14.12 和 56.2）。

例 1. 在 Motyka 的禁止著作（见附录 1），*Porosty, Lecanoraceae* (3: 97. 1996)中，*Lecanora dissipata* Nyl. (in Bull. Soc. Bot. France 13: 368. 1866)的三份标本之一，即保存在 H 中的 Nylander 标本室的那份，被指定为该名称的后选模式。这个指定不是有效的，且因此无命名地位。

34.2. 当禁止出版物的提案在相关分类群专家委员会研究后并被总委员会批准

---

1 命名行为〔nomenclatural act〕是要求有效发表的行为，它导致新命名（条款 6 注释 4）或影响名称诸如模式标定（条款 7.10、7.11 和 F.5.4）、优先权（条款 11.5 和 53.5）、缀词（条款 61.3）或性（条款 62.3）等方面。

时，该出版物的禁止需经下一届国际植物学大会的决定核准（也见条款 14.15
和 56.3），并具追溯既往之效。

辅则 34A

34A.1. 当禁止著作的提案根据条款 34.1 已指派给适当的专家委员会研究时，作者应
尽可能遵循该名称现存用法直至总委员会作出有关该提案的建议（也见辅则 14A 和
56A）。

条款 35

35.1. 除非其所归隶的属或种的名称同时或之前已被合格发表，否则，属级以
下分类群的名称不是合格发表的（但见条款 13.4）。

> **例 1.** Forsskål (Fl. Aegypt.-Arab.: 69–71. 1775)发表给包括 "*S. baccata*" 和 "*S. vera*" 在内的
> "*Suaeda*〔碱蓬属〕" 的 6 个种的双名称谓〔binary designation〕伴有描述和特征集要，但
> 他并未为该属提供描述或特征集要；因此，这些不是合格发表的名称。

> **例 2.** Müller (in Flora 63: 286. 1880)发表了新属 "*Phlyctidia*" 和种 "*P. hampeana* n. sp."、"*P.
> boliviensis*"（*Phlyctis boliviensis* Nyl.）、"*P. sorediiformis*"（*Phlyctis sorediiformis* Kremp.）、
> "*P. brasiliensis*"（*Phlyctis brasiliensis* Nyl.）和 "*P. andensis*"（*Phlyctis andensis* Nyl.）。然
> 而，因为有意的属名"*Phlyctidia*"未被合格发表，有意的新双名在此处未被合格发表；Müller
> 没有给出属的描述或特征集要，但仅对一个增加的种 "*P. hampeana*" 给出描述和特征集
> 要，而且，因为该属不是单型属（见条款 38.6），所以，根据条款 38.5，未能合格发表
> "*Phlyctidia*"。名称 *Phlyctidia* 的合格发表是由 Müller (in Hedwigia 34: 141. 1895)做出的，
> 他提供了简短的属的特征集要，且明确仅包括两个种，其名称 *P. ludoviciensis* Müll. Arg.
> 和 *P. boliviensis* (Nyl.) Müll. Arg 也于 1895 年被合格发表。

注释 1. 当种加词或其他加词发表在不视为属或种的名称的单词（见条款 20.4 和
23.6）时，条款 35.1 也适用。

> **例 3.** 双名称谓"*Anonymos aquatica*" (Walter, Fl. Carol.: 230. 1788)不是合格发表的名称。有
> 关该种的最早合格发表的名称是 *Planera aquatica* J. F. Gmel. (Syst. Nat. 2: 150. 1791)。这个
> 名称不应引用为 *P. aquatica* "(Walter) J. F. Gmel."。

> **例 4.** 尽管存在属名 *Scirpoides* Ség. (Pl. Veron. Suppl.: 73. 1754)，因为在 Rottbøll 的语境中
> "*Scirpoides*"是一个无意作为属名的单词（见条款 20 例 10），双名称谓"*S. paradoxus*"
> (Rottbøll, Descr. Pl. Rar.: 27. 1772)未被合格发表。最早合格发表给这个种的名称是 *Fuirena
> umbellata* Rottb.〔芙兰草〕(Descr. Icon. Rar. Pl. 70. 1773)。

35.2. 除非作者明确地将最终加词与属或种的名称或与其缩写相关联，否则，

一个组合（自动名除外）不是合格发表的（见条款 60.14）。

例 5. 合格发表的组合。在林奈的 *Species plantarum*〔《植物种志》〕中，加词置于与属的名称相对的边缘，清楚地将加词与属的名称相关联。实现相同结果的有：在 Miller 的 *The gardeners dictionary* 第八版中将加词包括在紧接着属名的括号中；在 Steudel 的 *Nomenclator botanicus* 中将加词放在以属名开头的清单中；以及通常通过印刷图符将加词与特定的属或种的名称相关联。

例 6. 未合格发表的组合。由于 Rafinesque 未明确地将加词 *cilata* 与属名 *Blephilia* 相关联，Rafinesque 在 *Blephila* 下的陈述 "Le type de ce genre est la *Monarda ciliata* Linn.〔属的模式为 *Monarda ciliata* Linn.〕" (in J. Phys. Chim. Hist. Nat. Arts 89: 98. 1819)并不构成组合 *B. ciliata* 的合格发表。类似地，组合 *Eulophus peucedanoides* 不应基于他们将 "*Cnidium peucedanoides*, H. B. et K." 列在 *Eulophus* 下而归予 Bentham & Hooker (Gen. Pl. 1: 885. 1867)。

例 7. 因为 Vainio 清楚地以星号将亚种加词与种加词连接起来，*Erioderma polycarpum* subsp. *verruculosum* Vain. (in Acta Soc. Fauna Fl. Fenn. 7(1): 202. 1890)是合格发表的。

例 8. 当 Tuckerman (in Proc. Amer. Acad. Arts 12: 168. 1877)描述 "*Erioderma velligerum*, sub-sp. nov." 时，他说明其新亚种非常接近 *E. chilense*，并提供了与它的区别特征。然而，因为他未明确地将亚种加词与那个种名相关联，他未合格发表"*E. chilense* subsp. *velligerum*"。

条款 36

36.1. 当它在原始出版物中未被其作者接受时，一个名称不是合格发表的，例如，（a）当它仅提出给预期将来接受的相关分类群或分类群的特定界定、位置或等级时（所谓的暂用名称〔provisional name〕），或（b）当它仅引用为异名时。这些规定不适用于发表时具有问号或其他分类学疑问的指示，但被其作者接受的名称。

例 1. 由于他并未接受该属，Pierre（手稿中）提出给单种属的"*Sebertia*"未被 Baillon (in Bull. Mens. Soc. Linn. Paris 2: 945. 1891)合格发表。尽管他给出了其描述，但是他将其唯一种 "*Sebertia acuminata* Pierre (ms.〔手稿中〕)" 归入属 *Sersalisia* R. Br.中为"*Sersalisia* ? *acuminata*"；根据条款 36.1 最后一句的规定，他因此合格发表了后一种名。名称 *Sebertia* 是由 Engler (in Engler & Prantl, Nat. Pflanzenfam., Nachtr. 1: 280. 1897)合格发表的。

例 2. 列在林奈的论文 *Herbarium amboinense* 左栏中被 Stickman（1754）坚持的称谓，在发表时不是被林奈接受的名称，而且未被合格发表。

例 3. 尽管 Flörke 并未接受它为新种，*Coralloides gorgonina* 是在 Flörke (in Mag. Neuesten Entdeck. Gesammten Naturk. Ges. Naturf. Freunde Berlin 3: 125. 1809)的一篇文章中合格发

表的。应 Bory 的要求，Flörke 包括了 Bory 的特征集要（和名称）使得 Bory 是如条款 46.6 定义的那样成为发表作者。因而，该名称被 Flörke 接受与否与合格发表无关。

例 4.（a）被 Haworth 在 "如果这个组证明是一个属，名称 *Conophyton* 应该是恰当的" 的话语中建议给 *Mesembryanthemum* sect. *Minima* Haw. (Rev. Pl. Succ.: 81. 1821)的称谓 "*Conophyton*"，不是合格发表的属名，因为 Haworth 并未采用它或接受该属。该名称被合格发表为 Conophytum N. E. Br. (in Gard. Chron., ser. 3, 71: 198. 1922)。

例 5. (a) "*Pteridospermaexylon*"和"*P. theresiae*"被 Greguss (in Földt. Közl. 82: 171. 1952)发表给一个木化石的属和种。因为 Greguss 明确说明 "Vorläufig benenne ich es mit den Namen … [我暂时用这些名称指定它…]"，这些是暂用名称，其本身未被合格发表。

例 6. (a) 尽管它是作为一个伴随拉丁文特征集要的新种提出的，Havaas (in Bergens Mus. Årbok. 12: 13, 20. 1954)提议的称谓"*Stereocaulon subdenudatum*"不是合格发表的，因为在两个页面上它被指示为"ad int."[ad interim，暂时的]。

例 7. (b) 当他将其作为异名引用在 *Myogalum boucheanum* Kunth 下时，Kunth (Enum. Pl. 4: 348. 1843)未合格发表"*Ornithogalum undulatum* hort. Bouch."；在 *Ornithogalum* L.下的正确组合后来被合格发表：*O. boucheanum* (Kunth) Asch. (in Verh. Bot. Vereins Prov. Brandenburg 8: 165. 1866)。

例 8. *Besenna* A. Rich.和 *B. anthelmintica* A. Rich. (Tent. Fl. Abyss. 1: 253. 1847) 由 Richard 同时发表，均伴有问号（"*Besenna* ?"和"*Besenna anthelmintica* ? Nob."）。Richard 的不确定性是由于缺乏花或果供研究，虽然如此，他接受这些名称，与 *Besenna* 一并在索引（[469] 页）中如此列出（即不是斜体）。

36.2. 一个名称不能仅通过提及包括在所涉分类群的从属分类群而被合格发表。

例 9. 科的称谓"*Rhaptopetalaceae*" 未被 Pierre (in Bull. Mens. Soc. Linn. Paris 2: 1296. May 1897)合格发表，他仅提及组成的属 *Brazzeia* Baill、*Rhaptopetalum* Oliv.和"*Scytopetalum*"，但没有给出描述或特征集要；该科的描述发表在名称 *Scytopetalaceae* Engl. (in Engler & Prantl, Nat. Pflanzenfam., Nachtr. 1: 242. Oct 1897)下。

例 10. 属的称谓"*Ganymedes*"未被 Salisbury (in Trans. Hort. Soc. London 1: 353–355. 1812) 合格发表，他仅提及包含的 3 个种，但未提供属的描述或特征集要。

36.3. 1953 年 1 月 1 日或之后，当基于相同模式的两个或多个不同名称被同一作者同时接受给同一分类群且被该作者在同一出版物中作为选择而接受时（所谓的互用名称），如果是新的，它们中无一被合格发表。这一规则不适用于那些同一组合同时在不同等级上的种下分类群或属内次级区分的情形（见辅则 22A.1、22A.2 和 26A.1–3），也不适用于条款 F.8.1 中规定的名称。

例 11. 被 Ducke (in Arch. Jard. Bot. Rio de Janeiro 3: 23–29. 1922)描述的 *Brosimum* Sw.的物种发表时，伴有在脚注（23–24 页）中添加的在 *Piratinera* Aubl.下的互用名称，Ducke 在

其中指出了这些名称根据竞争的（选择性的）《美国法规》的可接受性。由于它产生于 1953 年 1 月 1 日之前，两组名称的发表是合格的。

例 12. "*Euphorbia jaroslavii*" (Poljakov in Bot. Mater. Gerb. Bot. Inst. Komarova Akad. Nauk SSSR 15: 155. 1953)发表时伴有一个选择性的称谓"*Tithymalus jaroslavii*"；二者均未被合格发表。然而，其中一个名称 *Euphorbia yaroslavii*（具有不同的转写首字母）是由 Poljakov (in Bot. Mater. Gerb. Bot. Inst. Komarova Akad. Nauk SSSR 21: 484. 1961) 合格发表的，他提供了对较早的出版物直接完整的引证并放弃对 *Tithymalus* 的指定。

例 13. Freytag (in Sida Bot. Misc. 23: 211. 2002)使用单个特征集要和指定了单个有意的主模式发表了 *Phaseolus leptostachyus* "var. *pinnatifolius* Freytag forma *purpureus* Freytag, var. et forma nov."。该特征集要是提供给 *P. leptostachyus* f. *purpureus* 而不是"*P. leptostachyus* var. *pinnatifolius*"，在同一篇文章中，Freytag 在后者条件下认可了第二个变型。变种称谓"*pinnatifolius*"因而是一个裸名，未被合格发表。

例 14. Hitchcock (in Univ. Washington Publ. Biol. 17(1): 507–508. 1969)使用名称 *Bromus inermis* 〔无芒雀麦〕subsp. *pumpellianus* (Scribn.) Wagnon，并提供了对其基名 *B. pumpellianus* Scribn. (in Bull. Torrey Bot. Club 15: 9. 1888)完整且直接的引证。在该亚种内，他认可了一些变种，其中之一被他命名为 *B. inermis* var. *pumpellianus*（无作者引用，但明显基于相同基名和模式）。他这样做满足了对 *B. inermis* var. *pumpellianus* (Scribn.) C. L. Hitchc. 合格发表的要求。

条款 37

37.1. 1953 年 1 月 1 日或之后发表的未清楚指明分类群等级的名称不是合格发表的。

37.2. 对于发表于 1887 年 1 月 1 日或之后的属以上的名称，使用一个条款 16.3、17.1、18.1、19.1 和 19.3 中规定的词尾[1]可接受为指明相应等级，除非这，（a）将与分类群明确指定的等级冲突，（b）将导致一个违反条款 5 的等级序列（此情形应用条款 37.6），或（c）将导致在一个等级序列中同一等级指示术语出现在多于一个等级阶元位置上。

例 1. Jussieu (in Mém. Mus. Hist. Nat. 12: 497. 1827)提出 *Zanthoxyleae* 时，未指定等级。因为它发表于 1887 年之前，尽管他使用了现在给予族的词尾（-eae），该名称是无等级的。然而，因为 Dumortier 指定了其等级，*Zanthoxyleae* Dumort.〔花椒族〕(Anal. Fam. Pl.: 45. 1829)是族的名称。

---

1 条款 16.3、17.1、18.1、19.1 和 19.3 中规定的词尾为：-*phyta*（藻类和植物的门）、-*mycota*（菌物的门）、-*phytina*（藻类和植物的亚门）、-*mycotina*（菌物的亚门）、-*phyceae*（藻类的纲）、-*mycetes*（菌物的纲）、-*opsida*（植物的纲）、-*phycidae*（藻类的亚纲）、-*mycetidae*（菌物的亚纲）、-*idea*（植物的亚纲）、-*ales*（目）、-*ineae*（亚目）、-*aceae*（科）、-*oideae*（亚科）、-*eae*（族）和-*inae*（亚族）。

例 2. Nakai (Chosakuronbun Mokuroku [Ord. Fam. Trib. Nov.]. 1943)合格发表了名称 *Parnassiales*〔梅花草目〕、*Lophiolaceae*、*Ranzanioideae* 和 *Urospatheae*。尽管他未明确提及这些等级，但他通过使用它们的词尾指明了各自目、科、亚科和族的等级。

37.3. 如果满足合格发表的其他所有要求，发表于 1953 年 1 月 1 日前的未明确指明其等级的名称是合格发表的；然而，除了同名性（见条款 53.3）外，它在优先权方面没有效力。如果它是新分类群的名称，它可用作后来在确定等级上的新组合、新等级名称或替代名称的基名或被替代异名。

例 3. 无等级类群"*Soldanellae*"、"*Sepincoli*"、"*Occidentales*"等被 House (in Muhlenbergia 4: 50. 1908)发表在 *Convolvulus* L.〔旋花属〕下。名称 *C.* [unranked〔无等级的〕] *Soldanellae* House 等是合格发表的名称，但是除了根据条款 53.3 的同名性目的外，在优先权方面没有地位。

例 4. 在 *Carex* L.〔薹草属〕中，加词 *Scirpinae* 被 Tuckerman (Enum. Meth. Caric.: 8. 1843) 用于无等级的属内次级区分的名称；该分类群被 Kükenthal (in Engler, Pflanzenr. IV. 20 (Heft 38): 81. 1909)指定为组的等级，其名称于是被引用为 *Carex* sect. *Scirpinae* (Tuck.) Kük. (*C.* [unranked〔无等级的〕] *Scirpinae* Tuck.)。

例 5. Loesener 发表的"*Geranium andicola* var. vel forma *longipedicellatum*" (Bull. Herb. Boissier, ser. 2, 3(2): 93. 1903)具有不明确的种下等级指示。该名称正确地引用为 *G. andicola* [unranked] *longipedicellatum* Loes。该加词被用在后来的一个组合 *G. longipedicellatum* (Loes.) R. Knuth (in Engler, Pflanzenr. IV. 129 (Heft 53): 171. 1912)中。

37.4. 如果在一部早于 1890 年 1 月 1 日的整个出版物（条款 37.5）中仅承认一个种下等级，则它被视为变种等级，除非这与作者在同一出版物中的陈述相悖。

37.5. 在指明等级方面，在同一标题下且被同一作者发表的所有出版物，如不同时间发行的同一植物志的不同部分（但不是同一著作的不同版本），必须视为是整体，且包括在该著作中做出的指定分类群等级的任何说明必须视为它如同已与最早的部分一并发表。

例 6. 在 Link 的 *Handbuch* (1829–1833)中，等级指示术语"O."（ordo〔目〕）被用在所有三卷中。因为在第三卷（272、337 页；见条款 18 注释 3）中，科这一术语被用于真菌目〔order *Fungi*〕下的 *Agaricaceae*〔伞菌科〕和 *Tremellaceae*〔银耳科〕，这些目的名称不能视为已被作为科的名称发表（条款 8.12）。尽管第三卷（1833 年 7 月–9 月 29 日）晚于第一卷和第二卷（1829 年 7 月 4–11 日）出版，这适用于 *Handbuch* 的所有三卷。

37.6. 如果被给予一个其等级同时由一个与条款 5 相悖的误置术语〔misplaced term〕指示的分类群，名称不是合格发表的。此类误置包括变型分为变种、种包含属以及属包含科或族（但见条款 F.4.1）。

37.7. 只有那些发表时具有必须移除等级指示术语以实现恰当的等级次序的名称，被视为是不合格发表的。在术语转换（如科–目顺序）的情形下，且恰当的等级次序可通过移除一个或两个等级指示术语而实现时，无一等级的名称为合格发表，除非一个为次要等级（条款 4.1）而另一个为主要等级（条款 3.1），如科–属–族顺序的情形中，仅发表在次要等级上的名称不是合格发表的。

例 7. 因为 Brown 将术语"sectio〔组〕"误用于高于属的等级，"Sectio *Orontiaceae*" (Brown, Prodr.: 337. 1810)不是合格发表的名称。

例 8. 因为 Huth 将术语"tribus〔族〕"误用于 *Delphinium*〔翠雀属〕属内低于组的等级，"Tribus *Involuta*"和"tribus *Brevipedunculata*" (Huth in Bot. Jahrb. Syst. 20: 365, 368. 1895)不是合格发表的名称。

ⓘ **注释 1.** 在分类序列中连贯使用相同的等级指示术语不代表误置等级指示术语。

例 9. Danser (in Recueil Trav. Bot. Néerl. 18: 125–210. 1921)在 *Polygonum*〔蓼属〕的处理中发表了 10 个新亚种的名称，在其中，他在亚种（用阿拉伯数字指示）中认可亚种（用罗马数字指示）。这些不代表误置等级指示术语，条款 37.6 不适用，且这些名称是合格发表的。

37.8. 相同或等同的等级指示术语在分类学次序中用于多于一个非连续的位置上的情形表示等级指示术语的非正式用法〔informal usage〕。发表时具有此类等级指示术语的名称处理为是无等级的（见条款 37.1 和 37.3；也见条款 16 注释 1）。

例 10. Bentham & Hooker (Gen. Pl. 1–3. 1862–1883)发表的具有术语"series〔系〕"的名称被处理为无等级的，因为这个术语被用于分类学次序中的 7 个不同等级阶元位置上。因此，在 *Rhynchospora*〔刺子莞属〕(3: 1058–1060. 1883)中属–"系"–组的次序不包含误置的等级指示术语。

第二节　新分类群的名称

条款 38

38.1. 为了合格发表，新分类群的名称（见条款 6.9）必须，（a）伴有该分类群的描述或特征集要（也见条款 38.7 和 38.8），或在原白中未提供时，伴有引证（条款 38.13）之前有效发表的描述或特征集要（除在条款 13.4 和 H.9 的规定外；也见条款 14.9 和 14.14）；和（b）遵守条款 32–45 和 F.4–F.5 的相关规定。

ⓘ **注释 1.** 条款 38.1 的例外是林奈首先发表在 *Species plantarum*〔《植物种志》〕第一

版（1753）和第二版（1762–1763）中的属名，它们被处理为在这些著作中已被合格发表，尽管其合格化描述后来分别发表在 *Genera plantarum*〔《植物属志》〕第五版（1754）和第六版（1764）中（见条款 13.4）。

38.2. 分类群的特征集要〔diagnosis〕是依其作者观点将该分类群区别于其他分类群的陈述。

例 1. "*Egeria*" (Néraud in Gaudichaud, Voy. Uranie, Bot.: 25, 28. 1826)发表时既无描述或特征集要，也未引证之前的描述或特征集要（因而是裸名〔nomen nudum〕）；它未被合格发表。

例 2. "*Loranthus macrosolen*"最初出现在约 1843 年伴随来自 Schimper 的"Abyssinische Reise"的一批标本馆标本（Sect. II, No. 529, 1288）分发的印刷标签上，无描述或特征集要。当 Richard 提供了描述时，名称 *L. macrosolen* Steud. ex A. Rich. (Tent. Fl. Abyss. 1: 340. 1848)被合格发表。

***例 3.** 在 Don 的 *Sweet's Hortus britannicus* 第三版（1839）中，以列表形式对每个列入的种提供了花的颜色、植株的存续时间和种加词的英文翻译。在很多属中，所有种的花色和存续时间可能是完全相同的，且提及它们显然不是有意作为合格化描述或特征集要。因此，除了对较早的描述或特征集要做出引证的一些情形外，出现在该著作中的新分类群的名称未被合格发表。

例 4. "*Crepis praemorsa* subsp. *tatrensis*" (Dvořák & Dadáková in Biológia (Bratislava) 32: 755. 1977)发表时伴有 "a subsp. *praemorsa* karyotypo achaeniorumque longitudine praecipue differ〔与 subsp. *praemorsa* 不同主要在于核型结构和长度〕"。这一陈述说明了区别两个分类群的特征，但未说明这些特征如何区别，因此，它未满足条款 38.1(a)对"描述或特征集要"的要求。

例 5. 属名 *Epilichen* Clem. (Gen. Fungi: 69, 174. 1909)的合格发表是通过检索特征"parasitic on lichens〔寄生于地衣上〕"（与 *Karschia* 的 "saprophytic〔腐生的〕"对比）和拉丁文特征集要 "*Karschia lichenicola*〔生长于地衣上的 *Karschia*〕"，指之前包括在 *Karschia* 属内的种具有生长在地衣上的能力。尽管提供如此贫乏的特征集要不是好的做法，依 Clements 的观点，这些陈述将该属与其他属相区别。

例 6. *Iresine borschii* Zumaya & Flores Olv. (in Willdenowia 46: 166. 2016)的原白包括形态的和分子的特征集要。它们均为特征集要，因为它们指明了依作者观点该新种的特征如何区别于其他分类群。

ⓘ 注释 2. 鉴于特征集要必须由一个或多个描述性的陈述（条款 38.2 和 38.3）组成，合格化描述（条款 38.1）不需是鉴别性的。

38.3. 对诸如纯美学特征、经济的、医学或烹饪用途、文化意义、栽培技术、地理起源或地质年代等描述性特性的陈述不满足条款 38.1（a）的要求。

例 7. "*Musa basjoo*"〔芭蕉〕(Siebold in Verh. Bat. Genootsch. Kunsten 12: 18. 1830)发表时伴

有 "Ex insulis Luikiu introducta, vix asperitati hiemis resistens. Ex foliis linteum, praesertim in insulis Luikiu ac quibusdam insulis provinciae Satzuma conficitur. Est haud dubie linteum, quod Philippinis incolis audit Nippis.〔引种自琉球群岛，冬天几乎不能存活。特别是，琉球群岛尤其是 Satzuma 省用叶来制作麻线。毫无疑问，当地菲律宾人从日本人那里得知可作麻线〕"。这个陈述给出了有关经济用途（叶可制造麻线）、栽培下的耐寒性（冬天几乎不能存活）和地理来源（引自琉球群岛）等信息，但是，因为仅提及 "叶" 的特性而无描述性信息，它并不满足条款 38.1(a)对"描述或特征集要"的要求。*Musa basjoo* Siebold & Zucc. ex Iinuma 后来被 Iinuma (Sintei Somoku Dzusetsu [Illustrated Flora of Japan]〔日本植物图鉴〕, ed. 2, 3: ad t. 1. 1874)合格发表时伴有花的细节和日文描述。

38.4. 当对描述性陈述是否满足条款 38.1（a）对"描述或特征集要"的要求有疑问时，可向总委员会提交决定请求，该委员会将它指派给合适的分类群专家委员会审查（见第三篇规程 2.2、7.9 和 7.10）。总委员会关于相关名称是否为合格发表的建议于是可以提交给国际植物学大会，如果被批准，它将成为具有追溯既往之效的约束性决定〔binding decision〕。这些约束性决定被列入附录 VI 中。

例 **8.** *Ascomycota* Caval.-Sm.〔子囊菌门〕(in Biol. Rev. 73: 247. 1998, 为"*Ascomycota* Berkeley 1857 stat. nov.")作为一个门的名称发表，伴随特征集要 "sporae intracellulares〔孢子内生〕"。由于 Cavalier-Smith (l.c.)未提供对 Berkeley 的出版物(Intr. Crypt. Bot.: 270. 1857)中名称 *Ascomycetes*〔子囊菌纲〕[not *Ascomycota*]的完整且直接的引证，*Ascomycota* 的合格发表取决于是否满足条款 38.1（a）的要求，以及根据条款 38.4 提出的约束性决定的请求。菌物命名委员会做出结论(in Taxon 59: 292. 2010)，条款 38.1(a)得到了最低程度的满足并建议了 *Ascomycota* 为合格发表的约束性决定。这得到了总委员会(in Taxon 60: 1212. 2011)的赞成并被 2011 年墨尔本第 18 届国际植物学大会批准（见附录 VI）。

例 **9.** *Brugmansia aurea* Harrison (Floric. Cab. & Florist's Mag. 5: 144. 1837)是在一篇参观公园的报告中描述的，包括 "植株高约 2 英尺"和花 "大约与 B. sanguinea 等大，但更富有金黄色"，并与 "一个较差的类型……该种的花是暗浅黄色"比较。已做出该名称为合格发表的约束性决定（见附录 VI）。

38.5. 属和种的名称可通过提供单个描述（属–种联合描述〔descriptio generico-specifica〕）或特征集要而同时被合格发表，即使这可能原本只是作为属或种的，如果满足下列全部条件：（a）该属在当时是单型的（见条款 38.6）；（b）无基于同一模式的其他名称（在任何等级）在之前已被合格发表；以及，（c）该属和种的名称在其他方面满足合格发表的要求。属–种联合描述必须伴随该分类群的名称描述；引证较早描述或特征集要来代替是不可接受的。

38.6. 就条款 38.5 而言，单型属是在其内仅有一个双名〔binomial〕被合格发表的属，即使作者可能指出其他种可归属于该属。

例 10. Nylander (in Flora 62: 353. 1879)在新属"*Anema*"中描述了新种"*A. nummariellum*"，未提供属的描述或特征集要。由于在同一出版物中(l.c.: 354. 1879)，他写道"Affine *Anemati nummulario* (DR.) Nyl., ...〔近缘于 *Anemati nummulario* (DR.) Nyl.〕"，这是在"Anema"中基于 *Collema nummularium* Dufour ex Durieu & Mont. (Expl. Sci. Algérie 1: 200. 1846–1847)的有意新组合，他的称谓无一被合格发表。这些名称后被 Forssell (Beitr. Gloeolich.: 40, 91, 93. 1885)合格发表。

例 11. 尽管拉丁文描述仅提供在属名下，*Kedarnatha* P. K. Mukh. & Constance (in Brittonia 38: 147. 1986)和 *K. sanctuarii* P. K. Mukh. & Constance 均为合格发表，后者是指定在新属内的唯一一新种。

例 12. *Piptolepis phillyreoides* Benth. (Pl. Hartw.: 29. 1840)是归隶于单型新属 *Piptolepis* 的新种。两个名称是伴随属和种的联合描述而合格发表的。

例 13. 在发表"*Phaelypea*"时，无属的描述或特征集要，Browne (Civ. Nat. Hist. Jamaica: 269. 1756)包括并描述了唯一的种，但他给予该种一个短语名称而不是合格发表的双名。因此，条款 38.5 并不适用，并且"*Phaelypea*"不是一个合格发表的名称。

38.7. 就条款 38.5 而言，1908 年 1 月 1 日之前，具分解图的图示（见条款 38.9 和 38.10）可接受代替文字的描述或特征集要。

例 14. 属名 *Philgamia* Baill. (in Grandidier, Hist. Phys. Madagascar 35: t. 265. 1894)是合格发表的，因为它出现在仅包括种 *P. hibbertioides* Baill.的具分解图的图版中。

38.8. 即使仅伴随具分解图的图示（见条款 38.9 和 38.10），发表于 1908 年 1 月 1 日前的新的种或种下分类群名称可被合格发表。

例 15. 当"*Polypodium subulatum*" (Vellozo, Fl. Flumin. Icon. 11: ad t. 67. 1831)发表时，仅提供了一片羽片部分的图示，而无分解图，因此，这幅绘图未满足条款 38.8 的规定，该称谓在那里未被合格发表。当 Vellozo 的蕨类物种描述（in Arch. Mus. Nac. Rio de Janeiro 5: 447. 1881）发表时，名称 *P. subulatum* Vell.被合格发表。

38.9. 就本《法规》而言，分解图〔analysis〕是通常未与有机体的主图示分开的一张图或一组图（尽管通常在同一页面或图版中），用以展示有助于鉴定的细节，有或无单独的图注（也见条款 38.10）。

例 16. *Panax nossibiensis* Drake (in Grandidier, Hist. Phys. Madagascar 35: t. 406. 1896)是合格发表在一幅包括花结构细节的具分解图的图版中。

38.10. 除维管植物外的有机体，展示有助于鉴定细节的单个图被视为具分解图的图示（也见条款 38.9）。

例 17. 硅藻的名称 *Eunotia gibbosa* Grunow (in Van Heurck, Syn. Diatom Belgique: t. 35, fig. 13.1881)是通过提供单个壳面的图而被合格发表。

38.11. 就新分类群名称的合格发表而言,引证之前有效发表的描述或特征集要限制如下：（a）对于科或科内次级区分的名称，较早的描述或特征集要必须是科或科内次级区分的；（b）对于属或属内次级区分的名称，较早的描述或特征集要必须是属或属内次级区分的；以及（c）对于种或种下分类群的名称，较早的描述或特征集要必须是种或种下分类群的（但见条款 38.12）。

例 18. 由于无拉丁文描述或特征集要，也没有引证二者之一，"*Pseudoditrichaceae* fam. nov." (Steere & Iwatsuki in Canad. J. Bot. 52: 701. 1974)不是合格发表的科的名称，但是，仅提及唯一包括的属和种（条款 36.2）为"*Pseudoditrichum mirabile* gen. et sp. nov."，根据条款 38.5，其中属和种的名称以单个拉丁文特征集要而均被合格发表。

例 19. *Scirpoides* Ség. (Pl. Veron. Suppl.: 73. 1754)发表时无属的描述或特征集要。通过间接引证（通过该书的标题及在前言中的总陈述）属的特征集要和进一步直接引证 Séguier (Pl. Veron. 1: 117. 1745)中的特征集要，它被合格发表。

例 20. 由于条款 38.11 未对等级高于科的名称设置限制，*Eucommiales*〔杜仲目〕Němejc ex Cronquist (Integr. Syst. Class. Fl. Pl.: 182. 1981)是被 Cronquist 合格发表的，他提供了对与属名 Eucommia Oliv.〔杜仲属〕(in Hooker's Icon. Pl. 20: ad t. 1950. 1890)相关联的拉丁文描述的完整且直接引证。

38.12. 通过引证（直接或间接；见条款 38.13 和 38.14）属的描述或特征集要，一个新种的名称可被合格发表，如果满足下列条件：（a）该属的名称与其描述或特征集要之前或同时被合格发表，以及（b）不论是该属的名称的作者，还是种的名称的作者，均未指出多于一个种隶属于所讨论中的属。

例 21. *Trilepisium* Thouars (Gen. Nov. Madagasc.: 22. 1806)通过属的描述而被合格化，但未提及一个种的名称。*Trilepisium madagascariense* DC. (Prodr. 2: 639. 1825)随后被提出，无种的描述或特征集要，而跟随该属名伴有对 Thouars 的引证。无一作者给出在该属中有多于一个种的任何指示。因此，Candolle 的种名是合格发表的。

38.13. 就新分类群名称的合格发表而言,引证之前有效发表的描述或特征集要可以是直接或间接的（条款 38.14）。然而，对于在 1953 年 1 月 1 日或之后发表的名称，它必须如条款 41.5 所规定的是完整且直接的。

38.14. 间接引证〔indirect reference〕是指通过作者引用或其他方式明确地（即使是隐含地）指示应用之前有效发表的描述或特征集要。

例 22. "*Kratzmannia*" (Opiz in Berchtold & Opiz, Oekon.-Techn. Fl. Böhm. 1: 398. 1836)发表时有特征集要，但并未被作者明确接受，且因此根据条款 36.1 未被合格发表。然而，缺少描述或特征集要的 *Kratzmannia* Opiz (Seznam: 56. 1852)被明确接受，且它引用为"*Kratzmannia* O."构成对 Opiz 于 1836 年发表的特征集要的间接引证。

辅则 38A

38A.1. 新分类群的名称不应仅以引证发表于 1753 年前的描述或特征集要而被合格化。

辅则 38B

38B.1. 当为新分类群名称的合格发表提供描述时，也应提供单独的特征集要。

38B.2. 未提供单独的特征集要时，任何新分类群的描述应提及该分类群区别于其他分类群的要点。

辅则 38C

38C.1. 命名新分类群时，作者不应采用之前已发表给其他分类群但未被合格发表的名称。

辅则 38D

38D.1. 对新分类群描述或作特征集要时，作者在可能时应提供具结构细节的图，以有助于鉴定。

38D.2. 作者应在图的解释中指明其所基于的标本。

38D.3. 作者应清楚而准确地指明其发表的图的比例尺。

辅则 38E

38E.1. 在对寄生有机体（特别是菌物）的新分类群描述或作特征集要时，通常应跟随指明其寄主。寄主应以其学名指明，而非仅是其应用常产生歧义的现代语言中的名称。

条款 39

39.1. 为了合格发表，发表于 1935 年 1 月 1 日和 2011 年 12 月 31 日之间（均含）的新分类群（藻类和化石除外）的名称必须伴随有拉丁文描述或特征集要、或引证（条款 38.13）之前有效发表的拉丁文描述或特征集要（但见条款 H.9；对化石见条款 43.1；对藻类见条款 44.1）。

例 1. 发表时具有德文而不是拉丁文描述或特征集要的 *Arabis* "Sekt. *Brassicoturritis* O. E. Schulz" 和 *A.* "Sekt. *Brassicarabis* O. E. Schulz" (in Engler & Prantl, Nat. Pflanzenfam., ed. 2, 17b: 543–544. 1936)，不是合格发表的名称。

例 2. "*Schiedea gregoriana*" (Degener, Fl. Hawaiiensis, fam. 119. 9 Apr 1936)伴有英文而非拉丁文描述，且因此不是合格发表的名称。其模式为 Degener 使用材料的一部分的 *Schiedea kealiae* Caum & Hosaka (in Occas. Pap. Bernice Pauahi Bishop Mus. 11(23): 3. 10 Apr 1936)提供了一个拉丁文描述，并且是合格发表的。

例 3. 当提供了 Emberger 的原始法文描述的拉丁文翻译时(in Willdenowia 15: 62–63. 1985)，首次发表时无拉丁文描述或特征集要的 *Alyssum flahaultianum* Emb. (in Bull. Soc. Hist. Nat. Maroc 15: 199. 1936)在作者去世后被合格发表。

39.2. 为了合格发表，在 2012 年 1 月 1 日或之后发表的新分类群的名称必须伴有拉丁文或英文描述或特征集要或引证（见条款 38.13）之前有效发表的拉丁文或英文描述或特征集要（对化石也见条款 43.1）.

辅则 39A

39A.1. 除特征集要外，作者发表新分类群的名称时应提供或引用拉丁文或英文的完整描述。

条款 40

40.1. 仅当指明名称的模式时， 1958 年 1 月 1 日或之后发表的属或以下等级的新分类群名称才是合格的（见条款 7–10；但对某些杂种的名称见条款 H.9 注释 1）。

40.2. 对于新的种或种下分类群的名称，即使如条款 8 所定义的，它包括 2 份或多份标本，条款 40.1 所要求的指明模式可通过引证一个完整采集或其部分而实现（但见条款 40.7）。

例 1. Cheng〔诚静容〕描述"*Gnetum cleistostachyum*"〔闭苞买麻藤〕(in Acta Phytotax. Sin. 13(4): 89. 1975)时，因为两个采集被指定为模式，即 *K. H. Tsai*〔蔡克华〕*142*（为"♀ Typus〔雌株模式〕"）和 *X. Jiang*〔江心〕*127*（为"♂ Typus〔雄株模式〕"），该名称未被合格发表。

❶ **注释 1.** 当以引证多于 1 份标本组成的整个采集或其部分指明模式时，那些标本为合模式（见条款 9.6）。

例 2. *Laurentia frontidentata* E. Wimm. (in Engler, Pflanzenr. IV. 276 (Heft 108): 855. 1968)的原白包括模式陈述 "*E. Esterhuysen No. 17070!* Typus – Pret., Bol."。尽管提及在两个不同标本馆中的复份标本（合模式），且条款 40.7 不适用，因为引用了单个采集，该名称是合格发表的。

例 3. Radcliffe-Smith (in Gen. Croton. Madag. Comoro: 169. 2016)指明 *Croton nitidulus* var. *acuminatus* Radcl.-Sm.的模式为 "*Cours 4871* (holotypus P)"。在标本馆 P 中，*Cours 4871* 有 4 个复份。因为在单个标本馆中的单个采集被指明为模式，该名称是合格发表的。这些标本是合模式，它们中的 1 份后来被 Berry & al. (in Phytokeys 90: 69. 2017)指定为后选模式。

40.3. 对于新的属或属内次级区分的名称，即使那个成分未被明确地指定为模式，（直接或间接地）引证单个种名，或引用单个之前或同时发表的种名的主模式或后选模式，可接受为指明模式（也见条款 10.8；但见 40.6）。就条款 40.1 而言，即使那个成分未被明确指定为模式，提及单个标本或采集（条款 40.2）或图示，可接受为指明一个新的种或种下分类群的名称的模式（但见条款 40.6）。

例 4. Guillaumin (in Mém. Mus. Natl. Hist. Nat., B, Bot. 8: 260. 1962)发表 "*Baloghia pininsularis*" 时引用了两个采集：*Baumann 13813* 和 *Baumann 13823*。因为作者未指定它们中一个为模式，该称谓未被合格发表。当 McPherson & Tirel (Fl. Nouv.-Calédonie & Dépend. 14: 58. 1987)写道 "Lectotype (désigné ici〔在此指定〕): *Baumann-Bodenheim 13823* (P!; iso-, Z)"并同时提供了对 Guillaumin 的拉丁文描述的完整且直接的引证时（条款 33.1；见条款 46 例 22），实现了名称 *B. pininsularis* Guillaumin 的合格发表；根据条款 9.10，McPherson & Tirel 使用的 "lectotype 〔后选模式〕"可更正为 "holotype〔主模式〕"。

❶ **注释 2.** 仅引用地名不构成提及单个标本或采集。必须具体引证一些与实际模式相关的细节，例如，采集人的姓名、采集号或日期，或唯一的标本标识码。

❶ **注释 3.** 保存在新陈代谢不活跃状态的藻类和菌物的培养物可接受为模式（条款 8.4,；也见辅则 8B 和条款 40.8）。

40.4. 就条款 40.1 而言，在 2007 年 1 月 1 日前，新的种或种下分类群（化石除外：见条款 8.5）的名称的模式可为一幅图示；在那一日期或之后，模式必须是一份标本（条款 40.5 中规定的除外）。

例 5. "*Dendrobium sibuyanense*" (见条款 8 例 11)描述时指明以一个活的收集物为模式，且因此未被合格发表。后来，Lubag-Arquiza & Christenson (in Orchid Digest 70: 174. 2006)指定一幅已发表的绘图为 "lectotype〔后选模式〕"，违反自 1990 年 1 月 1 日起命名新种时不允许使用术语 "lectotype〔后选模式〕"的条款 40.6，它未被合格发表。因为在 2007 年 1 月 1 日后他们指明这幅绘图为主模式是条款 40.4 所阻止的，当 Clements & Cootes (in Orchideen J. 16: 27–28. 2009)给这个分类群以 "*Euphlebium sibuyanense*" 发表时，仍未实现合格发表。

40.5. 就条款 40.1 而言，如果标本保存存在技术困难或不可能保存一份显示该名称作者归予该分类群特征的标本时，微型藻类或微型菌物（化石除外：见条款 8.5）的新的种或种下分类群的名称的模式可为一幅有效发表的图示。

例 6. Lücking & Moncada (in Fungal Diversity 84: 119–138. 2017) 引入"*Lawreymyces*" 和 7 个有意的微型菌物的种名时，使用内部转录间隔区（ITS）的 DNA 碱基鉴别性序列表达作为有意的模式。因为它们不是有机体特征的描述，根据条款 6.1 脚注，这些表达不是图示，而且，这些有意的名称因此未被合格发表。

40.6. 对于在 1990 年 1 月 1 日或之后发表的属或以下等级的新分类群名称，指定模式必须包括单词 "typus〔模式〕" 或 "holotypus〔主模式〕" 之一，或其缩写，或其在现代语言中的等同语（也见辅则 40A.1 和 40A.4）。但是，在新的单型（如条款 38.6 所定义的）属或属内次级区分的名称及同时发表的新种名称的情形下，指明种名的模式即足够。

例 7. Stephenson 描述"*Sedum mucizonia* (Ortega) Raym.-Hamet subsp. *urceolatum*" (in Cact. Succ. J. (Los Angeles) 64: 234. 1992)时，因为在原白中缺少对于发表在 1990 年 1 月 1 日或之后的名称要求的指示 "typus〔模式〕" 或 "holotypus〔主模式〕" 或其缩写，或其在现代语言中的等同语，该名称未被合格发表。

40.7. 对于在 1990 年 1 月 1 日或之后发表的其模式为一份标本或一幅未发表的图示的新的种或种下分类群的名称，必须指定该模式保存的唯一标本馆、收藏机构或研究机构（也见辅则 40A.5 和 40A.6）。

例 8. 在 *Setaria excurrens* var. *leviflora* Keng ex S. L. Chen〔光花狗尾草〕(in Bull. Nanjing Bot. Gard. 1988–1989: 3. 1990)的原白中，采集 *Guangxi Team*〔广西队〕*4088* 被指明为 "模式" [type]，且指定该模式保存的标本馆为 "中国科学院植物研究所标本室" [Herbarium, Institute of Botany, The Chinese Academy of Sciences]，即 PE。

ⓘ 注释 4. 指定标本馆、收藏机构或研究机构可使用缩写形式，如在 Index Herbariorum〔标本馆索引〕(http://sweetgum.nybg.org/science/ih/)或 *World directory of collections of cultures of microorganisms*〔世界微生物培养物收藏机构目录〕中所给出的。

例 9. 当't Hart 描述"*Sedum eriocarpum* subsp. *spathulifolium*" (in Ot Sist. Bot. Dergisi 2(2): 7. 1995)时，因为未指定该主模式标本保存的标本馆、收藏机构或研究机构，该名称未被合格发表。当't Hart (in Strid & Tan, Fl. Hellen. 2: 325. 2002)写道 "Type … 't Hart HRT-27104 … (U)" 并提供了对其之前发表的拉丁文特征集要的完整且直接引证（条款 33.1）时，实现了合格发表。

40.8. 对于在 2019 年 1 月 1 日或之后发表的其模式是培养物的新的种或种下分类群名称，原白必须包括该培养物保存在新陈代谢不活跃状态的陈述。

辅则 40A

40A.1. 指明命名模式应紧跟描述或特征集要，且应包括拉丁文单词 "typus〔模式〕"

或"holotypus〔主模式〕"。

40A.2. 强烈主张提出新的科或科内次级区分的名称的作者确保该新名称所构自的属名其本身被有效地模式标定（见条款 7 和 10），如有必要，根据条款 7 和 10（也见辅则 40A.3）的相关规定为该属名指定一个模式。

40A.3. 对于新的属或属内次级区分的名称，作者应引用提供了该新名称模式（条款 10.1）的种名的模式（见条款 7–9），而且，如有必要，根据条款 7 和 9 的相关规定为该种名指定模式。

40A.4. 新的种或种下分类群的名称的模式标本细节应以拉丁文字母发表。

40A.5. 保存的标本馆、收藏机构或研究机构的指定应跟随任何永久且毫不含糊地识别该主模式标本的可用编号。

> **例 1.** *Sladenia integrifolia* Y. M. Shui & W. H. Chen (in Novon 12: 539. 2002)的模式被指定为"*Mo Ming-Zhong*〔莫明忠〕, *Mao Rong-Hua*〔毛荣华〕& *Yu Zhi-Yong*〔喻智勇〕*05* (holotype, KUN 0735701; isotypes, MO, PE)"，此处，KUN No. 0735701 是主模式台纸在昆明植物研究所标本馆（KUN）的唯一标识码。

40A.6. 引用保存的标本馆、收藏机构或研究机构应使用在条款 40 注释 4 中提及的标准之一，或当那些标准中未给予缩写形式时，应与地址一并完整提供。

第三节　新组合、新等级名称、替代名称

条款 41

41.1. 为了合格发表，新组合、新等级名称或替代名称必须伴有对基名或被替代异名的引证（见条款 6.10 和 6.11）。

41.2. 就新组合、新等级名称或替代名称的合格发表而言，适用下列限制：（a）对于科或科内次级区分的名称，基名或被替代异名必须是科或科内次级区分的名称；（b）对于属或属内次级区分的名称，基名或被替代异名必须是属或属内次级区分的名称；以及，（c）对于种或种下分类群的名称，基名或被替代异名必须是种或种下分类群的名称。

> **例 1.** *Thuspeinanta* T. Durand (Index Gen. Phan.: 703. 1888)是 *Tapeinanthus* Boiss. ex Benth. (in Candolle, Prodr. 12: 436. 1848) non Herb. (Amaryllidaceae: 190. 1837)的替代名称；*Aspalathoides* (DC.) K. Koch (Hort. Dendrol.: 242. 1853)基于 *Anthyllis* sect. *Aspalathoides* DC. (Prodr. 2: 169. 1825)。

例 2. Presley 未合格发表基于 *Cuscutales* Bercht. & J. Presl〔菟丝子目〕(Přir. Rostlin: 247. 1820, '*Cuscuteae*')的"*Cuscuteae*"〔菟丝子族〕(in Presl & Presl, Delic. Prag.: 87. 1822)为科的名称（见"Praemonenda", [3–4]页），因为前者是目的名称（见条款 18*例 5）。

41.3. 对于新组合、新等级名称或替代名称的合格发表，1953 年 1 月 1 日前，间接引证（见条款 38.14）基名或被替代异名即足够。因而，在基名或被替代异名引用中或在作者引用（条款 46）中的错误不影响此类名称的合格发表。

例 3. 在 Masamune (in Bot. Mag. (Tokyo) 51: 234. 1937)的一个名称目录中，*Persicaria runcinata* 被归予"(Hamilt.)"，但未给出更多信息。早前，名称 *Polygonum runcinatum* 已被 Don (Prodr. Fl. Nepal.: 73. 1825)合格发表，且在那里归属于"Hamilton MSS."。Masamune 提及的"Hamilt."被认为是对 Don 发表的基名的间接引证，因而，新组合 *Persicaria runcinata* (Buch.-Ham. ex D. Don) Masam.被合格发表。

例 4. 通过书写"*Hemisphace* Benth."，被视为是对基名 *Salvia* sect. *Hemisphace* Benth. (Labiat. Gen. Spec.: 193. 1833)的间接引证，Opiz 合格发表了新等级名称 *Hemisphace* (Benth.) Opiz (Seznam: 50. 1852)。

例 5. 新组合 *Cymbopogon martini* (Roxb.) Will. Watson (in Gaz. N.-W. Prov. India 10: 392. 1882)是通过隐含的注释"309"而合格发表，正如在同一页面顶端解释的那样，该数字是在 Steudel (Syn. Pl. Glumac. 1: 388. 1854)中该种（*Andropogon martini* Roxb.）的顺序号。尽管对基名 *A. martini* 的引证是间接的，但它是明确的（但见条款 33 例 1；也见辅则 60C.1）。

例 6. 在 The gardeners dictionary 第八版的前言中，Miller (1768)说明他已经对他给出的例子"除了在那些细节外，现完全应用林奈的方法……"。在正文中，他常在他自己属的标题下提及林奈的属，如在 *Opuntia* Mill.下提到 *Cactus* L. [pro parte〔部分的〕]。因此，恰当时，这可以假定为对林奈的双名的隐含引证，并且，Miller 的双名可接受为新组合（如基于 *C. ficus-indica* L.的 *O. ficus-indica* (L.) Mill.）或替代名称（如基于 *C. opuntia* L.的 *O. vulgaris* Mill.：这两个名称共用引证了 Bauhin & Cherler 的"Opuntia vulgo herbariorum"）。

例 7. 当 Haines (Forest Fl. Chota Nagpur: 530. 1910)发表名称 *Dioscorea belophylla* 时，他将该名称归予"Voight"。之前，Prain (Bengal Pl. 2: 1065, 1067. 1903)已合格发表了 *D. nummularia* var. *belophylla* Prain，引用"Voigt (sp.)"，显然是对裸名"*Dioscorea belophylla*" (Voigt, Hort. Suburb. Calcutt.: 653. 1845)的引证。Haines 提及的"Voight"被视为对 Prain 的变种名称的间接引证，并且，*D. belophylla* (Prain) Haines 因此被合格发表为新组合和新等级名称。

例 8. *Cortinarius collinitus* var. *trivialis* (J. E. Lange) A. H. Sm. (in Lloydia 7: 175. 1944)被合格发表为基于 *C. trivialis* J. E. Lange (Fl. Agaric. Danic. 5(Taxon. Consp.): iii 1940)的新组合；因为 Lange 未能提供拉丁文描述或特征集要，尽管 Smith 引证基名为"*C. trivialis* Lange 'Studies,' pt. 10: 24. 1935"，该名称在那里未被合格发表。

41.4. 对于 1953 年 1 月 1 日之前发表的属或属以下等级的名称,如果未给出对基名的引证,但满足了其作为新分类群名称或替代名称合格发表的条件,当这是作者被推定的意图且存在适用于同一分类群的潜在基名（条款 6.10）时，那个名称依然处理为新组合或新等级名称。

例 9. 在 Kummer 的 *Der Führer in die Pilzkunde* (1871)中，注释（第 12 页）解释了作者有意在属的等级上采用当时使用的 Fries 在当时的 *Agaricus*〔蘑菇属〕的次级区分，且该著作的总体排列如实跟随了 Fries 的排列，这被视为提供了对 Fries 较早的"tribes〔族〕"的名称作为基名的间接引证（见条款 F.4.1）。尽管这是 Kummer 的被推定的意图，他未真正地提及 Fries，而且他是否对基名给予任何（即使是间接的）引证是存疑的。虽然如此，即使当条款 41.3 不认为适用时，因为 Kummer 在检索表中提供了特征集要，且因此满足了对于新分类群的名称合格发表的条件，条款 41.4 判定了诸如 *Hypholoma* (Fr. : Fr.) P. Kumm.和 *H. fasciculare* (Huds. : Fr.) P. Kumm.等名称应接受为基于 Fries 的相应名称为基名（这里，*A.* "tribus" [unranked〔无等级的〕] *Hypholoma* Fr. : Fr.和 *A. fascicularis* Huds. : Fr.）的新组合或新等级名称。

例 10. 仅通过引证 Rheede (Hort. Malab. 4: t. 59. 1683)中与一个种的描述相关联的一幅图示，Roxburgh (Hort. Bengal.: 15. 1814)合格发表了 *Scaevola taccada*。即使在 Roxburgh 的原白中没有对 *L. taccada*（直接或间接）的引证，因为同一图示被引用在较早名称 *Lobelia taccada* Gaertn. (Fruct. Sem. Pl. 1: 119. 1788)的原白中，而且两个名称应用于同一种，*S. taccada* 处理为新组合 *S. taccada* (Gaertn.) Roxb.，而不是新种的名称。

例 11. 当 Moench (Methodus: 272. 1794)描述 *Chamaecrista*〔山扁豆属〕时，他未引证 *Cassia* [unranked〔无等级的〕] *Chamaecrista* L. (Sp. Pl.: 379. 1753; 见条款 32 例 1)，但使用了其加词作为属名并包括其模式 *Cassia chamaecrista* L.（引用在异名中）。因此，他发表了一个新等级名称 *Chamaecrista* (L.) Moench，而不是新属的名称。

例 12. *Cololejeunea*〔拟疣鳞苔属〕是 Stephani (in Hedwigia 30: 208. 1891)发表给一个之前已被描述为 *Lejeunea*〔细鳞苔属〕subg. *Cololejeunea* Spruce (in Trans. & Proc. Bot. Soc. Edinburgh 15: 79, 291. 1884)的分类群，但甚至没有间接引证 Spruce 的较早出版物。因为 Stephani 提供了 *C. elegans* Steph.的描述，根据条款 38.5，可接受为属-种联合描述，他满足了 *Cololejeunea* 作为一个单型属的名称合格发表的条件。因此，根据条款 41.4，*Cololejeunea* 应处理为是基于 Spruce 的亚属名称的新等级名称 *Cololejeunea* (Spruce) Steph.。

例 13. 当 Sampaio 发表"*Psoroma murale* Samp." (in Bol. Real Soc. Esp. Hist. Nat. 27: 142. 1927)时，他采用了已应用于同一分类群的名称 *Lichen muralis* Schreb. (Spic. Fl. Lips.: 130. 1771)的加词，未直接或间接引证那个名称。他在异名中引用了基于 *Lichen saxicola* Pollich (Hist. Pl. Palat. 3: 225. 1777)的 *Lecanora saxicola* (Pollich) Ach. (Lichenogr. Universalis: 431. 1810)。根据条款 41.4，*Psoroma murale* (Schreb.) Samp.应处理为基于 *Lichen muralis* 的新组合；否则，它将是 *Lichen saxicola* 的一个合格发表但不合法的替代名称。

41.5. 1953 年 1 月 1 日或之后，除非清楚地指明其基名或被替代异名，并给出对其作者和合格发表之处（包括页码或图版引证及日期）的完整且直接的引证

（但见条款 41.6 和 41.8），否则，新组合、新等级名称或替代名称不是合格发表的。2017 年 1 月 1 日或之后，除非引用了其基名和被替代异名，否则，新组合、新等级名称或替代名称不是合格发表的。

> **例 14.** 在将 *Ectocarpus mucronatus* D. A. Saunders 转移至 *Giffordia* 时，Kjeldsen & Phinney (in Madroño 22: 90. 27 Apr 1973)引用了基名及其作者，但未引证其合格发表之处。后来，通过给出该基名合格发表之处的完整且直接的引证，他们(in Madroño 22: 154. 2 Jul 1973)合格发表了新组合 *G. mucronata* (D. A. Saunders) Kjeldsen & H. K. Phinney。

ⓘ 注释 1. 就条款 41.5 而言，页码引证〔page reference〕（对于具有连续页码编排的出版物）是引证该基名或被替代异名合格发表或原白出现的页码，而不是整个出版物的页码，除非它与原白具有相同的范围。

> **例 15.** 当提出"*Cylindrocladium infestans*"时，Peerally (in Mycotaxon 40: 337. 1991)引用基名为"*Cylindrocladiella infestans* Boesew., Can. J. Bot. 60: 2288–2294. 1982"。由于这引用了 Boesewinkel 整篇文章的页码，而不是仅为有意基名的原白的页码，该组合未被 Peerally 合格发表。

> **例 16.** 因为它是在 2007 年 1 月 1 日之前做出，新组合 *Conophytum marginatum* subsp. *littlewoodii* (L. Bolus) S. A. Hammer (Dumpling & His Wife: New Views Gen. Conophytum: 181. 2002)是合格发表的，即使 Hammer 未引用基名（*C. littlewoodii* L. Bolus），而仅通过给出其合格发表之处的完整且直接的引证而指明它。

41.6. 对于发表于 1953 年 1 月 1 日或之后的名称，在基名或替代异名引用中的错误，包括不正确的作者引用（条款 46），但不是遗漏（条款 41.5），不妨碍新组合、新等级名称或替代名称的合格发表。

> **例 17.** *Aronia arbutifolia* var. *nigra* (Willd.) F. Seym. (Fl. New England: 308. 1969)发表为"基于 *Mespilus arbutifolia* L. var. *nigra* Willd., in Sp. Pl. 2: 1013. 1800"的新组合。Willdenow 将这些植物处理在梨属〔*Pyrus*〕而不是欧楂属〔*Mespilus*〕，且发表于 1799 年而不是 1800 年；这些引用错误不妨碍该新组合的合格发表。

> **例 18.** 新等级名称 *Agropyron desertorum* var. *pilosiusculum* (Melderis) H. L. Yang〔毛沙生冰草〕(in Kuo, Fl. Reipubl. Popularis Sin. 9(3): 113. 1987)被 Yang（杨锡麟）不经意但合格发表的，他写的"*Agropyron desertorum* … var. *pilosiusculum* Meld. in Norlindh, Fl. Mong. Steppe. 1: 121. 1949"构成了对基名 *A. desertorum* f. *pilosiusculum* Melderis 完整且直接的引证，尽管存在等级指示术语上的引用错误。

> **例 19.** *Nekemias grossedentata* (Hand.-Mazz.) J. Wen & Z. L. Nie〔显齿蛇葡萄〕(in PhytoKeys 42: 16. 2014)发表为新组合，具有引用为"*Ampelopsis cantoniensis* var. *grossedentata* Hand.-Mazz., Sitzungsber. Kaiserl. Akad. Wiss., Math.-Naturwiss. Cl., Abt. 1, 59: 105. 1877"的基名。该引用的基名的实际发表之处是在 Anz. Akad. Wiss. Wien, Math.-Naturwiss. Kl. 59: 105. 1922。这些引用错误（期刊的名称和日期）不妨碍该新组合的合格发表。

41.7. 仅引证 *Index kewensis*〔《邱园索引》〕、*Index of fungi*〔《菌物索引》〕或不同于该名称在其中合格发表的任何著作，不构成对该名称发表之处的完整且直接的引证（但见条款 41.8）。

例 20. "*Leptosiphon croceus* (Eastw.) J. M. Porter & L. A. Johnson, comb. nov." (in Aliso 19: 80. 2000)发表时伴随基名引用 "*Linanthus croceus* Eastw., Pl. hartw. p. 325. 1849."。因为 *Linanthus croceus* 的实际发表之处是在 Bot. Gaz. 37: 442–443. 1904，所以，Porter & Johnson 的组合未被合格发表。

例 21. 在 *Meliola*〔小煤炱属〕中提出的 142 个有意新组合中，Ciferri (in Mycopathol. Mycol. Appl. 7: 86–89. 1954)遗漏了对基名发表之处的引证，说明它们可以在 Petrak 的清单或 *Index of fungi*〔菌物索引〕中找到；这些组合无一被合格发表。类似地，Grummann (Cat. Lich. Germ.: 18. 1963) 以形式 *Lecanora campestris* f. "*pseudistera* (Nyl.) Grumm. c.n. – L. p. Nyl., Z 5: 521"引入一个新组合，其中 "Z 5" 是指给出基名 *Lecanora pseudistera* Nyl.的完整引用的 Zahlbruckner (Cat. Lich. Univ. 5: 521. 1928)；Grummann 的组合未被合格发表。

❶ **注释 2.** 就条款 41.7 而言，无页码编排或独立页码编排的电子出版物和具有明确页码编排的较晚版本不被视为是不同的出版物（见条款 30 注释 1）。

❶ **注释 3.** 发表给之前已知在误用名称下的分类群的新名称通常是新分类群的名称，而且必须满足条款 32–45 和 F.4–F.5.4 对此类名称合格发表的所有相关要求。这一程序与为合格发表但不合法的名称（条款 58.1）发表一个其模式必须是被替代异名的模式（条款 7.4）的替代名称不同。

例 22. *Sadleria hillebrandii* Rob. (in Bull. Torrey Bot. Club 40: 226. 1913)是作为 "*Sadleria pallida* Hilleb. Fl. Haw. Is. 582. 1888. Not Hook. & Arn. Bot. Beech. 75. 1832." 的 "nom. nov.〔替代名称〕" 提出的。因为满足了合格发表的条件（1935 年之前，简单地引证之前任何语言的描述或特征集要即足够），所以，*S. hillebrandii* 是以 Hillebrand 给误用名称 *S. pallida* Hook. & Arn.的分类群的描述而合格化的新种名称，而不是如 Robinson 所声称的替代名称（见条款 6.14）。

例 23. "*Juncus bufonius* var. *occidentalis*" (Hermann in U.S. Forest Serv., Techn. Rep. RM-18: 14. 1975)发表为 *J. sphaerocarpus* "auct. Am., non Nees"的 "nom. et stat. nov.〔替代名称和新等级名称〕"。因为无拉丁文描述或特征集要、未指明模式或未引证任何之前满足这些要求的出版物，这不是一个合格发表的名称。

41.8. 在 1953 年 1 月 1 日或之后，在下列任一情形中，对不同于基名或被替代名称合格之处的著作的完整且直接的引证应处理为可更正的错误，并不影响新组合、新等级名称或替代名称的合格发表：

（a）当实际基名或被替代异名的合格发表早于其本身引用的名称或晚出等名，但是在引用的出版物中满足了对该引用名称合格发表的全部条件时，在那里未引证与那个名称相关联的实际基原名或被替代异名的合格发表之处；

（b）当未能引用该基原名或被替代名称被解释为有关类群的较晚的命名起点（条款 13.1）或某些菌物的起始日期的后移时；

（c）否则，所产生的新组合或新等级名称将被合格发表为（合法的或不合法的）替代名称；或

（d）否则，所产生新组合、新等级名称或替代名称将是合格发表的新分类群的名称。

例 24.（a）Tryon (in Contr. Gray Herb. 200: 45. 1970)提出新组合 *Trichipteris kalbreyeri* 时伴有对"*Alsophila Kalbreyeri* C. Chr. Ind. Fil. 44. 1905"的完整且直接的引证。然而，这不是该有意基原名合格发表之处，该基原名之前已被 Baker（1892；见条款 6 例 1）以相同模式发表。因为 Christensen 未提供对 Baker 较早出版物的引证，Tryon 的引用错误不影响其新组合的合格发表，应引用为 *T. kalbreyeri* (Baker) R. M. Tryon。

例 25. Koyama (in Bot. Mag. (Tokyo) 69: 64. 1956)提出有意的新组合"*Machaerina iridifolia*"时，伴有对"*Cladium iridifolium* Baker, Flor. Maurit. 424 (1877)"的完整且直接的引证。然而，*C. iridifolium* 是基于 *Scirpus iridifolius* Bory (Voy. Îles Afrique 2: 94. 1804)的新组合被 Baker 提出的。由于 Baker 提供了对 Bory 的明确引证，条款 41.8(a)不适用，且在 Machaerina 的组合未被 Koyama 合格发表。

例 26.（b）Raitviir (in Scripta Mycol. 9: 106. 1980)提出新组合 *Lasiobelonium corticale* 时伴有对 *Peziza corticalis* in Fries (Syst. Mycol. 2: 96. 1822)的完整且直接的引证。然而，这不是该基原名的合格发表之处，根据 1980 年实施的《法规》是在 Mérat (Nouv. Fl. Env. Paris, ed. 2, 1: 22. 1821)，而根据现行《法规》则是在 Persoon (Observ. Mycol. 1: 28. 1796)。Raitviir 的引用错误可部分地解释为某些菌物的命名起点日期的后移，以及部分为在 Fries 的著作中缺乏对 Mérat 的引证，因此，不妨碍该新组合的合格发表，应引用为 *L. corticale* (Pers. : Fr.) Raitv.。

例 27.（b）尽管 Wu〔吴征镒〕将基原名引用为"*Malvaceae*" (Adanson, Fam. Pl. 2: 390. 1763)，*Malvidae* C. Y. Wu〔锦葵亚纲〕(in Acta Phytotax. Sin. 40: 307. 2002)被合格发表为基于 *Malvaceae* Juss.〔锦葵科〕(Gen. Pl.: 271. 1789)的新等级名称。Wu 的引用错误可解释为种子植物门和蕨类植物门的属以上等级名称的较晚的命名起点（条款 13.1(a)），不妨碍该新等级名称的合格发表。

例 28.（c）Murray (in Kalmia 13: 32. 1983)提出新组合 *Mirabilis laevis* subsp. *glutinosa* 时伴有对作为有意基原名"*Mirabilis glutinosa* A. Nels., Proc. Biol. Soc. Wash. 17: 92 (1904)"的完整且直接的引证。然而，因为它是 *M. glutinosa* Kuntze (Revis. Gen. Pl. 3: 265. 1898)的不合法的晚出同名，不能用作基原名；它也是 *Hesperonia glutinosa* Standl. (in Contr. U. S. Natl. Herb. 12: 365. 1909)的被替代异名。根据条款 41.8(c)，Murray 合格发表了一个基于 *H. glutinosa* 的新组合，因为否则他将为 *M. glutinosa* 发表一个替代名称。因此，该名称应引用为 *M. laevis* subsp. *glutinosa* (Standl.) A. E. Murray。

例 29.（c）Butcher (in Bromeliaceae 43(6): 5. 2009)提出新组合 *Tillandsia barclayana* var. *minor* 时，伴有对 *Vriesea barclayana* var. *minor* Gilmartin (in Phytologia 16: 164. 1968)的引证，但不是完整且直接的引证。Butcher 也提供了对为 *V. barclayana* var. *minor* 的被替代异名的 *T. lateritia* André（"BASIONYM: *Tillandsia lateritia* Andre, Enum. Bromel. 6. 13 Dec 1888; Revue Hort. 60: 566. 16 Dec 1888"）的完整且直接的引证。根据条款 41.8(c)，*T. barclayana* var. *minor* (Gilmartin) Butcher 被合格发表为基于 V. barclayana var. minor 的新组合，因为否则它将被合格发表为 *T. lateritia* 的替代名称。

例 30.（d）当 Koyama 发表新组合 *Carex henryi* (C. B. Clarke) T. Koyama〔亨氏苔草〕(in Jap. J. Bot. 15: 175. 1956)时，他引用了基名 *C. longicruris* var. *henryi* C. B. Clarke (in J. Linn. Soc., Bot. 36: 295. 1903)，伴随直接和完整引证的不是那个名称在其中合格发表的著作，而是一个较晚的著作(Kükenthal in Engler, Pflanzenr. IV. 20 (Heft 38): 603. 1909)，在其中该名称伴有拉丁文特征集要。Koyama 对 Kükenthal 的引证应处理为可更正的错误，不影响该新组合 *C. henryi* 的合格发表，因为否则这一名称将通过引证 Kükenthal 的拉丁文特征集要而被合格发表为新种的名称（条款 38.1(a)）。

辅则 41A

41A.1. 对基名或被替代异名发表之处的完整且直接引证应紧跟着提出的新组合、新等级名称或替代名称。它不应仅提供在该出版物末尾的参考文献或对同一出版物其他部分的交叉引证中，如使用缩写"loc. cit.〔在引用的地方〕"或"op. cit.〔在引用的著作中〕"。

41A.2. 不存在已确立的传统时，如果出版物没有页码编排，页码编号应用方括号引证。

例 1. 名称 *Crocus antalyensioides* Rukšāns 以移动文档格式（PDF）电子发表于 2015 年 4 月的 *International Rock Gardener* (ISSN 2053-7557)第 64 卷中，在出版物的实际页面上未包括页码编号。该文献应引用为 Int. Rock Gard. 64: [6]. 2015。

第四节　特定类群中的名称

条款 42

42.1. 感兴趣的研究机构，特别是那些专业的命名索引机构，可根据本《法规》申请认可为命名存储库。命名存储库负责注册有机体的指定类别的新命名（条款 6 注释 4）和（或）任何命名行为（条款 34.1 脚注）。

42.2. 申请认可为除菌物外（对于菌物见条款 F.5.3）的有机体的命名存储库应

致信总委员会，它将指派该申请给注册委员会（见第三篇规程 7.13）并依其建议行事。在这一建议前，注册的机制和方式以及覆盖范围的限定将由申请者、注册委员会和相关类群的常设委员会通过磋商产生，并在分类学界中广而告之；至少一年的公开试运行须表明该程序运行有效且稳定。总委员会有权暂停或撤销已授予的认可。

42.3. 注册可以是先行的和（或）同期的和（或）可追溯的；即它可出现在新命名的合格发表或任何命名行为的有效发表之前和（或）同时和（或）之后。

ℹ **注释 1.** 对于与处理为菌物（包括化石菌物和地衣型真菌）的有机体名称相关的先行的注册新命名功能的途径，见条款 F.5.1 和 F.5.2。

条款 43

43.1. 为了合格发表，发表于 1996 年 1 月 1 日或之后的新的化石分类群名称必须伴随拉丁文或英文描述或特征集要，或引证（见条款 38.13）之前有效发表的拉丁文描述或特征集要。

ℹ **注释 1.** 因为条款 39.1 并不适用于化石分类群的名称，1996 年之前，任何语言的合格化描述或特征集要（见条款 38）都是可接受的。

43.2. 除非伴有显示其重要特征的图示或图，或引证之前有效发表的此类图示或图，否则，发表于 1912 年 1 月 1 日或之后的新的化石属或较低等级化石分类群的名称不是合格发表的。为此目的，在化石属或化石属的次级区分的名称的情形下，引用或（直接地或间接地）引证合格发表于 1912 年 1 月 1 日或之后的化石种的名称即满足。

例 1. Krasser (in Akad. Wiss. Wien Sitzungsber., Math.-Naturwiss. Kl. Abt. 1, 129: 16. 1920)发表 "*Laconiella*" 时仅包括一个种，因为未提供图示或图或引证之前有效发表的图示或图，其有意的名称 "*Laconiella sardinica*" 未被合格发表。因此，"*Laconiella*" 不是合格发表的属名。

例 2. *Batodendron* Chachlov (in Izv. Sibirsk. Otd. Geol. Komiteta 2(5): 9, fig. 23–25. 1921)发表时伴有描述和图示。即使该新化石属未包括任何已命名的种，其名称是合格发表的（尽管为非化石属名 *Batodendron* Nutt. in Trans. Amer. Philos. Soc., ser. 2, 8: 261. 1842 的不合法晚出同名）。

43.3. 除非至少合格化图示之一被确定为代表模式标本（也见条款 9.15），否则，发表于 2001 年 1 月 1 日或之后的新的化石种或种下分类群的名称不是合格发表的。

❶ **注释 2.** 为了合格发表，发表于 2013 年 1 月 1 日或之后的适用于菌物化石分类群的新命名必须遵循条款 F.5.1 和 F.5.2。

条款 44

44.1. 为了合格发表，发表于 1958 年 1 月 1 日和 2011 年 12 月 31 日之间（均含）的非化石藻类新分类群的名称必须伴随拉丁文描述或特征集要或引证（见条款 38.13）之前有效发表的拉丁文描述或特征集要。

❶ **注释 1.** 因为条款 39.1 不适用于藻类分类群的名称，在 1958 年之前，任何语言的合格化描述或特征集要均可接受。

> **例 1.** 虽然 *Neoptilota* Kylin (Gatt. Rhodophyc.: 392. 1956)仅伴随德文描述，但是，因为它应用于藻类且发表于 1958 年前，它是合格发表的名称。

44.2. 除非伴随显示区别性形态特征的图示或图、或引证之前有效发表的此类图示或图，否则，发表于 1958 年 1 月 1 日或之后的非化石藻类的新的种或种下分类群的名称不是合格发表的。

辅则 44A

44A.1. 条款 44.2 所要求的图示或图应绘自实际标本，最好包括主模式。

条款 45

45.1. 如果一个分类群最初归隶于本《法规》不涵盖的类群被处理为属于藻类或菌物时，其任何名称仅需满足相关的其他《法规》的要求，即其作者使用时的地位相当于本《法规》下合格发表（但见有关同名性的条款 54 和 F.6.1）的要求。该作者所使用的《法规》取决于其内部证据，与其作者关于该分类群归隶的有机体类群的任何声明无关。然而，动物命名中按照其协调原则产生的名称根据本《法规》不是合格发表的，除非且直至它在一个出版物中作为分类群的接受名称实际出现。

> **例 1.** 根据《国际动物命名法规》，*Amphiprora* Ehrenb.〔茧形藻属〕(in Abh. Königl. Akad. Wiss. Berlin 1841: 401, t. II(VI), fig. 28. 1843)作为动物属的名称是可用的[1]，被 Kützing (Kieselschal. Bacill.: 107. 1844)首先处理为属于藻类。根据《国际藻类、菌物和植物命名法

1《国际动物命名法规》中的词语"可用的〔available〕"（应用于名称时）等同于本《法规》的"合格发表的"。

规》，*Amphiprora* 是合格发表的，日期始于 1843 年而不是 1844 年。

例 2. 根据《国际动物命名法规》，*Petalodinium* Cachon & Cachon-Enj. (in Protistologia 5: 16. 1969) 是腰鞭毛虫类一个属的可用名称。当该分类群被处理为属于藻类时，即使最初的发表缺少拉丁文描述或特征集要（条款 44.1），其名称是合格发表的，且保持其最初的作者归属和日期。

例 3. *Prochlorothrix hollandica* Burger-Wiersma & al. (in Int. J. Syst. Bacteriol. 39: 256. 1989) 是根据《国际原核生物命名法规》发表的。当该分类群被处理为藻类时，其名称是合格发表的，且保持其最初的作者归属和日期，即使它基于一个活的培养物且最初的发表缺少拉丁文描述或特征集要。

例 4. 作为根足虫类属的名称，*Labyrinthodictyon* Valkanov (in Progr. Protozool. 3: 373. 1969, '*Labyrinthodyction*') 根据《国际动物命名法规》是可用的。当该分类群被处理为属于菌物时，其名称是合格发表的并保持其最初的作者归属和日期，尽管最初的发表缺少拉丁文描述或特征集要。

例 5. 根据《国际动物命名法规》是可用的 *Protodiniferaceae* Kof. & Swezy (in Mem. Univ. Calif. 5: 111. 1921, '*Protodiniferidae*')，作为藻类的科的名称是合格发表的，并保持其最初的作者归属和日期，但原始词尾依条款 18.2 和 32.2 变更。

例 6. *Pneumocystis* P. Delanoë & Delanoë〔肺孢子菌属〕(in Compt. Rend. Hebd. Séances Acad. Sci. 155: 660. 1912)是发表给一个"原生动物的"属的，伴随表达对其属的地位存疑的描述"Si celui-ci doit constituer un genre nouveau, nous proposons de lui donner le nom de *Pneumocystis Carinii*〔如果这是一个新属，我们建议将其命名为 *Pneumocystis Carinii*〕"。根据条款 36.1(a)，*Pneumocystis* 应是不合格发表的，但是，《国际动物命名法规》的条款 11.5.1 在 1961 年前允许此类合格发表。由于 *Pneumocystis* 根据《国际动物命名法规》是可用的，因此，根据条款 45.1，它是合格发表的。

例 7. 处理为原核生物的 *Pneumocystis jirovecii* Frenkel〔耶氏肺孢子菌〕(in Natl. Cancer Inst. Monogr. 43: 16. 1976, '*jiroveci*')发表时仅伴随英文描述且未指定模式，但是，根据《国际动物命名法规》，前一条件对其可用性没有障碍（见辅则 13B），且后者直到 1999 年后根据该《法规》才成为障碍（条款 72.3）。因此，当视为菌物的名称时，根据条款 45.1，具有更正词尾（条款 60.8）的 *P. jirovecii* 是合格发表的。后来，Frenkel (in J. Eukaryot. Microbiol. 46: 91S. 1999)在将该种处理为菌物时，根据当时实施的《国际植物命名法规》版本，他发表拉丁文描述并指定模式对于合格发表是必需的，但现在不再需要；*P. jirovecii* 的日期始于 1976 年而不是 1999 年。

❶ **注释 1.** 即使微孢子虫被视为菌物时，微孢子虫的名称未被本《法规》涵盖（见导言 8 和条款 F.1.1）。

❶ **注释 2.** 如果最初归隶于不被本《法规》涵盖的类群被处理为属于植物（即不是藻类或菌物），其名称的任何作者归属和日期取决于满足条款 32–45 对于合格发表相关要求的首次发表。

第六章 引 用

第一节 作者引用

条款 46

46.1. 在出版物中，特别是那些处理分类学和命名的出版物中，即使在未做出对原白的参考文献引证时，引用相关名称（也见条款 22.1 和 26.1）的作者可能是可取的。这么做时，适用下列规则。

例 1. *Rosaceae* Juss.〔蔷薇科〕(Gen. Pl.: 334. 1789)，*Rosa* L.〔蔷薇属〕(Sp. Pl.: 491. 1753)，*Rosa gallica* L.〔法国蔷薇〕(l.c.: 492. 1753)，*Rosa gallica* var. *versicolor* L. (Sp. Pl., ed. 2: 704. 1762)，*Rosa gallica* L. var. *gallica*.

❶ 注释 1. 分类群的名称归予在其中出现该名称的出版物的作者（见条款 46.5），除非条款 46 的一个或多个条款另有规定。

46.2. 当合格化描述或特征集要同时归属于同一作者或明确与之相关联时，新分类群的名称归予该名称被归属的作者，即使该出版物的作者归属不同。当在其出现的出版物中明确地说明相同作者在某种程度上对该出版物的贡献时，新组合、新等级名称或替代名称归属于其被归予的作者。尽管有条款 46.5，即使它不同于出版物的作者归属，当二者中至少一个作者是共同的时，新命名的作者归属通常接受如其所归属的。

例 2. 名称 *Pinus longaeva*〔狐尾松〕是由 Bailey (in Ann. Missouri Bot. Gard. 57: 243. 1971) 发表在一篇文章中，并被归属于 "D. K. Bailey"。由于他是该出版物的作者（见注释 5），该合格化描述被明确地与 Bailey 相关联。因此，该名称应引用为 *P. longaeva* D. K. Bailey（也见注释 1）。

例 3. Wallich (Pl. Asiat. Rar. 3: 66. 15 Aug 1832)将名称 *Aikinia brunonis* 归属于他本人（"Wall."），尽管他将特征集要和描述归属于 "Brown"；因为 Wallich 是该出版物的作者，且该名称未被归属于其他人（见注释 1），正确的的归属是 *A. brunonis* Wall.。

例 4. 名称 *Viburnum ternatum*〔三叶荚蒾〕发表在 Sargent (Trees & Shrubs 2: 37. 1907)。它被归属于 "Rehd."，且在该种文本的末尾有 "Alfred Rehder"。因此，该名称应引用为 *V. ternatum* Rehder。

例 5. 在 Hilliard & Burtt (in Notes Roy. Bot. Gard. Edinburgh 43: 365. 1986)的一篇文章中，*Schoenoxiphium* 的新种的名称（包括 *S. altum*）被归属于 Kukkonen，前面附有说明 "为了使名称可用，下列新种的鉴别性的描述由 I. Kukkonen 博士提供"。因此，该名称引用为 *S. altum* Kukkonen。

例 6. 在 Torrey & Gray (Fl. N. Amer. 1: 198. 1838)中，名称 *Calyptridium* 和 *C. monandrum* 被归属于 "Nutt. mss.〔Nutt.手稿〕"，且描述被放入双引号中，如前言中致谢的那样表示 Nuttall 撰写了它们。因此，这些名称引用为 *Calyptridium* Nutt.和 *C. monandrum* Nutt.。

例 7. 发表 *Eucryphiaceae* (in Bot. Zeitung (Berlin) 6: 130. 1848)时，一位不知姓名的作者 "W."在对 Gay 的 *Flora chilena* (1845–1854)的评论中写道 "wird die Gattung *Eucryphia* als Typus einer neuen Familie, der *Eucryphiaceae*, angesehen〔将属 *Eucryphia* 作为新科 *Eucryphiaceae* 的模式得到认可〕"，因而，将该名称及其合格化描述均归属于使用称谓 "Eucrifiáceas"（见条款 18.4）的 Gay (Fl. Chil. 1: 348. 1846)。因此，该名称被引用为 *Eucryphiaceae* Gay。

例 8. 当 Candolle (Essai Propr. Méd. Pl., ed. 2: 87. 1816)写道 "*Elaeocarpeae*. Juss., Ann. Mus. 11, p. 233" 时，他将该名称归属于 Jussieu，并且使用了 Jussieu 的一个未命名科的特征集要（in Ann. Mus. Natl. Hist. Nat. 11: 233. 1808）使其合格化。因此，该名称被引用为 *Elaeocarpaceae* Juss.〔杜英科〕, nom. cons. (见附录 IIB)，而不是 *Elaeocarpaceae* "Juss. ex DC."。

例 9. Green (Census Vasc. Pl. W. Australia, ed. 2: 6. 1985)将新组合 *Neotysonia phyllostegia* 归予 Wilson，并在同一出版物的其他地方致谢其帮助。因此，该名称被引用为 *N. phyllostegia* (F. Muell.) Paul G. Wilson。

例 10. 尽管该新组合发表在一篇由 Brummitt & Gillett.联合署名的文章中，*Sophora tomentosa*〔绒毛槐〕 subsp. *occidentalis* (L.) Brummitt (in Kirkia 5: 265. 1966)的作者归属接受为最初的归属。

❶ 注释 2. 当名称的作者归属不同于其合格发表的出版物的作者时，二者有时均被引用，由单词 "in" 连接。在此情形下，除非发表之处被引用，"in" 和所跟随的内容是参考文献引用的部分，且最好被省略。

例 11. *Verrucaria aethiobola* Wahlenb. (in Acharius, Methodus, Suppl.: 17. 1803)的名称和原始描述是发表在归属于 "Wahlenb. Msc.〔Wahlenb.的手稿〕"的单独一段中。因此，不管 Acharius 提供的伴随描述如何，该名称被引用为 *V. aethiobola* Wahlenb.，而不是 "Wahlenb. ex Ach." 或 "Wahlenb. in Ach."（除非给出完整的参考文献引用）。

例 12. 新组合 *Crepis lyrata*〔琴叶还阳参〕作为 "*C. lyrata* (Froel. in litt. 1837)"发表在 Candolle 的 *Prodromus systematis naturalis regni vegetabilis* (7: 170. 1838)中，且 Candolle 在第 160 页的脚注中致谢了 Froelich 作为作者撰写了 *Crepis* 的相关组的描述（"Sectiones generis iv, v et vi, à cl. Froelich elaboratae sunt〔属的组 IV、V 和 VI 由 Cl. Froelich 精心准备〕"）。因此，该名称被引用为 *C. lyrata* (L.) Froel.或 *C. lyrata* (L.) Froel. in Candolle（跟随

发表之处的参考文献引用），但非 *C. lyrata* "(L.) Froel. ex DC."。

例 13. 名称 *Physma arnoldianum* 发表在 Arnold (in Flora 41: 94. 1858)署名的一篇文章中。Arnold 提出该名称为 "*Ph. Arnoldianum* Hepp. lit. 12. Decbr. 1857"，且描述后紧跟着短语 "Hepp. in lit.〔Hepp.在通信中〕"。因此，该名称被引用为 *P. arnoldianum* Hepp，而不是 *P. arnoldianum* "Hepp ex Arnold"。因为 Arnold 是该文章而不是整部著作的作者（期刊 *Flora*），甚至在完整的参考文献的引用中也无需他的名字。

ⓘ **注释 3.** 因为不是新等级名称（见条款 6 注释 3；也见条款 49.2），如果名称被用在不同于其首次合格发表的等级时，描述性名称（条款 16.1（b））的作者归属不应变更。

例 14. *Streptophyta* Caval.-Sm.〔链型植物下界〕(in Lewin, Origins of Plastids: 340. 1993)是最初发表为下界（用作介于亚界和门之间的等级）等级上的名称。当该名称用在门的等级时，它仍应引用为 *Streptophyta* Caval.-Sm. (1993)。

46.3. 就条款 46 而言，归属〔ascription〕是将一人或多人的姓名与分类群的新名称或描述或特征集要直接相关联。与异名相关联的作者引用，既不构成接受名称的归属，也未引证基名或被替代异名（不管参考文献的准确性）或引证同名。

例 15. 名称 *Atropa sideroxyloides* 是发表在 Roemer & Schultes (Syst. Veg. 4: 686. 1819)，在一个单独段落中，该名称及特征集要后跟随 "Reliq. Willd. MS.〔Reliq. Willd.手稿中〕"。由于这表示将 Willdenow 与该名称和特征集要均直接相关联，该名称被引用为 *A. sideroxyloides* Willd.，不是 *A. sideroxyloides* "Roem. & Schult."，也不是 *A. sideroxyloides* "Willd. ex Roem. & Schult."。

例 16. 因 Seringe 写有 "*S. triqueter* (Moc. & Sessé, fl. mex. mss.〔Moc. & Sessé,《墨西哥植物志》，手稿中〕)"，*Sicyos triqueter* Moc. & Sessé ex Ser. (in Candolle, Prodr. 3: 309. 1830)归属于 Mociño and Sessé。然而，*Malpighia emarginata* DC. (Prodr. 1: 578. 1824)不因 Candolle 写有 "*M. emarginata* (fl. mex. ic. ined.〔《墨西哥植物图鉴》，未发表的〕)"，而归属于这些作者。

例 17. *Lichen debilis* Sm. (in Smith & Sowerby, Engl. Bot. 35: t. 2462. 1812)不应因 Smith 引用 "*Calicium debile*. Turn. and Borr. Mss.〔*Calicium debile*. Turn.和 Borr.手稿中〕" 为异名而归属于 Turner 和 Borrer。

例 18. 当 Opiz (1852)写道 "*Hemisphace* Benth." 时，他未将该属名归属于 Bentham，但是提供了对基名 *Salvia* sect. *Hemisphace* Benth.的间接引证（见条款 41 例 4）。

例 19. 当 Brotherus (in Engler & Prantl, Nat. Pflanzenfam. 1(3): 875. 1907) 发表 "*Dichelodontium nitidum* Hook. fil. et Wils."时，他提供了对基名 *Leucodon nitidus* Hook. f. & Wilson 的间接引证，且未将该新组合归属于 Hooker 和 Wilson。然而，他确实将他同时发表的新属的名称 *Dichelodontium* Hook. f. & Wilson ex Broth.归属于他们。

例 20. 当 Sheh & Watson (in Wu & al., Fl. China 14: 72. 2005)写道"*Bupleurum hamiltonii* var. *paucefulcrans* C. Y. Wu ex R. H. Shan & Yin Li〔三苞柴胡〕, Acta Phytotax. Sin. 12: 291.

1974"时，他们未将该新组合归属于那些作者中任何人，但提供了对基名 *B. tenue* var. *paucefulcrans* C. Y. Wu ex R. H. Shan & Yin Li 的完整且直接的引证。

例 21. 当 Sirodot (1872)写道"*Lemanea* Bory"时，他实际上发表了一个晚出同名（见条款 48 例 1）。因此，他对 Bory 的早出同名的引证，不是将晚出同名 *Lemanea* Sirodot 的归属给 Bory。

❶ **注释 4.** 当新分类群的名称是通过引证较早的有效发表的描述或特征集要（条款 38.1(a)）而合格发表时，即使没有明确提及，那个描述或特征集要的作者的姓名与其是明确相关联。

例 22. 因为在原白中，名称被归于 Guillaumin，且给出了对 Guillaumin 的较早拉丁文描述完整且直接的引证，*Baloghia pininsularis*（见条款 40 例 4）的合适作者引用是 Guillaumin，而不是 McPherson & Tirel。即使 McPherson & Tirel 未明确地将该合格描述归属于其作者 Guillaumin，他是与其"明确相关联"的。

例 23. "*Pancheria humboldtiana*"是由 Guillaumin (in Mém. Mus. Natl. Hist. Nat., Ser. B, Bot. 15: 47. 1964)发表的，但是，因为未指明模式而未被合格发表。合格发表是由 Hopkins & Bradford (in Adansonia 31: 119. 2009)实现的，他们指定"Baumann-Bodenheim 15515 (P! P00143076)"为主模式，将名称归于 Guillaumin，并通过引用"*Pancheria humboldtiana* Guillaumin, *Mémoires du Muséum national d'Histoire naturelle*, sér. B, botanique 15: 47 (1964), nom. inval." 提供了对与 Guillaumin 明确相关联的合格化描述的完整且直接的引证。尽管有条款 46.10，该名称因此归予 Guillaumin，而不是如 Hopkins & Bradford 给出的 "Guillaumin ex H. C. Hopkins & J. Bradford"。

❶ **注释 5.** 当没有归属给或未明确与不同的一个或多个作者关联时，名称或其合格化描述或特征集应被处理为如同归属于该出版物的作者（如在条款 46.6 定义的）。

例 24. 名称 *Asperococcus* pusillus 是在 Hooker (Brit. Fl., ed. 4, 2(1): 277. 1833)中发表的，名称和特征集要在该段落末尾同时归属于"Carm. MSS.〔Carm. 手稿中〕"，后跟随同样归属于 Carmichael 的描述。Carmichael 与名称和特征集要直接关联是清楚的，且该名称必须引用为 *A. pusillus* Carmich.。然而，在同一著作的同一页面上，Hooker 发表了包含 *A. castaneus* 的名称和特征集要的段落，结尾处有"*Scytosiphon castaneus*, Carm. MSS.〔手稿中〕"。因为 Carmichael 是与"*S. castaneus*"而不是 *A. castaneus* 直接相关联，即使描述归属于 Carmichael，后一名称应正确引用为该出版物的作者，即 *A. castaneus* Hook.。

例 25. 在 Aiton 的 *Hortus kewensis* 第二版（1810–1813）中，Brown 被接受为那些出现在其名下的属和种的处理的作者，即使新分类群的名称或使之合格化的描述未被明确归属于他。在该著作（5:532. 1813）的后记中，Aiton 写道"[Robert Brown]增加许多新内容……经他有力改进的大部分，由署名 Brown mss.来区别"。因此，后一短语是作者归属的陈述，而不仅仅是一种归属。例如，因为在属的标题中，Brown 被认为是 *Oncidium*〔文心兰属〕处理的作者，所以，以间接引证方式基于 *Epidendrum triquetrum* Sw. (Prodr.: 122. 1788)的组合 *Oncidium triquetrum*，应引用为 *O. triquetrum* (Sw.) R. Br. (in Aiton, Hort. Kew., ed. 2, 5: 216. 1813)，而且，不是归予 "R. Br. ex W. T. Aiton"，也不是仅归予 Aiton。

46.4. 当合格发表的名称或其最终加词取自未被合格发表的不同"名称"、或同样未被合格发表的不同等级的不同"名称"，且归予其作者时，仅引用该合格发表的名称的作者（条款 46.7 中的规定除外）。

> **例 26.** 当发表新属名 *Anoplon* 时，Reichenbach (Consp. Regn. Veg.: 212b. 1828–1829)将该名称归予 Wallroth，并引证了 Wallroth (Orobanches Gen. Diask.: 25, 66. 1825)发表为 *Orobanche* "Tribus III. *Anoplon*"的称谓，根据条款 37.6，该称谓因其等级是由误置术语（在属与种之间的族）所指示而未被合格发表。该属名应引用为 *Anoplon* Rchb.，而非 *Anoplon* "Wallr. ex Rchb."。

> **例 27.** 当发表 *Andropogon drummondii* 时，Steudel (Syn. Pl. Glumac. 1: 393. 1854)将该名称归予 "Nees. (mpt. sub〔在手稿中〕: Sorghum.)"。这个对未发表的双名称谓 "*Sorghum drummondii* Nees" 的引证不是将 *A. drummondii* 的归属给 Nees，且该名称应引用为 *A. drummondii* Steud.，而不是 *A. drummondii* "Nees ex Steud."。

> **例 28.** Miura (in J. Tokyo Univ. Fish. 71: 6. 1984)发表了"*Porphyra yezoensis* f. *narawaensis*"，但是两个采集（采自同一地点，但不同日期）被引用为 "holotype〔主模式〕"，该称谓因而未被合格发表。Kikuchi & al. (in J. Jap. Bot. 90: 381. 2015)使用了 Miura 的描述并指定单个标本为主模式，合格发表了名称 *Pyropia yezoensis* f. *narawaensis* N. Kikuchi & al.，它不应引用为 *P. yezoensis* f. *narawaensis* "A. Miura ex N. Kikuchi & al."。

46.5. 当名称被归属于不同的一个或多个作者，但合格化描述或特征集要既不归属于也不与那个或那些作者明确相关联时，新分类群的名称归予其所出现的出版物的作者。当没有做出那些作者中的一人或多人对该出版物以某种方式有贡献的不同陈述时，即使它被归属于不同作者，新名称、新等级名称或替代名称归予其所出现的出版物的作者。然而，在这两种情形下，被归属的作者归属可跟随 "ex" 插在该发表作者的姓名前。

> **例 29.** Henry (in Bull. Trimestriel Soc. Mycol. France 74: 303. 1958)发表了称谓"*Cortinarius balteatotomentosus*"，伴有拉丁文描述和地点引用，但未指明模式（条款 40 注释 2）。后来，通过指定主模式并提供对他之前描述的完整且直接的引证（见条款 33.1），他（in Bull. Trimestriel Soc. Mycol. France 101: 4. 1985）合格化了该名称。因此，该描述与 Henry 明确相关联（条款 46 注释 4）；而且，因为他是该出版物的作者（注释 5），该名称应处理为归属于 Henry，尽管没有明确归属于他。Liimatainen & al. (in Persoonia 33: 118. 2014)引用作者归属为 *C. balteatotomentosus* "Rob. Henry ex Rob. Henry"，但是，因为 Henry 并未将该名称归属于不同作者，条款 46.5 并不适用。根据条款 46.2，该名称应正确引用为 *C. balteatotomentosus* Rob. Henry。

> **例 30.** *Lilium tianschanicum*〔天山百合〕被 Grubov (in Grubov & Egorova, Rast. Tsent. Azii, Mater. Bot. Inst. Komarova 7: 70. 1977)描述为新种，伴有其名称归属于 Ivanova；因为没有指明 Ivanova 提供了合格化描述，该名称应引用为 *L. tianschanicum* N. A. Ivanova ex

Grubov 或 *L. tianschanicum* Grubov.。

例 31. 在 Boufford, Tsi〔吉占和〕& Wang〔王培善〕(in J. Arnold Arbor. 71: 123. 1990)的文章中，名称 *Rubus fanjingshanensis*〔梵净山悬钩子〕被归属于 Lu〔陆玲娣〕，并无 Lu 提供描述的指示；该名称应归予 L. T. Lu ex Boufford & al.或 Boufford & al.。

例 32. Seemann (Fl. Vit.: 22. 1865)发表 *Gossypium tomentosum*〔夏威夷棉〕"Nutt. mss.〔Nutt. 手稿中〕"，跟随着并不归属于 Nuttall 的合格化描述；该名称应引用为 *G. tomentosum* Nutt. ex Seem.或 *G. tomentosum* Seem.。

例 33. Rudolphi 发表 *Pinaceae*〔松科〕(Syst. Orb. Veg.: 35. 1830)为 "*Pineae*. Spreng."，跟随着并不归属于 Sprengel 的合格化描述；该名称应引用为 *Pinaceae* Spreng. ex F. Rudolphi 或 *Pinaceae* F. Rudolphi。

例 34. Green (Census Vasc. Pl. W. Australia, ed. 2: 6. 1985)将新组合 *Tersonia cyathiflora* 归属于 "(Fenzl) A. S. George"；因为 Green 没有提及 George 以某种方式做出贡献，该名称应引用为 *T. cyathiflora* (Fenzl) A. S. George ex J. W. Green 或 *T. cyathiflora* (Fenzl) J. W. Green.。

46.6. 就条款 46 而言，出版物的作者归属是名称在其中出现的那部分出版物的作者归属，不管作为整体的出版物的作者归属或编辑归属。

例 35. 在 Wu & Li〔吴征镒和李锡文〕，*Flora yunnanica*《云南植物志》第三卷（1983）中，*Pittosporum buxifolium*〔黄杨叶海桐〕描述为一个新种，其名称归属于 Feng〔冯国楣〕。在该植物志中，海桐花科（*Pittosporaceae*）文稿由 Yin〔尹文清〕署名，而整卷是由 Wu & Li〔吴征镒和李锡文〕编辑的。该部分出版物（包括合格化描述）的作者是 Yin。因此，该名称应引用为 *P. buxifolium* K. M. Feng ex W. Q. Yin 或 *P. buxifolium* W. Q. Yin，但不是 *P. buxifolium* "K. M. Feng ex C. Y. Wu & H. W. Li"，也不是 *P. buxifolium* "C. Y. Wu & H. W. Li"。

例 36. 归属于 Jiang & Fu〔蒋尤泉和傅世敏〕的 *Vicia amurensis* f. *sanneensis*〔三河野豌豆〕发表在 Ma〔马毓泉〕 & al. (ed.), *Flora intramongolica*, ed. 2, vol. 3《内蒙古植物志》第二版，第三卷）（1989）。该植物志中，野豌豆属〔*Vicia*〕文稿的作者是 Jiang〔蒋尤泉〕，即名称被归属的人之一（见条款 46.2 最后一句）。因此，该名称应引用为 *V. amurensis* f. *sanneensis* Y. C. Jiang & S. M. Fu，而不是 *V. amurensis* f. *sanneensis* "Y. C. Jiang & S. M. Fu ex Ma & al."。

例 37. *Centaurea funkii* var. *xeranthemoides* "Lge. ined.〔未发表〕"描述在 *Prodromus florae hispanicae* 中，作为整体，该书由 Willkomm & Lange 署名，然而，不同科的处理由不同作者署名，第 36 科 Compositae〔菊科〕有一个脚注"Auctore Willkomm〔作者 Willkomm〕"。由于合格化描述未被归属于 Lange，该名称应引用为 *C. funkii* var. *xeranthemoides* Lange ex Willk.。其完整参考文献引用是 *C. funkii* var. *xeranthemoides* Lange ex Willk. in Willkomm & Lange, Prodr. Fl. Hispan. 2: 154. 1865。

例 38. 名称 *Solanum dasypus* 是发表在 Candolle (Prodr. 13(1): 161. 1852)的一部著作中，其中 *Solanaceae*〔茄科〕文稿由 Dunal 署名。Dunal 提出了名称 "*S. dasypus* (Drège, n. 1933, in h. DC)"，从而将其归属于 Drège。因此，该名称应引用为 *S. dasypus* Drège ex Dunal 或 *S.*

dasypus Dunal。

例 39. Schultes & Schultes (Mant. 3: 526. 1827)在一个注解中发表了从"Besser in litt.〔Besser 通信中〕"收到的传统的属 *Avena*〔燕麦属〕和 *Trisetum*〔三毛草属〕的新分类系统。该文本的发表作者是 Besser，他在其中描述了新属 *Acrospelion* Bess.、*Helictotrichon* Bess.〔异燕麦属〕和 *Heterochaeta* Bess.。无论该卷的作者 Schultes & Schultes 是否接受它们，这些新名称是合格发表的，由 Besser 独自署名。（也见条款 36 例 3）。

46.7. 当一个名称被其作者归属于起点前的作者时，后者可跟随 "ex" 包括在作者引用中。对于起点晚于 1753 年的类群，当起点前作者的分类群在其名称合格发表时改变了等级或分类位置时，那个起点前作者可跟随 "ex" 引用在括号内。

例 40. Linnaeus (Gen. Pl., ed 5: 322. 1754)将名称 *Lupinus*〔鲁冰花属〕归属于起点前作者 Tournefort；该名称应引用为 *Lupinus* Tourn. ex L. (Sp. Pl.: 751. 1753)或 *Lupinus* L.（见条款 13.4）。

例 41. 在标志"同胞念珠藻类〔*Nostocaceae homocysteae*〕"(in Ann. Sci. Nat., Bot., ser. 7, 15: 339. 1892)的起点的出版物中，*Hydrocoleum glutinosum* 由 Gomont 取自于"*Lyngbya glutinosa*" (Agardh, Syst. Alg.: 73. 1824)。该名称应引用为 *H. glutinosum* (C. Agardh) ex Gomont 或 *H. glutinosum* Gomont。

例 42. 发表于其起点（见条款 13.1(e)）之前的鼓藻类称谓根据其在 Ralfs (Brit. Desmid. 1848)中的合格化可引用如下："*Closterium dianae*" (Ehrenberg, Infusionsthierchen: 92. 1838)引用为 *C. dianae* Ehrenb. ex Ralfs (Brit. Desmid.: 168. 1848)；"*Euastrum pinnatifidum*" (Kützing, Phycol. Germ.: 134. 1845)引用为 *Micrasterias pinnatifida* (Kütz.) ex Ralfs (Brit. Desmid.: 77. 1848)。

46.8. 在确定正确的作者引用时，仅应接受该名称在其中合格发表的整个出版物的自身证据（如条款 37.5 所定义的），包括名称的归属，介绍、标题或致谢中的陈述，文本中印刷或文体的差异。

例 43. 尽管通常认为在 Aiton 的 *Hortus kewensis* (1789)中的描述是由 Solander 或 Dryander 撰写的，除了那些在该著作中名称和描述均归属于他人的外，在那里发表的新分类群名称应归于 Aiton，即该著作的署名作者。

例 44. 名称 *Andreaea angustata* 发表在 Limpricht (Laubm. Deutschl. 1: 144. 1885)的著作中，有归属 "nov. sp. Lindb. in litt. ad Breidler 1884〔Lindb.通信中的新种，布雷德勒，1884〕"，但无 Lindberg 提供了合格化描述的自身证据。因此，作者归属应引用为 Limpr.或 Lindb. ex Limpr.，而不是 "Lindb."。

46.9. 对于缺乏作者归属的自身证据的出版物，外部证据可用于确定包含在该出版物的新命名的作者归属。

例 45. 如果不能确定有效和合格发表的名称的作者归属的自身或外部证据,可使用标准形式 "Anon."（给匿名者）,例如, *Ficus cooperi* Anon. (in Proc. Roy. Hort. Soc. London 2: 374. 1862),或 *Nymphaea gigantea*〔澳洲巨花睡莲〕f. *hudsonii* (Anon.) K. C. Landon (in Phytologia 40: 439. 1978)。

例 46. 在名为 "Cat. Pl. Upper Louisiana. 1813" 的弗雷泽兄弟苗圃提供的可购买植物的目录中,其中任何地方均未出现作者归属。基于外部证据（参看 Stafleu & Cowan in Regnum Veg. 105: 785. 1981),该目录及包括的诸如 *Oenothera macrocarpa*〔长果月见草〕等新命名的作者归属应归予 Thomas Nuttall。

例 47. 出现在以 *Vollständiges systematisches Verzeichniß aller Gewächse Teutschlandes …* (Leipzig 1782)为标题的书无明确的作者归属,但被归予 "einem Mitgliede der Gesellschaft Naturforschender Freunde 〔来自博物爱好者协会〕"。如 Pritzel (Thes. Lit. Bot.: 123. 1847) 所做的,外部证据可用来确定 G. A. Honckeny 是该书及发表于其中的新命名（如 *Poa vallesiana* Honck.、*Phleum hirsutum* Honck.〔刚毛梯牧草〕;也见条款 23 例 18）的作者。

46.10. 作者发表新命名且希望在作者引用中将其他人的姓名由 "ex" 跟随引用在他们的姓名之前,可在原白中采用 "ex" 引用。

例 48. 在合格发表名称 *Nothotsuga*〔长苞铁杉属〕时,Page (in Notes Roy. Bot. Gard. Edinburgh 45: 390. 1989)将其归属于 "H.-H. Hu ex C. N. Page",以说明 Hu〔胡先骕〕在 1951 年已发表它为裸名;该名称应归予 Hu ex C. N. Page 或 C. N. Page。

例 49. Atwood (in Selbyana 5: 302. 1981)将新种的名称 *Maxillaria mombachoensis* 归属于 "Heller ex Atwood",伴有注释说明它最初是由当时已故的 Heller 命名的;该名称应归予 A. H. Heller ex J. T. Atwood 或 J. T. Atwood。

辅则 46A

46A.1. 就作者引用而言,应删除表示尊贵的前缀（见辅则 60C.4(d)和(e)）,除非它们是姓名不可分割的一部分。

例 1. Lam.表示 J. B. P. A. Monet Chevalier de Lamarck,但是 De Wild.表示 E. De Wildeman。

46A.2. 在作者引用中的姓名被缩写时,该缩写应足够长以便于区别,且通常应以全名中元音之前的辅音字母结尾。首字母应给出而不省略,但是,当其为习惯时,可添加姓名中最末尾的特征性辅音字母之一。

例 2. L.表示 Linnaeus;Fr.表示 Fries;Juss.表示 Jussieu;Rich.表示 Richard;Bertol.表示 Bertoloni,以区别于 Bertero;Michx.表示 Michaux,以区别于 Micheli。

46A.3. 用来区别两个同姓的作者的名字或附属称谓应以同样的方式缩写。

例 3. R. Br. 表示 Robert Brown;A. Juss.表示 Adrien de Jussieu;Burm. f.表示 Burman 的儿

子；J. F. Gmel.表示 Johann Friedrich Gmelin, J. G. Gmel.表示 Johann Georg Gmelin，C. C. Gmel.表示 Carl Christian Gmelin，S. G. Gmel.表示 Samuel Gottlieb Gmelin；Müll. Arg.表示 Jean Müller argoviensis [阿尔高的]。

46A.4. 当以另一种方式缩写姓名成为确立已久的惯例时，遵循惯例是合适的。

例 4. DC. 表示 Augustin-Pyramus de Candolle；St.-Hil.表示 Saint-Hilaire；Rchb.表示 H. G. L. Reichenbach。

❶ 注释 1. Brummitt & Powell 的 *Authors of plant names*〔《植物名称的作者》〕（1992）提供了与本条辅则一致的大量有机体名称的作者的明确标准形式。尽管增加了额外的空格，这些标准形式已用于贯穿本《法规》的作者引用中，必要时更新自 the International Plant Names Index〔国际植物名称索引〕（http://www.ipni.org）和 Index Fungorum〔菌物索引〕（http://www.indexfungorum.org）。

辅则 46B

46B.1. 在引用分类群学名的作者时，通常应接受在原始出版物中给出的作者姓名的罗马化。当作者未能给出罗马化或作者在不同时期使用不同的罗马化时，应接受被作者最为偏爱的或被作者最常用的那个罗马化。在缺乏此类信息时，作者的姓名应依据国际上可用的标准罗马化。

46B.2. 其个人姓名不是以拉丁文字母书写的学名的作者应罗马化其姓名，最好（但不是必须的）符合国际认可的标准，且无变音符号以便于印刷。一旦作者已选择其个人姓名的罗马化，他们应一以贯之地使用它。只要可能，作者应不允许编辑或出版商变更其个人姓名的罗马化。

辅则 46C

46C.1. 在由两个作者联合发表的名称后，两个作者均应被引用，由和号（&）或单词 "et〔和〕"连接。

例 1. *Didymopanax gleasonii* Britton & P. Wilson 或 *D. gleasonii* Britton et P. Wilson。

46C.2. 在由多于两个作者联合发表的名称后，除在原始出版物外，引用应限于第一作者跟随 "& al.〔和其他〕" 或 "et al.〔和其他〕"。

例 2. *Lapeirousia erythrantha* var. *welwitschii* (Baker) Geerinck, Lisowski, Malaisse & Symoens (in Bull. Soc. Roy. Bot. Belgique 105: 336. 1972)应引用为 *L. erythrantha* var. *welwitschii* (Baker) Geerinck & al. 或 *L. erythrantha* var. *welwitschii* (Baker) Geerinck et al.。

辅则 46D

46D.1. 作者应在他们发表的每一个新命名后以姓名来引用他们自己，而不是以诸如 "nobis〔由我们〕"（nob.）或 "mihi〔由我〕"（m.）的表述来指代他们自己。

条款 47

47.1. 改变分类群的鉴别性特征或界定而未排除模式，并不表示变更该分类群名称的作者归属。

例 1. 当如 Munz (in Bull. S. Calif. Acad. Sci. 31: 62. 1932)那样将 *Arabis beckwithii* S. Watson (in Proc. Amer. Acad. Arts 22: 467. 1887)的原始材料归为两个不同的种时，不包括后选模式的种必须接受一个不同的名称（*A. shockleyi* Munz），但另一个种仍命名为 *A. beckwithii* S. Watson。

例 2. 如 Brown 修订的 *Myosotis*〔勿忘草属〕不同于林奈最初界定的属，但是，因为该名称的模式仍被包括在该属中，其属名保持 *Myosotis* L.（它可引用为 *Myosotis* L. emend. R. Br.: 见辅则 47A）

例 3. 包括 *Centaurea jacea* L.〔棕矢车菊〕(Sp. Pl.: 914. 1753)、*C. amara* L. (Sp. Pl., ed. 2: 1292. 1763)和数量不定的其他种名的模式的不同界定的种仍称为 *C. jacea* L.（或视情况可为 *C. jacea* L. emend. Coss. & Germ.、*C. jacea* L. emend. Vis.或 *C. jacea* L. emend. Godr.: 见辅则 47A）。

辅则 47A

47A.1. 当如在条款 47.1 中提及的改变是相当大时，变更的性质可通过添加这样的单词指明，合适时缩写为 "emendavit〔修订的〕"（emend.），后跟随对该变更负责的作者姓名，"mutatis characteribus〔特征变动的〕"（mut. char.）、"pro parte〔部分〕"（p. p.）、"excluso genere〔排除属〕"或"exclusis generibus〔排除属〕"（excl. gen.）、"exclusa specie〔排除种〕" 或 "exclusis speciebus〔排除种〕"（excl. sp.）、"exclusa varietate〔排除变种〕"或"exclusis varietatibus〔排除变种〕"（excl. var.）、"sensu amplo〔扩展的意义上〕"（s. ampl.）、"sensu lato〔广义〕"（s. l.）、"sensu stricto〔狭义〕"（s. str.），等等。

例 1. *Phyllanthus* L.〔叶下珠属〕emend. Müll. Arg.; *Globularia cordifolia* L. excl. var. (emend. Lam.)。

条款 48

48.1. 当作者采用一个现有名称，但明确排除其模式时，被视为合格发表了一个必须仅归予该作者的晚出同名。同样地，当作者采用了一个引证了明显的基名或被替代异名，但明确排除其模式时，被认为合格发表了一个必须仅归予该作者的新分类群的名称。排除可通过同一作者在不同分类群中同时明确包括该模式而实现。

例 1. Sirodot 在其新属 *Sacheria* Sirodot (in Ann. Sci. Nat., Bot., ser. 5, 16: 69. 1872)中包括 *Lemanea* Bory (in Ann. Mus. Natl. Hist. Nat. 12: 178. 1808)的模式 *Lemanea corallina* Bory；因而，如 Sirodot (l.c.)处理的 *Lemanea* 应引用为 *Lemanea* Sirodot non Bory 而不是 *Lemanea* "Bory emend. Sirodot"。

例 2. 名称 *Amorphophallus campanulatus* Decne.〔疣柄魔芋〕(in Nouv. Ann. Mus. Hist. Nat. 3: 366. 1834)明显基于不合法名称 *Arum campanulatum* Roxb. (Hort. Bengal.: 65. 1819)。然而，Decaisne 明确排除了后者的模式，因此，他的名称是一个应仅归予他的新种的合法名称。

例 3. *Myginda* sect. *Gyminda* Griseb. (Cat. Pl. Cub.: 55. 1866)的模式是 *Myginda integrifolia* Poir.，即使 Grisebach 误用了后一名称。当 Sargent 将该组提升为属的等级时，他将 Grisebach 描述的种命名为 *G. grisebachii*，且明确地将 *M. integrifolia* 从该属排除。因此，*Gyminda* Sarg. (in Gard. & Forest 4: 4. 1891)是由 *G. grisebachii* Sarg.模式标定的新属的名称，而不是基于 M. sect. Gyminda 的新等级名称。

❶ **注释 1.** 新组合、新等级名称或替代名称误用给不同的分类群，但未明确排除基名或被替代异名的模式，依条款 7.3–7.4 处理。

❶ **注释 2.** 在某种意义上，保持一个排除其原始模式或根据条款 7–10 指定的模式的名称，仅可通过保留（见条款 14.9）实现。

48.2. 就条款 48.1 而言，排除模式意味着排除：（a）根据条款 9.1 的主模式、或根据条款 10 的原始模式、或根据条款 9.6 的所有合模式、或根据条款 10.2 有资格作为模式的所有成分；或（b）之前根据条款 9.11–9.13 或 10.2 指定的模式；或（c）之前根据条款 14.9 保留的模式。

条款 49

49.1. 对具有基名（条款 6.10）的属或以下等级名称的作者引用由引用在括号内的基名作者后跟随该名称自身的作者组成（也见条款 46.7）。

例 1. 当 *Medicago polymorpha*〔南苜蓿〕var. *orbicularis* L. (Sp. Pl.: 779. 1753)被提升至种的等级时，应引用为 *M. orbicularis* (L.) Bartal. (Cat. Piante Siena: 60. 1776)。

例 2. 当 *Anthyllis* sect. *Aspalathoides* DC. (Prodr. 2: 169. 1825)被提升至属的等级，保留加词 *Aspalathoides* 为其名称，应引用为 *Aspalathoides* (DC.) K. Koch (Hort. Dendrol.: 242. 1853)。

例 3. 当 *Cineraria* sect. *Eriopappus* Dumort. (Fl. Belg.: 65. 1827)转移至 *Tephroseris* (Rchb.) Rchb.〔狗舌草属〕时，应引用为 *T.* sect. *Eriopappus* (Dumort.) Holub〔长缨狗舌草组〕(in Folia Geobot. Phytotax. 8: 173. 1973)。

例 4. 当 *Cistus aegyptiacus* L. (Sp. Pl.: 527. 1753)转移至 *Helianthemum* Mill.〔半日花属〕时，应引用为 *H. aegyptiacum* (L.) Mill. (Gard. Dict., ed. 8: *Helianthemum* No. 23. 1768)。

例 5. *Fumaria bulbosa* var. *solida* L. (Sp. Pl.: 699. 1753)提升至种的等级为 *F. solida* (L.) Mill. (Gard. Dict. Abr., ed. 6: Fumaria No. 8. 1771)。这个种的名称在转移至 *Corydalis* DC.〔紫堇属〕时，应引用为 *C. solida* (L.) Clairv.〔密花紫堇〕(Man. Herbor. Suisse: 371. 1811)，而不是 *C. solida* "(Mill.) Clairv."。

例 6. *Pulsatilla montana*〔山白头翁〕var. *serbica* W. Zimm. (in Feddes Repert. Spec. Nov. Regni Veg. 61: 95. 1958)最初被置于 *P. montana* subsp. *australis* (Heuff.) Zämelis 下，当被置于 *P. montana* subsp. *dacica* Rummelsp.下时（见条款 24.1)，保持其作者归属，且不应引用为 var. *serbica* "(W. Zimm.) Rummelsp." (in Feddes Repert. 71: 29. 1965)。

例 7. *Salix* subsect. *Myrtilloides* C. K. Schneid.〔越桔柳亚组〕(Ill. Handb. Laubholzk. 1: 63. 1904) 最初置于 *S.* sect. *Argenteae* W. D. J. Koch；当置于 *S.* sect. *Glaucae* Pax〔绿叶柳组〕下时（见条款 21.1)，保留其作者归属，且不应被引用为 *S.* subsect. *Myrtilloides* "(C. K. Schneid.) Dorn" (in Canad. J. Bot. 54: 2777. 1976)。

例 8. Rehder (in J. Arnold Arbor. 1: 130. 1919)发表的名称 *Lithocarpus polystachyus*〔多穗石栎〕基于被 Candolle 归属于"Wall.! list n. 2789"（裸名）的 *Quercus polystachya* A. DC. (Prodr. 16(2): 107. 1864)；Rehder 的组合应引用为 *L. polystachyus* (Wall. ex A. DC.) Rehder 或 *L. polystachyus* (A. DC.) Rehder（见条款 46.5)。

❶ **注释 1.** 对于替代名称（条款 6.11)，作者引用仅包括该名称自身的作者，而不包括被替代异名的作者。

例 9. *Mycena coccineoides* 是 *Omphalina coccinea* Murrill 的替代名称（见条款 6 例 15)，应引用为 *M. coccineoides* Grgur.，而不是 *M. coccineoides* "(Murrill) Grgur." (也见条款 58 例 1、3 和 4)。

❶ **注释 2.** 条款 46.7 规定了在起点晚于 1753 年的类群中的一些名称后，在单词 "ex" 前使用带括号的作者引用。

49.2. 带括号的作者引用不用于属以上的名称。

例 10. 即使 *Illiciaceae* A. C. Sm.〔八角科〕(in Sargentia 7: 8. 1947)是通过引证 *Illicieae* DC.〔八角族〕(Prodr. 1: 77. 1824)而合格发表，它不应引用为 *Illiciaceae* "(DC.) A. C. Sm."。

条款 50

50.1. 当种或以下等级的分类群从非杂种类别转移至相同等级的杂种类别时

（条款 H.10 注释 1），或相反，作者归属保持不变，但可在括号内跟随原类别的指示。

例 1. *Stachys ambigua* Sm. (in Smith & Sowerby, Engl. Bot. 30: t. 2089. 1809)发表为种的名称。如果被视为适用于杂种时，它可以引用为 *S.* ×*ambigua* Sm. (pro sp.〔作为种〕)。

例 2. *Salix* ×*glaucops* Andersson (in Candolle, Prodr. 16(2): 281. 1868)发表为杂种的名称，后来，Rydberg (in Bull. New York Bot. Gard. 1: 270. 1899)认为该分类群应为一个种。如果接受这一观点，该名称可引用为 *S. glaucops* Andersson (pro hybr.〔作为杂种〕)。

第二节 有关引用的通用辅则

辅则 50A

50A.1. 在引用因为仅被引用为异名而未被合格发表（条款 36.1(b)）的称谓时，应添加词语"as synonym〔为异名〕"或"pro syn.〔作为异名〕"。

辅则 50B

50B.1. 在裸名的引用中，应通过添加词语"nomen nudum〔裸名〕"或"nom. nud.〔裸名〕"来指明其地位。

例 1. "*Carex bebbii*" (Olney, Carices Bor.-Amer. 2: 12. 1871)发表时无描述或特征集要，应引用为 *Carex bebbii* Olney, nomen nudum（或 nom. nud.）。

辅则 50C

50C.1. 晚出同名的引用应跟随早出同名的作者姓名并在前面添加单词"non〔不是〕"，最好加上发表日期。在某些情形下，在前面加上单词"nec〔也不是〕"也引用任何其他同名是可取的。

例 1. *Ulmus racemosa* Thomas in Amer. J. Sci. Arts 19: 170. 1831, non Borkh. 1800。

例 2. *Lindera* Thunb.〔山胡椒属〕, Nov. Gen. Pl.: 64. 1783, non Adans. 1763。

例 3. *Bartlingia* Brongn. in Ann. Sci. Nat. (Paris) 10: 373. 1827, non Rchb. 1824 nec F. Muell. 1882。

辅则 50D

50D.1. 错误鉴定不应包括在异名中，但可加在它们之后。误用名称应通过词语"auct. non〔作者不是〕"跟随原来作者的姓名和该错误鉴定的参考文献来指示。

例 1. *Ficus stortophylla* Warb. in Ann. Mus. Congo Belge, Bot., ser. 4, 1: 32. 1904. *F. irumuensis* De Wild., Pl. Bequaert. 1: 341. 1922. *F. exasperata* auct. non Vahl: De Wildeman & Durand in Ann. Mus. Congo Belge, Bot., ser. 2, 1: 54. 1899; De Wildeman, Miss. Ém. Laurent: 26. 1905; Durand & Durand, Syll. Fl. Congol.: 505. 1909。

辅则 50E

50E.1. 在正式的引用中，保留名称（nomen conservandum；见条款 14 和附录 II–IV）后应加上缩写"nom. cons.〔保留名称〕"，或在保留拼写情形下加上"orth. cons.〔保留缀词法〕"。

例 1. *Protea* L., Mant. Pl.: 187. 1771, nom. cons., non L. 1753。

例 2. *Combretum* Loefl.〔风车子属〕 1758, nom. cons. [= Grislea L. 1753]。

例 3. *Glechoma* L.〔活血丹属〕1753, orth. cons., 'Glecoma'。

50E.2. 在正式引用中，根据条款 56 废弃的名称（必须废弃的名称，禁止名称；见附录 V）后应加上缩写"nom. rej.〔废弃名称〕"。

例 4. *Betula alba* L. 1753, nom. rej.。

❶ **注释 1.** 辅则 50E.2 也适用于基于必须废弃的名称（禁止名称；见条款 56.1）的任何组合。

例 5. *Dryobalanops sumatrensis* (J. F. Gmel.) Kosterm. in Blumea 33: 346. 1988, nom. rej.。

辅则 50F

50F.1. 如果名称被引用具有改变自最初发表的形式，在完整引用中加上准确的原始形式是可取的，最好在单引号或双引号中。

例 1. *Pyrus calleryana* Decne.〔豆梨〕(*P. mairei* H. Lév. in Repert. Spec. Nov. Regni Veg. 12: 189. 1913, 'Pirus')。

例 2. *Zanthoxylum cribrosum* Spreng., Syst. Veg. 1: 946. 1824, 'Xanthoxylon' (*Z. caribaeum* var. *floridanum* (Nutt.) A. Gray in Proc. Amer. Acad. Arts 23: 225. 1888, 'Xanthoxylum')。

例 3. *Spathiphyllum solomonense* Nicolson in Amer. J. Bot. 54: 496. 1967, 'solomonensis'。

辅则 50G

50G.1. 作者应避免在其出版物中提及他们并不接受的、之前未发表的名称，特别是当对那些未发表名称负责的人未正式授权其发表时（见辅则 23A.3(i)）。

第七章　名称的废弃

条款 51

51.1. 合法名称不得仅因为该名称或其加词不恰当或不称意，或因为有另一个更合意或熟知的（但见条款 56.1 和 F.7.1），或因为它已丧失了其原来的意思而被废弃。

> **例 1.** 下列变更与条款 51.1 相悖：*Mentha*〔薄荷属〕更改为 *Minthe*, *Staphylea*〔省沽油属〕更改为 *Staphylis*, *Tamus* 更改为 *Tamnus*、*Thamnos* 或 *Thamnus*, *Tillaea*〔东爪草属〕更改为 *Tillia*, *Vincetoxicum*〔白前属〕更改为 *Alexitoxicon*；以及，*Orobanche artemisiae* 更改为 *O. artemisiepiphyta*, *O. columbariae* 更改为 *O. columbarihaerens*, *O. rapum-genistae* 更改为 *O. rapum* 或 *O. sarothamnophyta*。

> **例 2.** 不应仅因种加词 *quinquegona* 是一个杂合词（拉丁文和希腊文）（与辅则 23A.3(C) 相悖）废弃 *Ardisia quinquegona* Blume〔罗伞树〕(Bijdr. Fl. Ned. Ind. 13: 689. 1825)，而采用 *A. pentagona* A. DC. (in Trans. Linn. Soc. London 17: 124. 1834)。

> **例 3.** 不应仅因该种不产于秘鲁而废弃名称 *Scilla peruviana* L. (Sp. Pl.: 309. 1753)。

> **例 4.** 不应仅因该种的叶仅部分对生和部分互生而废弃基于 *Polycnemum oppositifolium* Pall. 的名称 *Petrosimonia oppositifolia* (Pall.) Litv.〔短苞叉毛篷〕(Sched. Herb. Fl. Ross. 7: 13. 1911)，尽管有另一个所有叶均为对生的近缘种 *Petrosimonia brachiata* (Pall.) Bunge。

> **例 5.** 不应如 Kunth (in Mém. Mus. Hist. Nat. 4: 430. 1818)所做的那样，仅因最初是献给 Richardson 的，废弃 *Richardia* L.〔墨苜蓿属〕(Sp. Pl.: 330. 1753)而采用 *Richardsonia*。

条款 52

52.1. 除非保留（条款 14）、保护（条款 F.2）或认可（条款 F.3），一个名称如果在发表时为命名上多余的，则为不合法且应予废弃，即它如其作者所界定那样应用于一个分类群，明确包括根据各项规则（但见条款 52.4 和 F.8.1）应被采用的名称或其加词应被采用的名称的模式（如条款 52.2 所限定的）。

52.2. 就条款 52.1 而言，实现明确包括名称的模式通过引用：(a)根据条款 9.1 的主模式、或根据条款 10 的原始模式、或根据条款 9.6 的所有合模式、或根据条款 10.2 有资格作为模式的所有成分；或（b）根据条款 9.11–9.13 或 10.2 之前指定的模式；或，（c）根据条款 14.9 之前保留的模式；或，（d）这些模式的图示。它也可通过（e）引用该名称自身或当时的任何同模式名称，除非该模式同时被明确或含蓄地排除。

例 1. 属名 *Cainito* Adans. (Fam. Pl. 2: 166. 1763)是不合法的，因为它是被 Adanson 引用为异名的 *Chrysophyllum* L.〔金叶树属〕(Sp. Pl.: 192. 1753)的多余名称。

例 2. *Picea excelsa* Link (in Linnaea 15: 517. 1841)是不合法的，因为它基于 *Pinus excelsa* Lam. (Fl. Franç. 2: 202. 1779)，而后者是 *Pinus abies* L. (Sp. Pl.: 1002. 1753)的多余名称。在 *Picea* 下，正确的名称是 *Picea abies* (L.) H. Karst.〔欧洲云杉〕(Deut. Fl.: 324. 1881)。

例 3. *Salix myrsinifolia* Salisb. (Prodr. Stirp. Chap. Allerton: 394. 1796)是合法的，因为其明确基于 Hoffmann (Hist. Salic. Ill.: 71. 1787)的"*S. myrsinites*"，后者是 *S. myrsinites* L. (Sp. Pl.: 1018. 1753)的误用，该名称被 Salisbury 通过未引用 Linnaeus 而含蓄地排除，如同其在 *Salix* 的其他 14 个种中各种下所做的一样。

例 4. *Cucubalus latifolius* Mill.和 *C. angustifolius* Mill.不是不合法名称，尽管 Miller 的种现与之前命名为 *C. behen* L.〔白玉草〕(Sp. Pl.: 414. 1753)的种合并：如 Miller (Gard. Dict., ed. 8: Cucubalus No. 2, 3. 1768)所界定的 *C. latifolius* 和 *C. angustifolius* 不包括 *C. behen* L.的模式，后者被他采用给另一个种。

例 5. 明确排除模式。当发表名称 *Galium tricornutum*〔麦仁珠〕时，Dandy (in Watsonia 4: 47. 1957)引用 *G. tricorne* Stokes (Bot. Arr. Brit. Pl., ed. 2, 1: 153. 1787) pro parte〔部分〕为异名，同时明确排除其模式。

例 6. 含蓄排除模式。*Tmesipteris elongata* P. A. Dang. (in Botaniste 2: 213. 1891)发表为新种，但引用了 *Psilotum truncatum* R. Br. 为异名。然而，在下一页，*T. truncata* (R. Br.) Desv.被承认为不同的种，且在两页后，二者均在检索表中被区别，因而表明引用异名的意思是"*P. truncatum* R. Br. pro parte"或"*P. truncatum* auct. non R. Br."。

例 7. 在 *Persicaria maculosa* Gray〔春蓼〕(Nat. Arr. Brit. Pl. 2: 269. 1821)下，名称 *Polygonum persicaria* L.引用为被替代异名，因而明确包括了 *Polygonum persicaria* 的模式。然而，因为 *Persicaria mitis* Delarbre (Fl. Auvergne ed. 2: 518. 1806)是 *Polygonum persicaria* 的一个较早的合法替代名称，因而是同模式的（条款 7.4），所以，*Persicaria maculosa* 在发表时是 *Persicaria mitis* 的不合法的多余名称。通过保留，其继续使用已变为可能（见附录 IV）。

例 8. 在 *Bauhinia semla* Wunderlin (in Taxon 25: 362. 1976)下，名称 *B. retusa* Roxb. (Fl. Ind., ed. 1832, 2: 322. 1832) non Poir. (in Lamarck, Encycl. Suppl. 1: 599. 1811)引用为被替代异名，同时 *B. emarginata* Roxb. ex G. Don (Gen. Syst. 2: 462. 1832) non Mill. (Gard. Dict., ed. 8: Bauhinia No. 5. 1768)也引用在异名中，因而明确包括了两个异名的模式。然而，*B. roxburghiana* Voigt (Hort. Suburb. Calcutt.: 254. 1845)是发表给 *B. emarginata* Roxb. ex G. Don 的替代名称，必定与它是同模式的（条款 7.4），应被 Wunderlin 采用。因此，*B. semla* 是一个不合法的多余名称，但它以其被替代异名 *B. retusa* 的模式而被模式标定（见条款 7

例 5）。

例 9. *Apios americana* Medik. (Vorles. Churpfälz. Phys.-Ökon. Ges. 2: 355. 1787)和 *A. tuberosa* Moench (Methodus: 165. 1794)均为合法名称 *Glycine apios* L. (Sp. Pl.: 753. 1753)的替代名称，后者的加词在 *Apios*〔土圞儿属〕内的组合将构成一个重词名（条款 23.4），并因此将不会被合格发表（条款 32.1(c)）。因为 Moench 在异名中引用 *Glycine apios*，它在当时和现在一样与 *A. americana* 是同模式的，后者具有优先权，且 Moench 应采用，所以，*A. tuberosa* 在发表时在命名上是多余的，并因此为不合法的。

例 10. *Welwitschia* Rchb. (Handb. Nat. Pfl.-Syst.: 194. 1837)基于 *Hugelia* Benth. (Edwards's Bot. Reg. 19: t. 1622. 1833), non *Huegelia* Rchb. (in Mitth. Geb. Fl. Pomona 1829(13): 50. 1829)。*Welwitschia* Hook. f.〔百岁兰属〕(in Gard. Chron. 1862: 71. 1862)针对 *Welwitschia* Rchb.被保留，生效于 1910 年 5 月 18 日（见条款 14 注释 4(b)）。因为 *Welwitschia* Rchb. 不再可用，所以，也基于 *Hugelia* Benth.的 *Eriastrum* Wooton & Standl. (in Contr. U. S. Natl. Herb. 16: 160. 1913)发表时不是命名上多余的。

ⓘ 注释 1. 在新分类群中包括表示疑问的成分，如引用一个带有问号的名称，或在某种意义上排除一个或多个其潜在的模式成分，并不使该新分类群的名称成为命名上多余的。

例 11. *Blandfordia grandiflora* R. Br. (Prodr. Fl. Nov. Holland.: 296. 1810) 的原白在异名中包括 "*Aletris punicea*. Labill. nov. holl. 1. p. 85. t. 111 ?"，表示该新种可能与 *A. punicea* Labill. (Nov. Holl. Pl. 1: 85. 1805)相同。虽然如此，*Blandfordia grandiflora* 仍是一个合法名称。

ⓘ 注释 2. 在一个新分类群中所包括的成分后来被指定为另一个名称的模式，如此模式标定后的名称应被采用或其加词应被采用，其本身并不使该新分类群的名称不合法。

例 12. *Leccinum* Gray〔疣柄牛肝菌属〕(Nat. Arr. Brit. Pl. 1: 646. 1821)未包括 *Boletus* L.〔牛肝菌属〕(Sp. Pl.: 1176. 1753) : Fr.的所有潜在模式（事实上一个都没有），且它因此不是不合法的，即使它包括了 *L. edule* (Bull. : Fr.) Gray〔美味牛肝菌〕，即 *Boletus* 后来的保留模式 *B. edulis* Bull. : Fr.。

52.3. 就条款 52.2（e）而言，引用名称可通过对其直接和明确引证来实现，如通过引用其原始序号或确切的鉴别性短语名称（林奈的"合法种名"）而不是其加词。

例 13. 在发表名称 *Matricaria suaveolens*〔母菊〕(Fl. Suec., ed. 2: 297. 1755)时，林奈采用了短语名称，并包括了 *M. recutita* L. (Sp. Pl.: 891. 1753)的所有异名，但未明确引用 *M. recutita*。因为在 1755 年，*M. recutita* 无主模式、无合模式、无指定的后选模式或保留模式，仅条款 52.2 的规定并不使 *M. suaveolens* 不合法。然而，因为 *M. recutita* 的确切鉴别性短语名称（合法种名）提供给了 *M. suaveolens*，后一名称根据条款 52.3 是不合法的。

ⓘ 注释 3. 就条款 52.2（e）而言，如果引用作者未正常地引用最初来源，或如果该名

称在当时文献中通常不是引用自其最初来源时，引用一个晚出等名等同于引用该名称本身。然而，如果有可能暗示该等名是引用较晚作者"的意义"或"如同使用在"较晚来源时，包括它本身并不导致不合法性。

52.4. 发表时为命名上多余的名称，如果有一个基名（其必须是合法的；见条款 6.10），或如果构自于合法的属名，并不因为其多余性而不合法。它在发表时不正确，但后来可变为正确。

例 14. 因为 Swartz 引用了合法名称 *Andropogon fasciculatus* L.〔蔓生莠竹〕(Sp. Pl.: 1047. 1753)为异名，所以，*Chloris radiata* (L.) Sw. (Prodr.: 26. 1788)发表时是命名上多余的。然而，因为它有基名 *Agrostis radiata* L. (Syst. Nat., ed. 10: 873. 1759)，所以，它不是不合法的。如 Hackel (in Candolle & Candolle, Monogr. Phan. 6: 177. 1889)所做，*Andropogon fasciculatus* 被处理为不同的种时，*Chloris radiata* 是 *Agrostis radiata* 在虎尾草属〔*Chloris*〕中的正确名称。

例 15. 因为 Heller 引用了合法名称 *Juglans californica* S. Watson (in Proc. Amer. Acad. Arts 10: 349. 1875)为异名，所以，基于 *J. rupestris* var. *major* Torr. (in Rep. Exped. Zuni and Colorado Rivers: 171. 1853)的 *J. major* (Torr.) A. Heller〔魁胡桃〕(in Muhlenbergia 1: 50. 1904)发表时是命名上多余的。虽然如此，因为它有基名，*J. major* 是合法的；当它被认为在分类上不同于 *J. californica* 时，可成为正确名称。

例 16. 因为其模式 *Elymus europaeus* L.也是 *Cuviera* Koeler (Descr. Gram.: 328. 1802)的模式，属名 *Hordelymus* (Jess.) Harz〔大麦披碱草属〕(Landw. Samenk.: 1147. 1885)发表时是命名上多余的。然而，因为有基名 *Hordeum* [unranked〔无等级的〕] *Hordelymus* Jess. (Deutschl. Gräser: 202. 1863)，它不是不合法的。*Cuviera* Koeler 后来因支持其晚出同名 *Cuviera* DC.而被废弃，*Hordelymus* 现可用于从后者分出的包含种 *E. europaeus* L.的属的正确名称。

例 17. 因为包含了 *Salicaceae* Mirb.〔杨柳科〕(Elém. Physiol. Vég. Bot. 2: 905. 1815)的模式 *Salix* L.〔柳属〕，*Carpinaceae* Vest〔鹅耳枥科〕(Anleit. Stud. Bot.: 265, 280. 1818)在发表时是命名上多余的。然而，因为构自合法属名 *Carpinus* L.〔鹅耳枥属〕，它不是不合法的。

例 18. 由于包括了 *Wormia subsessilis* Miq. (Fl. Ned. Ind., Eerste Bijv.: 619. 1861), nom. rej.，*W. suffruticosa* Griff. ex Hook. f. & Thomson (in Hooker, Fl. Brit. India 1: 35. 1872), nom. cons. 在发表时是命名上多余的。由于保留，之前不合法的 *W. suffruticosa* 可作为 *Dillenia suffruticosa* (Griff. ex Hook. f. & Thomson) Martelli〔黄花第伦桃〕(in Malesia 3: 163. 1886)的基名，后者也因此变为合法（见条款 6.4），尽管它因发表时包括 *W. subsessilis* 也是命名上多余的。

● **注释 4.** 在任何情况下，伴随发表杂种名称的亲本陈述不使该名称不合法（见条款 H.4 和 H.5）。

例 19. *Polypodium* × *shivasiae* Rothm. (in Kulturpflanze, Beih. 3: 245. 1962)是提出给 *P.*

australe Fée 和 *P. vulgare* subsp. *prionodes* (Asch.) Rothm.之间杂种的名称，同时，在同一出版物中(l.c.)，该作者接受名称 *P. ×font-queri* Rothm. (in Cadevall y Diars & Font Quer, Fl. Catalun. 6: 353. 1937)为 *P. australe* 和 *P. vulgare* L. subsp. *vulgare* 之间的杂种。根据条款 H.4.1，*P. ×shivasiae* 是 *P. ×font-queri* 的异名；即便如此，它不是不合法名称。

条款 53

53.1. 如果是晚出同名〔homonym〕，即其拼写与一个基于不同模式之前合格发表给相同等级的分类群的名称完全相同，除非保留（条款 14）、保护（条款 F.2）或认可（条款 F.3），否则，科、属或种的名称是不合法的。

ⓘ **注释 1.** 除非存在早出同名，同时发表的同名不因其同名性而不合法。

> **例 1.** 发表给 *Labiatae*〔唇形科〕的属的名称 *Tapeinanthus* Boiss. ex Benth. (in Candolle, Prodr. 12: 436. 1848)是之前合格发表给 *Amaryllidaceae*〔石蒜科〕的一个属的名称 *Tapeinanthus* Herb. (Amaryllidaceae: 190. 1837)的晚出同名。因此，*Tapeinanthus* Boiss. ex Benth.是不合法的，且不可用；它被 *Thuspeinanta* T. Durand (Index Gen. Phan.: 703. 1888)替代。

> **例 2.** *Torreya* Arn.〔香榧属〕(in Ann. Nat. Hist. 1: 130. 1838)是保留名称，且因此可使用，尽管存在早出同名 *Torreya* Raf. (in Amer. Monthly Mag. & Crit. Rev. 3: 356. 1818)。

> **例 3.** *Astragalus rhizanthus* Boiss. (Diagn. Pl. Orient., ser. 1, 2: 83. 1843)是合格发表名称 *A. rhizanthus* Royle ex Benth. (in Royle, Ill. Bot. Himal. Mts.: 200. 1835)的晚出同名，且因此为不合法的；它被 *A. cariensis* Boiss. (Diagn. Pl. Orient., ser. 1, 9: 56. 1849)替代。

> **例 4.** *Molina racemosa* Ruiz & Pav. (Syst. Veg. Fl. Peruv. Chil. 1: 209. 1798)（*Compositae*〔菊科〕）是 *Molina racemosa* Cav. (Diss. 9: 435. 1790)（*Malpighiaceae*〔金虎尾科〕）的不合法晚出同名。

> **例 5.** 因为同名性的规定不适用于科内次级区分，尽管为构自于 *Morus* L.〔桑属〕(Sp. Pl.: 986. 1753)的 *Moreae* Dumort.〔桑族〕(Anal. Fam. Pl.: 17. 1829)的晚出同名，构自于 *Mora* Benth. (in Trans. Linn. Soc. London 18: 210. 1839)的 *Moreae* Britton & Rose (in Britton, N. Amer. Fl. 23: 201, 217. 1930)不是不合法的。

ⓘ **注释 2.** 即使不合法、根据条款 56 和 F.7 被废弃，或此外通常被处理为异名，合格发表的早出同名导致废弃任何未被保留、保护或认可的晚出同名（但见条款 F.3.3）。

> **例 6.** *Zingiber truncatum* S. Q. Tong〔截形姜〕(in Acta Phytotax. Sin. 25: 147. 1987)是不合法的，因为它是合格发表的 *Z. truncatum* Stokes (Bot. Mat. Med. 1: 68. 1812)的晚出同名，尽管后一名称自身根据条款 52.1 为不合法；*Z. truncatum* S. Q. Tong 被 *Z. neotruncatum* T. L. Wu & al. (in Novon 10: 91. 2000)替代。

> **例 7.** *Amblyanthera* Müll. Arg. (in Martius, Fl. Bras. 6(1): 141. 1860)是合格发表的 *Amblyanthera* Blume (Mus. Bot. 1: 50. 1849)的晚出同名，且因此为不合法的，尽管

Amblyanthera Blume 现在被认为是 *Osbeckia* L.〔金锦香属〕(Sp. Pl.: 345. 1753)的异名。

53.2. 当两个或多个基于不同模式的属或种的名称非常相似以至于它们易被混淆（因为它们应用于近缘分类群或任何其他原因）时，它们被处理为同名（也见条款61.5）。如果已经形成将两个相似名称处理为同名的惯例，为了命名的稳定性，应维持这一惯例。

*例8. 处理为同名的名称：*Asterostemma* Decne. (in Ann. Sci. Nat., Bot., ser. 2, 9: 271. 1838)和 *Astrostemma* Benth. (in Hooker's Icon. Pl. 14: 7. 1880); *Pleuropetalum* Hook. f.〔多肋苋属〕(in London J. Bot. 5: 108. 1846)和 *Pleuripetalum* T. Durand (Index Gen. Phan.: 493. 1888); *Eschweilera* DC. (Prodr. 3: 293. 1828)和 *Eschweileria* Boerl. (in Ann. Jard. Bot. Buitenzorg 6: 106, 112. 1887); *Skytanthus* Meyen (Reise 1: 376. 1834)和 *Scytanthus* Hook. (in Icon. Pl. 7: ad t. 605–606. 1844)。

*例9. 均为纪念 Richard Bradley 的 *Bradlea* Adans. (Fam. Pl. 2: 324, 527. 1763)、*Bradleja* Banks ex Gaertn. (Fruct. Sem. Pl. 2: 127. 1790)和 *Braddleya* Vell. (Fl. Flumin.: 93. 1829)被处理为同名，因为在没有严重混淆风险的情况下，仅一个可被使用。

*例10. 均应用于鞭毛藻类的 *Acanthoica* Lohmann〔刺钙板藻属〕(in Wiss. Meeresuntersuch., Abt. Kiel 7: 68. 1902)和 *Acanthoeca* W. N. Ellis〔领鞭毛属〕(in Ann. Soc. Roy. Zool. Belgique 60: 77. 1930)足够相似而视为同名（Taxon 22: 313. 1973）。

*例11. 如果组合在相同的属或种的名称下，非常相似以至于可能被混淆的加词：*ceylanicus* 和 *zeylanicus*〔锡兰的〕; *chinensis* 和 *sinensis*〔中国的〕; *heteropodus*〔异长柄的〕和 *heteropus*; *macrocarpon*〔大果〕和 *macrocarpum*〔大果的〕; *macrostachys*〔大穗状花序〕和 *macrostachyus*〔具大穗状花序的〕; *napaulensis*、*nepalensis* 和 *nipalensis*〔尼泊尔的〕; *poikilantha*〔杂色花〕和 *poikilanthes*〔杂色花的〕; *polyanthemos*〔多花〕和 *polyanthemus*〔多花的〕; *pteroides* 和 *pteroideus*〔翅状的〕; *thibetanus* 和 *tibetanus*〔西藏的〕; *thibetensis* 和 *tibetensis*〔西藏的〕; *thibeticus* 和 *tibeticus*〔西藏的〕; *trachycaulon*〔糙茎〕和 *trachycaulum*〔糙茎的〕; *trinervis* 和 *trinervius*〔三脉的〕。

*例12. 不易混淆的名称: *Desmostachys* Miers (in Ann. Mag. Nat. Hist., ser. 2, 9: 399. 1852)和 *Desmostachya* (Stapf) Stapf〔羽穗草属〕(in Thiselton-Dyer, Fl. Cap. 7: 316. 1898); *Euphorbia peplis* L. (Sp. Pl.: 455. 1753) 和 *E. peplus* L.〔南欧大戟〕(l.c.: 456. 1753); *Gerrardina* Oliv. (in Hooker's Icon. Pl. 11: 60. 1870)和 *Gerardiina* Engl.〔列当科〕(in Bot. Jahrb. Syst. 23: 507. 1897); *Iris* L.〔鸢尾属〕(Sp. Pl.: 38. 1753) 和 *Iria* (Pers.) R. Hedw.〔单叶花楸属〕(Gen. Pl.: 360. 1806); *Lysimachia hemsleyana* Oliv.〔点腺过路黄〕(in Hooker's Icon. Pl. 20: ad t. 1980. 1891) 和 *L. hemsleyi* Franch.〔叶苞过路黄〕(in J. Bot. (Morot) 9: 461. 1895)（然而，见辅则23A.2）; *Monochaetum* (DC.) Naudin (in Ann. Sci. Nat., Bot., ser. 3, 4: 48. 1845)和 *Monochaete* Döll (in Martius, Fl. Bras. 2(3): 78. 1875); *Peltophorus* Desv. (in Nouv. Bull. Sci. Soc. Philom. Paris 2: 188. 1810)和 *Peltophorum* (Vogel) Benth. (in J. Bot. (Hooker) 2: 75. 1840); *Peponia* Grev. (in Trans. Microscop. Soc. London, n.s., 11: 75. 1863) 和 *Peponium* Engl. (in Engler & Prantl, Nat. Pflanzenfam., Nachtr. 1: 318. 1897); *Rubia* L.〔茜草属〕(Sp. Pl.:

109. 1753)和 *Rubus* L.〔悬钩子属〕(l.c.: 492. 1753)；*Senecio napaeifolius* (DC.) Sch. Bip. (in Flora 28: 498. 1845, 'napeaefolius'；见条款 60 例 37)和 *S. napifolius* MacOwan (in J. Linn. Soc., Bot. 25: 388. 1890；加词分别源自 *Napaea* L.和 *Brassica napus* L.)；*Symphyostemon* Miers (in Proc. Linn. Soc. London 1: 123. 1841) 和 *Symphostemon* Hiern (Cat. Afr. Pl. 1: 867. 1900)；*Urvillea* Kunth (in Humboldt & al., Nov. Gen. Sp. 5, ed. qu.: 105; ed. fol.: 81. 1821)和 *Durvillaea* Bory (Dict. Class. Hist. Nat. 9: 192. 1826)。

例 13. 针对处理为同名的较早名称而保留的名称（见附录 III）：*Cephalotus* Labill.〔土瓶草属〕（相对 *Cephalotos* Adans.）；*Columellia* Ruiz & Pav.（相对 *Columella* Lour.，均纪念罗马的农业作家 Columella）；*Lyngbya* Gomont（相对 *Lyngbyea* Sommerf.）；*Simarouba* Aubl.（相对 *Simaruba* Boehm.）。

53.3. 即使处于不同等级，相同属内的两个次级区分或相同种内的两个种下分类群的名称，如果它们不是基于相同模式且具有相同的最终加词则是同名，或具有易混淆的最终加词则被处理为同名。较晚的名称为不合法。

例 14. 由于二者有相同的模式（也见辅则 26A.1），*Andropogon sorghum* subsp. *halepensis* (L.) Hack.〔石茅〕(in Candolle & Candolle, Monogr. Phan. 6: 501. 1889) 和 *A. sorghum* var. *halepensis* (L.) Hack. (l.c.: 502. 1889)是合法的。

例 15. 因为其自身是基于 *Anagallis caerulea* L. (Amoen. Acad. 4: 479. 1759)的 *A. arvensis* var. *caerulea* (L.) Gouan (Fl. Monsp.: 30. 1765)的晚出同名，基于晚出同名 *A. caerulea* Schreb. (Spic. Fl. Lips.: 5. 1771)的 *A. arvensis* subsp. *caerulea* Hartm. (Sv. Norsk Exc.-Fl.: 32. 1846)是不合法的。

例 16. 即使两个名称应用于不同种下等级的分类群，基于 *Scenedesmus carinatus* var. *brevicaudatus* Hortob. (in Acta Bot. Acad. Sci. Hung. 26: 318. 1981)的 *S. armatus* var. *brevicaudatus* (Hortob.) Pankow (in Arch. Protistenk. 132: 153. 1986)是 *S. armatus* f. *brevicaudatus* L. S. Péterfi (in Stud. Cercet. Biol. (Bucharest), Ser. Biol. Veg. 15: 25. 1963)的晚出同名。然而，由于与 *S. armatus* f. *brevicaudatus* L. S. Péterfi 基于相同模式，*S. armatus* var. *brevicaudatus* (L. S. Péterfi) E. H. Hegew. (in Arch. Hydrobiol. Suppl. 60: 393. 1982)不是晚出同名。

❶ 注释 3. 相同的最终加词可用在不同的属次级区分的名称和不同种内种下分类群的名称。

例 17. 尽管有较早的 *Celsia* sect. *Aulacospermae* Murb. (Monogr. Celsia: 34, 56. 1926)，*Verbascum* sect. *Aulacosperma* Murb. (Monogr. Verbascum: 34, 593. 1933)是允许的。然而，因为它与辅则 21B.3 第二句相悖，这不应是一个效仿的例子。

53.4. 当对名称或其加词是否足够相似而易混淆有疑问时，可向总委员会提交一个决定请求，该委员将指派它至适当的分类群专家委员会审查（见第三篇规程 2.2、7.9 和 7.10）。是否处理相关名称为同名的建议可随后提交至国际植物学大会，且如果被批准，将变为具追溯既往之效的约束性决定。这些约束性决定列入附录 VII 中。

例 18. *Gilmania* Coville〔金垫蓼属〕(in J. Wash. Acad. Sci. 26: 210. 1936)发表为 *Phyllogonum* Coville (in Contr. U. S. Natl. Herb. 4: 190. 1893)的替代名称，因为作者认为后者是 *Phyllogonium* Brid.〔带藓属〕(Bryol. Univ. 2: 671. 1827)的晚出同名。尽管将 *Phyllogonum* Coville 和 *Phyllogonium* Brid.处理为同名已被接受，如在 Index Nominum Genericorum〔《属名索引》〕中，但是，根据条款 53.4，需要一个约束性决定。种子植物命名委员会得出这两个名称应处理为同名的结论 (in Taxon 54: 536. 2005)，得到了总委员会的支持（后来报告在 Taxon 55: 799. 2006)，且被 2005 年维也纳第 17 届国际植物学大会批准（见附录 VII)。因此，名称 *Gilmania* 应接受为合法。

53.5. 当两个或多个合法同名具有同等优先权时（见注释 1)，它们中第一个在有效发表的文本（条款 29–31)中被其同时废弃其他同名的作者采用的同名处理为具有优先权。类似地，如果作者在有效发表的文本中替代了除这些同名之一外的其他所有名称，用于那个未被重新命名的分类群的同名具有优先权（也见辅则 F.5A.2)。

例 19. 林奈同时发表了"10." *Mimosa cinerea* (Sp. Pl.: 517. 1753) 和 "25." *M. cinerea* (Sp. Pl.: 520. 1753)。在 1759 年（Syst. Nat., ed. 10: 1311)，他重新命名种 10 为 *M. cineraria* L.，而将名称 *M. cinerea* 留用给种 25，因此，后者被处理为较其同名具有优先权。

例 20. Rouy & Foucaud (Fl. France 2: 30. 1895)以两个不同的模式在不同亚种下为两个不同的分类群发表了名称 *Erysimum hieraciifolium* var. *longisiliquum*。这些名称中仅一个可留用。

❶ 注释 4. 根据条款 53.5 重新命名或废弃的同名仍然合法，且若被转移至另一个属或种内，它较相同等级上的晚出同名具有优先权。

例 21. *Mimosa cineraria* L. (Syst. Nat., ed. 10: 1311. 1759)基于 *M. cinerea* L. (Sp. Pl.: 517 [non 520]. 1753; 见条款 53 例 19)，被 Druce (in Bot. Exch. Club Brit. Isles Rep. 3: 422. 1914)转移至 *Prosopis* L.〔牧豆树属〕为 *P. cineraria* (L.) Druce〔牧豆树〕。然而，如果该名称未被成功提出废弃（见附录 V)，在 *Prosopis* 中的正确名称应为基于 *M. cinerea* (l.c.)的组合。

条款 54

54.1. 同名的考虑不延伸至本《法规》不处理的分类群的名称，如下所述除外（也见条款 F.6.1)：

(a) 即使那些分类群已被重新归隶于本《法规》并不适用的有机体的不同类群，曾被处理为藻类、菌物和植物的分类群的名称的晚出同名是不合法的。

（b）应用于本《法规》涵盖的有机体且依其（条款 32–45）合格发表，但最初根据其他法规发表给不是藻类、菌物或植物的分类群的名称，是不合法的，如果，（1）根据其他法规[1]的规定，常因同名性而不可用，或（2）应用于首次处理为藻类、菌物或植物的分类群时，成为藻类、菌物或植物名称的同名（也见条款 45.1）。

（c）如果属名的拼写与之前根据《国际栽培植物命名法规》建立[2]的属间嫁接杂合体"名称"完全一致，则被处理为不合法的晚出同名。

> **例 1.** (b)(1) *Cribrosphaerella* Deflandre ex Góka (in Acta Palaeontol. Polon. 2: 239, 260, 280. 5 Sep 1957)是根据《国际动物命名法规》的规定发表给之前已知为 *Cribrosphaera* Arkhang. (in Mater. Geol. Rossii 25: 411. 1912)的白垩纪颗石藻类的，后者根据该《法规》是一个客观不合格（等同于不合法）名称，因其为放射虫类的属 *Cribrosphaera* Popofsky (in Ergebn. Plankton-Exped. 3(L.f.β): 22, 32, 63. 1906)的晚出同名。因为按照发表时所根据的那个《法规》的规定是不可用的，虽然 *Cribrosphaera* Arkhang.根据本《法规》不是晚出同名，但是它是不合法的；所以，*Cribrosphaerella* 是该颗石藻类的属在两个《法规》中的正确名称。

❶ **注释 1.**《国际原核生物命名法规》规定，如果是原核生物、菌物、藻类、原生动物或病毒分类群名称的晚出同名，原核生物分类群的名称是不合法的。

辅则 54A

54A.1. 只要可行，根据本《法规》命名新分类群的作者应避免使用那些已存在于动物或原核生物的分类群的名称（也见条款 F.6.1）。

条款 55

55.1. 即使其加词最初被置于不合法的属名下，种或属内次级区分的名称可以是合法的（也见条款 22.5）。

> **例 1.** 即使 *Agathophyllum* Juss. (Gen. Pl.: 431. 1789)是不合法的（它是 *Ravensara* Sonn., Voy. Indes Orient. 3: 248. 1782 的多余替代名称），*Agathophyllum neesianum* Blume (in Mus. Bot. 1: 340. 1851)是合法的。因为 Meisner (in Candolle, Prodr. 15(1): 104. 1864)将 *A. neesianum* 引用为其新种 *Mespilodaphne mauritiana* 的异名，根据条款 52，*M. mauritiana* Meisn.是不合法的。

---

1 此类名称在《国际动物命名法规》中被定义为"客观不合格〔objectively invalid〕"，在《国际原核生物命名法规》中为"不合法〔illegitimate〕"。

2 术语"建立〔established〕"被《国际栽培植物命名法规》用于《国际藻类、菌物和植物命名法规》中合格发表的概念。

例 2. 即使发表在为 *Calytrix* Labill. (Nov. Holl. Pl. 2: 8. 1806)的多余替代名称的 *Calycothrix* Meisn. (Pl. Vasc. Gen.: 107. 1838)下，*Calycothrix* sect. *Brachychaetae* Nied. (in Engler & Prantl, Nat. Pflanzenfam. 3(7): 100. 1893)是合法的。

55.2. 即使其最终加词最初被置于不合法的种名下，种下分类群的名称可以是合法的（也见条款 27.2）。

例 3. *Agropyron japonicum* var. *hackelianum* Honda (1927)〔日本纤毛草〕是合法的，即使发表在 *A. japonicum* (Miq.) P. Candargy (1901)的不合法的晚出同名 *A. japonicum* Honda (1927)下（也见条款 27 例 1）。

❶ **注释 1.** 根据条款 55.1 或 55.2 的规定产生的名称不可用，但可用作被替代异名或其他名称或组合的基名（如其自身不是不合法）。

55.3. 如果根据各项规则无其他障碍，归隶于其名称为保留、保护或认可的晚出同名的属，但之前归隶于废弃同名下的属的种或属内次级区分的名称，在该保留、保护或认可的名称下是合法的，不变更作者归属或日期。

例 4. 在发表时，*Alpinia languas* J. F. Gmel. (Syst. Nat. 2: 7. 1791)和 *A. galanga* (L.) Willd.〔红豆蔻〕(Sp. Pl. 1: 12. 1797)被归隶于 *Alpinia* L. (Sp. Pl.: 1753. 1753)。当名称 *Alpinia* 被保留自一个较晚的出版物（条款 14.9）为 *Alpinia* Roxb.〔山姜属〕(in Asiat. Res. 11: 350. 1810)时，这两个种被包括在新命名的属内，且根据本《法规》，它们的名称应被接受，在地位上不做任何改变。

55.4. 最初置于其名称为晚出同名的属名下的种或属内次级区分的名称的加词，或最初置于其名称为晚出同名的种名下的种下分类群的最终加词，可置于相应合法的早出同名下，不改变作者归属和日期。

例 5. *Haplanthus hygrophiloides* T. Anderson (in J. Linn. Soc., Bot. 9: 503. 1867)的加词最初被置于不合法属名 *Haplanthus* T. Anderson (l.c. 1867)下，后者为 *Haplanthus* Nees〔连丝爵床属〕(in Wallich, Pl. Asiat. Rar. 3: 77, 115. 1832)的晚出同名。当 *H. hygrophiloides* 反而被认为属于 *Haplanthus* Nees 时，它仍然被接受如此，不改变作者归属和日期。

例 6. 当同名 *Acidosasa* B. M. Yang〔酸竹属〕(in J. Hunan Teachers' Coll., Nat. Sci. Ed., 1981(2): 54. 1981)和 *Acidosasa* C. D. Chu & C. S. Chao (in J. Bamboo Res. 1: 165. 1982)被认为应用于同一属时，即使其加词最初被置于不合法的 *Acidosasa* C. D. Chu & C. S. Chao (1982)下，*A. chinensis* C. D. Chu & C. S. Chao〔酸竹〕(in J. Bamboo Res. 1: 165. 1982)仍然被接受如此。

条款 56

56.1. 可提议废弃任何将导致不利命名改变的名称（条款 14.1）。如此废弃的名称或其基名（如有）被置于必须废弃的名称〔nomen utique rejiciendum〕（禁止名称〔suppressed name〕，附录 V）清单中。与每个被列入的名称一样，所有以其为基名的名称同样被废弃，且无一可用（见辅则50E.2）。

❶ **注释 1.** 根据条款 56.1 废弃的名称并不因其废弃而变为不合法，且可继续提供较高等级名称的模式。类似地，尽管因包括废弃名称而不可用，废弃名称下的组合可为合法，且可用作其他组合的基名。

56.2. 必须废弃的名称（禁止名称）清单将为增加和变更保持长期开放。任何废弃名称的提案必须附有支持和反对该废弃的详细说明，包括模式标定的考量。此类提案必须提交给总委员会，该委员会将指派它们至不同的分类群专家委员会审查（见辅则 56A，第三篇规程 2.2、7.9 和 7.10；也见条款 14.12 和 34.1）。

56.3. 当根据条款 56 和 F.7 的废弃名称的提案在有关分类群专家委员会研究后被总委员会批准时，该名称的废弃需经随后的国际植物大会决定核准（也见条款 14.15 和 34.2）。废弃生效自总委员会批准的有效发表日期（条款 29—31）。

❶ **注释 2.** 总委员会有关特定废弃提案的决定日期可通过查询《国际藻类、菌物和植物命名法规》附录数据库(http://botany.si.edu/references/codes/props/index.cfm)确定。

辅则 56A

56A.1. 根据条款 56 或 F.7 的废弃名称的提案已指派给适当的专家委员会研究时，作者应尽可能遵循该名称的现有用法直至总委员会作出有关提案的建议。

条款 57

57.1. 除非且直至根据条款 14.1 或 56.1 处理它的提案被提出并被否决，一个被广泛而长期用于并不包括其模式的一个或多个分类群的名称，不应用在与现行用法相冲突的意义上。

例 1. 基于 *Lycoperdon pusillum* Batsch〔小马勃〕(Elench. Fung. Cont. Secunda: 123. 1789) 的名称 *Bovista pusilla* (Batsch : Pers.) Pers. (Syn. Meth. Fung.: 138. 1801) : Pers.是由一幅代表现在被认为是 *B. limosa* Rostr. (in Meddel. Grønland 18: 52. 1894) s. l.的种的图示（Batsch, l.c.: t. 41, fig. 228. 1789）模式标定的，但是被广泛而长期用于正确名称为 *B. dermoxantha* Vitt.和 *B. furfuracea* Pers. : Pers 的两个不同种之一或二者。除非且直至废弃名称 *B. pusilla* 或针对它而保留 *B. limosa* 的提案被提出且被否决，名称 *B. pusilla* 不应使用。

条款 58

58.1. 如果根据各项规则不存在障碍，在不合法名称中的最终加词可被重新用于相同或不同等级的不同名称；或一个不合法的属名可被重新用作属内次级区分的名称的加词。那么，因此产生的名称被处理为与该不合法名称具有相同模式的替代名称（条款 7.4；也见条款 7.5 或条款 41 注释 3），或为具有不同模式的新分类群名称。其优先权并不回溯至该不合法名称发表的日期（见条款 11.3 和 11.4）。

例 1. 根据条款 53.1，名称 *Talinum polyandrum* Hook. (in Bot. Mag.: ad t. 4833. 1855)是不合法，因为它是 *T. polyandrum* Ruiz & Pav. (Fl. Peruv. Prodr.: 65. 1794)的晚出同名。当 Bentham (Fl. Austral. 1: 172. 1863)将 *T. polyandrum* Hook.转移至 *Calandrinia* Kunth 时，他称之为 *C. polyandra*。这个名称自 1863 年具有优先权，并应引用为 *C. polyandra* Benth.，而不是 *C. polyandra* "(Hook.) Benth."。

例 2. 根据条款 53.1，*Cymbella subalpina* Hust. (in Int. Rev. Gesamten Hydrobiol. Hydrogr. 42: 98. 1942)是不合法的，因为它是 *C. subalpina* F. Meister (Kieselalg. Schweiz: 182, 236. 1912)的晚出同名。当 Mann (in Round & al., Diatoms: 667. 1990)将 *C. subalpina* Hust.转移至 *Encyonema* Kütz.〔肉丝藻属〕时，他称之为 *E. subalpinum* D. G. Mann。这个名称是一个优先权始自 1990 年的替代名称，而且，正因为如此，根据条款 52.1，它是不合法的，因为 *C. mendosa* VanLand. (Cat. Fossil Recent Gen. Sp. Diatoms Syn. 3: 1211, 1236. 1969)已作为 *C. subalpina* Hust.的替代名称发表。

例 3. 根据条款 52.1，*Hibiscus ricinifolius* E. Mey. ex Harv. (Fl. Cap. 1: 171. 1860)为不合法，因为 *H. ricinoides* Garcke (in Bot. Zeitung (Berlin) 7: 834. 1849)被引用在异名中。当加词 *ricinifolius* 被 Hochreutiner (in Annuaire Conserv. Jard. Bot. Genève 4: 170. 1900)组合在 *H. vitifolius* 下的变种等级时，其名称是合法的，且被处理为替代名称，由 *H. ricinoides* 的模式而模式标定（条款 7.4）。该名称应引用为 *H. vitifolius* var. *ricinifolius* Hochr.，而不是 *H. vitifolius* var. *ricinifolius* "(E. Mey. ex Harv.) Hochr."。

例 4. 因为 Klotzsch 的界定包括 *Decarinium* Raf. (Neogenyton: 1. 1825)的原始模式 *Croton glandulosus* L.，根据条款 52.1，*Geiseleria* Klotzsch (in Arch. Naturgesch. 7: 254. 1841)是不合法的。后来，Gray (Manual, ed. 2: 391. 1856)发表了 *Croton* subg. *Geiseleria*，其优先权始自那个日期，并应引用为 *C.* subg. *Geiseleria* A. Gray，而不是 *C.* subg. *Geiseleria* "(Klotzsch) A. Gray"。因为该亚属名是替代名称，其模式为 *C. glandulosus*，即 *Decarinium* 的模式（条款 7.4）及 *Geiseleria* 的自动模式（条款 7.5）。

❶ *注释 1.* 当根据条款 52.1 为不合法名称的加词被重新用在相同等级时，产生的名称是不合法的，除非明确排除导致名称不合法性的模式或其加词不可用。

例 5. 根据条款 52.1，*Menispermum villosum* Lam. (Encycl. 4: 97. 1797)是不合法，因为，在

异名中引用了 *M. hirsutum* L. (Sp. Pl.: 341. 1753)。因为 *M. hirsutum* 的模式未被明确排除，且加词 *hirsutus* 在 Cocculus 可用，基于 *M. villosum* 的名称 *Cocculus villosus* DC. (Syst. Nat. 1: 525. 1817)也是不合法的。

例 6. *Cenomyce ecmocyna* Ach. (Lichenogr. Universalis: 549. 1810)是重新命名给 *Lichen gracilis* L. (Sp. Pl.: 1152. 1753)的不合法名称。因为 *L. gracilis* 的模式未被明确排除，且加词 *gracilis* 可用，基于 *C. ecmocyna* 的 *Scyphophorus ecmocynus* Gray (Nat. Arr. Brit. Pl. 1: 421. 1821)也是不合法的。当 Leighton (in Ann. Mag. Nat. Hist., ser. 3, 18: 406. 1866)提出组合 *Cladonia ecmocyna* 时，明确地排除了 *L. gracilis*，因而，发表了一个新种的合法名称，即 *Cladonia ecmocyna* Leight.。

例 7. 因为 *Maba elliptica* J. R. Forst. & G. Forst. (Char. Gen. Pl., ed. 2: 122. 1776)被引用在异名中，根据条款 52.1，*Ferreola ellipticifolia* Stokes (in Bot. Mat. Med. 4: 556. 1812)是不合法的。Bakhuizen van den Brink 发表 *Diospyros ellipticifolia* Bakh. (in Gard. Bull. Straits Settlem. 7: 162. 1933)作为 *F. ellipticifolia* 的替代名称，且未排除 *M. elliptica* 的模式。虽然如此，*Diospyros ellipticifolia* 是合法名称，因为，在 1933 年，由于已存在 *D. elliptica* Knowlt. (in Bull. U. S. Geol. Surv. 204: 83. 1902)，*D. elliptica* (J. R. Forst. & G. Forst.) P. S. Green (in Kew Bull. 23: 340. 1969)为其不合法晚出同名，加词 *elliptica* 在 *Diospyros*〔柿树属〕下已不可用。

条款 59

（具多型生活史的菌物的名称）
见第 F 章的条款 F.8

第八章　名称的缀词法和性

第一节　缀　词　法

条款 60

60.1. 名称或加词的最初拼写应予以保持（但见条款 14.8、14.11 和 F.3.2），除了更正排版或缀词错误以及由条款 60.4（引入经典拉丁文中的外来字母和连体字母）、60.5 和 6.6（*u/v*、*i/j* 或 *eu/ev* 的互换）、60.7（变音符号和连体字母）、60.8（词尾；也见条款 32.2）、60.9（刻意的拉丁化）、60.10（复合词形式）、60.11 和 60.12（连字符）、60.13（撇号和句点）、60.14（缩写）和 F.9.1（菌物名称的加词）强制的标准化（也见条款 14.8、14.11 和 F.3.2）外。

例 1. 保持最初的拼写：属名 *Mesembryanthemum* L.〔日中花〕(Sp. Pl.: 480. 1753)和 *Amaranthus* L.〔苋属〕(Sp. Pl.: 989. 1753)为林奈刻意如此拼写，该拼写不应分别改变为 *'Mesembrianthemum'* 和 *'Amarantus'*，尽管后面的形式在语言学上是正确的(见 Bull. Misc. Inform. Kew 1928: 113, 287. 1928)。— *Phoradendron* Nutt.〔穗花桑寄生属〕(in J. Acad. Nat. Sci. Philadelphia, ser. 2, 1: 185. 1848)不应改变为 *'Phoradendrum'*。— *Triaspis mozambica* A. Juss. (in Ann. Sci. Nat., Bot., ser. 2, 13: 268. 1840)不应如在 Engler (Pflanzenw. Ost-Afrikas C: 232. 1895)中改变为 *'T. mossambica'*。— *Alyxia ceylanica* Wight (Icon. Pl. Ind. Orient. 4: t. 1293. 1848)不应如在 Trimen (Handb. Fl. Ceylon 3: 127. 1895)中改变为 *'A. zeylanica'*。— *Fagus sylvatica* L.〔欧洲水青冈〕(Sp. Pl.: 998. 1753)不应变更为 *'F. silvatica'*。尽管经典的拼写是 *silvatica*，中世纪的拼写 *sylvatica* 不是缀词错误(也见辅则 60E)。—*Scirpus cespitosus* L. (Sp. Pl.: 48. 1753)不应改变为 *'S. caespitosus'*。

*例 2. 即使最初拼写为 *'rachodes'*（见 Wilson in Taxon 66: 189. 2017），*Agaricus rhacodes* Vittad. (Descr. Fung. Mang.: 158. 1833)的加词应如此拼写。

*例 3. 排版错误：*Globba 'brachycarpa'* Baker (in Hooker, Fl. Brit. India 6: 205. 1890)和 *Hetaeria 'alba'* Ridl. (J. Linn. Soc., Bot. 32: 404. 1896)分别是 *Globba trachycarpa* Baker 和 *Hetaeria alta* Ridl.的排版错误(见 Sprague in J. Bot. 59: 349. 1921)。

例 4. 正如插在同一卷第 4 和第 5 页间的更正插页中注释的，*'Torilis' taihasenzanensis* Masam. (in J. Soc. Trop. Agric. 6: 570. 1934)是 *Trollius taihasenzanensis*〔台湾金莲花〕的排版错误。

例 5. 错误拼写的 *Indigofera 'longipednnculata'* Y. Y. Fang & C. Z. Zheng〔长总梗木蓝〕 (in Acta Phytotax. Sin. 21: 331. 1983)可推测为排版错误，且应更正为 *I. longipedunculata*。

*例 6. 缀词错误：*Gluta 'benghas'* L. (Mant. Pl.: 293. 1771) 是 *G. renghas* 的缀词错误，引用为 *G. renghas* L.（见 Engler in Candolle & Candolle, Monogr. Phan. 4: 225. 1883）；被林奈用作种加词的方言名是"renghas"，而不是"benghas"。

例 7. 属名的原始拼写 *'Nilsonia'* Brongn. (in Ann. Sci. Nat. (Paris) 4: 210. 1825) 是可根据条款 60.1 更正为 *Nilssonia* 的缀词错误，因此，其保留是不必要的。Brongniart 以 Sven Nilsson 命名该属，他在其 1825 年的出版物中一直将后者的姓氏误拼为"Nilson"。

❶ **注释 1.** 条款 14.11 规定了科、属或种的名称的特定拼写的保留（见条款 14.8）。

例 8. *Bougainvillea* Comm. ex Juss.〔叶子花属〕(*'Buginvillaea'*), orth. cons.（见附录 III）。

例 9. 尽管 *Wisteria* Nutt.〔紫藤属〕, nom. cons.是为致敬 Caspar Wistar 而命名的，它不应改变为 *'Wistaria'*，因为 *Wisteria* 是用在附录 III 中的拼写（见条款 14.8）。

60.2. 词语"原始拼写〔original spelling〕"意思是新分类群的名称或替代名称在合格发表时使用的拼写。它们并不涉及为排版问题的首字母大写或小写的使用（见条款 20.1、21.2 和辅则 60F）。

60.3. 应谨慎行使更正名称的权限，特别是如果该变更影响名称的第一个音节，尤其是第一个字母时（但见*例 6）。

*例 10. 尽管是纪念 Vicente Manuel de Céspedes 的（见 Rhodora 36: 130–132, 390–392. 1934），属名 *Lespedeza* Michx.〔胡枝子属〕(Fl. Bor.-Amer. 2: 70. 1803)的拼写不应改变。— 即使 *jamacaru* 确信是方言名"mandacaru"的误写，*Cereus jamacaru* DC. (Prodr. 3: 467. 1828)不应改变为 *C. 'mandacaru'*。

60.4. 经典拉丁文中的外来字母 *w* 和 *y*，以及在该语言中罕用的 *k*，允许用在学名中（见条款 32.1(b)）。可出现在学名中的引入经典拉丁文中的其他外来字母和连体字母，如德文的 *ß* (*ſs*, 或双 *s*)，应被改写。

60.5. 当名称发表在字母 *u, v* 或 *i, j* 可互换使用，或在任何其他方面与现代排版惯例不相符（如一对字母中之一或全部不用作大写）的著作中时，那些字母应改写以符合现代命名用法。

例 11. *Curculigo* Gaertn.〔仙茅属〕(Fruct. Sem. Pl. 1: 63. 1788)，不是 *'Cvrcvligo'*；*Taraxacum* Zinn〔蒲公英属〕(Cat. Pl. Hort. Gott.: 425. 1757)，不是 *'Taraxacvm'*；*Uffenbachia* Fabr. (Enum., ed. 2: 21. 1763)，不是 *'Vffenbachia'*。

例 12. Persoon (in Syn. Meth. Fung.: 135, 219 1801)的 *'Geastrvm hygrometricvm'* 和 *'Vredo pvstvlata'* 分别拼写为 *Geastrum hygrometricum* Pers. : Pers.〔硬皮地星〕和 *Uredo pustulata* Pers. : Pers.。

60.6. 当名称的原始出版物采用了字母 *u, v* 或 *i, j* 的用法在任何方式上与现代命名惯例不符时，那些字母应被改写以符合现代命名用法。当名称或加词源自包括双元音 *ey* (ευ)的希腊文单词时，其作为 *ev* 的改写被处理为可更正为 *eu* 的错误。当拉丁文但不是希腊文来源的名称或加词包括字母 *i* 用作半元音（跟随另一元音）时，它被处理为可更正为 *j* 的错误。

> **例 13.** 属名 *'Mezonevron'* Desf.可更正为 *Mezoneuron* Desf.〔见血飞属〕，以及，*Neuropteris* (Brongn.) Sternb.〔脉羊齿属〕 (nom. & orth. cons.)的基名 *Filicites* sect. *'Nevropteris'* Brongn.可更正为 *Filicites* sect. *Neuropteris*。类似地，*'Evonymus'* L.可更正为 *Euonymus* L.〔卫矛属〕(nom. & orth. cons.)。

> **例 14.** 由于是希腊文来源，*Jatropha* L.〔麻风树属〕、*Jondraba* Medik.和 *Clypeola jonthlaspi* L.不应改变为 '*Iatropha*'、'*Iondraba*' 和 *Clypeola* '*ionthlaspi*'；*Ionopsidium* Rchb.和 *Ionthlaspi* Adans.也不应分别改变为 '*Jonopsidium*' 和 '*Jonthlaspi*'。

> **例 15.** 因为加词是拉丁文，且在拉丁文中，跟随着元音的首字母 i 是半元音，*Brachypodium 'iaponicum'* Miq. 可更正为 *Brachypodium japonicum*〔日本短柄草〕。因为加词是拉丁文，且在拉丁文中，两个元音之间的 i 是半元音，*Meiandra 'maior'* Markgr.可更正为 *Meiandra major*，但是属名是希腊文来源，因而拼写 "*Meiandra*" 是正确的。

60.7. 学名中不使用变音符号。当名称（新的或旧的）取自带有此类符号的单词时，该符号应以如下修改过的字母的必要转写消除。例如，*ä, ö, ü* 分别变为 *ae, oe, ue* (不是 *æ* 或 *œ*，如下所示); *é, è, ê* 变为 *e*; *ñ* 变为 *n*; *ø* 变为 *oe* (不是 *œ*); *å* 变为 *ao*。分音符表示与前一个元音独立发音的元音（如在 *Cephaëlis, Isoëtes* 中），是不被考虑改变拼写的语音符号；就其自身而言，其使用是可选的。表示字母一起发音的连体字母 *æ* 和 *œ* 应被分离的字母 *ae* 和 *oe* 代替。

> **例 16.** 转写（如元音变音）：献给 Carl Emil von der Lühe 的 *'Lühea'* 拼写为 *Luehea* Willd. (in Neue Schriften Ges. Naturf. Freunde Berlin 3: 410. 1801); 消除（如波浪号）：以 Kosñipata 山谷命名的 *Vochysia 'kosñipatae'* 拼写为 *V. kosnipatae* Huamantupa (in Arnaldoa 12: 82. 2005)。

60.8. 源自不是希腊文或拉丁文且不具有已确立的拉丁化形式（见辅则 60C.1）的人名的种加词或种下加词的词尾如下：

（a）如果人名以元音或 *-er* 结尾，名词性的加词通过添加与被致敬的人的性和数一致的属格格尾构成（例如，*scopoli-i* 构自 Scopoli（阳性），*fedtschenko-i* 构自 Fedtschenko（阳性），*fedtschenko-ae* 构自 Fedtschenko（阴性），*glaziou-i* 构自 Glaziou（阳性），*lace-ae* 构自 Lace（阳性），*gray-i* 构自 Gray（阳性），*hooker-orum* 构自 Hookers（阳性））；姓名以 *-a* 结尾时除外，该情形下添

加-*e* (单数)或-*rum* (复数)是合适的（例如，*triana-e* 构自 Triana（阴性），*pojarkova-e* 构自 Pojarkova（阴性），*orlovskaja-e* 构自 Orlovskaja（阴性））。

（b）如果人名以辅音（但不是以-*er*）结尾时，名词性加词通过添加-*i*-（扩展词干）和与被致敬的人的性和数一致的属格格尾构成（例如，*lecard-ii* 构自 Lecard（阳性），*wilson-iae* 构自 Wilson（阴性），*verlot-iorum* 构自 Verlot 兄弟，*braun-iarum* 构自 Braun 姐妹，*mason-iorum* 构自 Mason 父女）。

（c）如果人名以元音结尾时，形容词性加词通过添加-*an*-和与属名一致的单数主格构成（例如，*Cyperus heyne-anus* 构自 Heyne，*Vanda lindley-ana* 构自 Lindley，*Aspidium bertero-anum* 构自 Bertero），以-*a* 结尾的人名除外，该情形下添加-*n*-和合适的格尾（例如，构自 Balansa 的 *balansa-nus*（阳性）、*balansa-na*（阴性）和 *balansa-num*（中性））。

（d）如人名以辅音结尾时，形容词性的加词通过添加-*i*-（扩展词干）和-*an*-（形容词后缀的词干）及与属名的性一致的单数主格形式构成（例如，*Rosa webb-iana* 构自 Webb，*Desmodium griffith-ianum* 构自 Griffith，*Verbena hassler-iana* 构自 Hassler）。

违反上述标准的词尾处理为视情况应更正为-*[i]i*、-*[i]ae*、-*[i]ana*、-*[i]anus*、-*[i]anum*、-*[i]arum* 或-*[i]orum* 的错误（也见条款 32.2）。然而，构成符合辅则 60C.1 的加词是不可更正的（也见条款 60.9）。

❶ 注释 2. 条款 60.8 中的连字符仅用来区别词尾。

❶ 注释 3. 条款 60.8 并不妨碍纪念人的属的名称用作加词，或以类似方式构成置于同位语的阴性名词（见辅则 20A.1(i)）（条款 23.1）。

例 17. 在纪念 G. N. Potanin 的 *Rhododendron 'potanini'* Batalin〔甘肃杜鹃〕(in Trudy Imp. S.-Peterburgsk. Bot. Sada 11: 489. 1892)中，根据条款 60.8(b)，加词应拼写为 *potaninii*。然而，纪念 Theophrastus 的 *Phoenix theophrasti* Greuter〔克里特海枣〕(in Bauhinia 3: 243. 1967)中，因为适用辅则 60C.1，它不应拼写为 '*theophrastii*'。

例 18. *Rosa 'pissarti'* Carrière (in Rev. Hort. (Paris) 1880: 314. 1880)是 *R. 'pissardi'* (see Rev. Hort. (Paris) 1881: 190. 1881)的排版错误，应根据条款 60.8(b)拼写为 *R. pissardii*。

例 19. 在纪念 Dinabandhu Sahoo 教授的 *Caulokaempferia 'dinabandhuensis'* Biseshwori & Bipin (in J. Jap. Bot. 92: 84. 2017)中，形容词性的加词被错误地给予了地理的结尾-*ensis*（见辅则 60D.1.），但根据条款 60.8(c)应拼写为 *C. dinabandhuana*。

例 20. 在 *Uladendron codesuri* Marc.-Berti (in Pittieria 3: 10. 1971)中，加词源自缩写词

（CODESUR, Comisión para el Desarrollo del Sur de Venezuela），而不是人名，不应变更为 *'codesurii'*（如同 in Brenan, Index Kew., Suppl. 16: 296. 1981）。

例 21. 在 *Asparagus tamaboki* Yatabe (in Bot. Mag. (Tokyo) 7: 61. 1893)和 *Agropyron kamoji* Ohwi (in Acta Phytotax. Geobot. 11: 179. 1942)中，加词分别与日文方言称谓 "tamaboki" 或此类称谓 "kamojigusa" 的部分一致，因此，不应拼写为 *'tamabokii'* 和 *'kamojii'*。

ⓘ 注释 4. 如果源自人名的名词性加词的性和（或）数与该名称所纪念的人的性和（或）数不相符时，词尾应按照条款 60.8 更正。

例 22. *Rosa* × *'toddii'* Wolley-Dod (in J. Bot. 69, Suppl.: 106. 1931)是以 "Miss E. S. Todd" 命名；加词应拼写为 *toddiae*。

例 23. *Astragalus 'matthewsii'* Podlech & Kirchhoff (in Mitt. Bot. Staatssamml. München 11: 432. 1974)纪念 Victoria A. Matthews；加词应拼写为 *matthewsiae*，而该名称不应处理为纪念 Washington Matthews 的 *A. matthewsii* S. Watson (in Proc. Amer. Acad. Arts 18: 192. 1883)的晚出同名（见附录 VII）。

例 24. 纪念 A. Gepp 和 E. S. Gepp 的 *Codium 'geppii'* (Schmidt in Biblioth. Bot. 91: 50. 1923)应更正为 *C. geppiorum* O. C. Schmidt。

例 25. *Acacia 'Bancrofti'* Maiden (in Proc. Roy. Soc. Queensland 30: 26. 1918) "纪念 Bancroft 父子，前者是已故的 Joseph Bancroft，后者是 Dr. Thomas Lane Bancroft"；加词应拼写为 *bancroftiorum*。

例 26. *Chamaecrista leonardiae* Britton (N. Amer. Fl. 23: 281. 1930, *'Leonardae'*)、*Scolosanthus leonardii* Alain (in Brittonia 20: 160. 1968)和 *Frankenia leonardiorum* Alain (l.c.: 155. 1968, *'leonardorum'*)均基于 Emery C. Leonard 和 Genevieve M. Leonard 采集的模式材料。由于没有明确的矛盾说明，这些加词应接受如加词词尾所指示的以纪念二者之一或两者。

60.9. 当命名中在拼写上的变更是被采用人名、地名或方言名的作者刻意拉丁化时，它们应予保留，除非，在构自于人名的加词中，当它们涉及（a）仅为适用于条款 60.8 的词尾，或（b）人名中的变更仅涉及（1）省略末尾元音字母或末尾辅音字母或（2）转换末尾元音为一个不同的元音字母时，对其省略或转换的字母应予恢复。

例 27. 分别纪念 Cluyt、Gleditsch 和 Vaillant 的 *Clutia* L. (Sp. Pl.: 1042. 1753)、*Gleditsia* J. Clayton〔皂荚属〕 (in Linnaeus, l.c.: 1056. 1753)和 *Valantia* L. (l.c.: 1051. 1753)不应改变为 *'Cluytia'*、*'Gleditschia'* 和 *'Vaillantia'*；这些人名是有意拉丁化为 Clutius、Gleditsius 和 Valantius。

例 28. 纪念 "Rutherford Alcock Esq." 的 *Abies alcoquiana* Veitch ex Lindl.〔松皮云杉〕(in Gard. Chron. 1861: 23. 1861)暗示其姓氏刻意拉丁化为 Alcoquius。在转移加词至 *Picea* 时，Carrière

(Traité Gén. Conif., ed. 2: 343. 1867)有意改变拼写为 '*alcockiana*'。虽然如此，产生的组合应正确引用为 *P. alcoquiana* (Veitch ex Lindl.) Carrière（见条款 61.4）。

例 29. 分别纪念 A. F. M. Glaziou、J. Bigelow 和 L. E. Bureau 的 *Abutilon glaziovii* K. Schum. (in Martius, Fl. Bras. 12(3): 408. 1891)、*Desmodium bigelovii* A. Gray (in Smithsonian Contr. Knowl. 5(6): 47. 1843)和 *Rhododendron bureavii* Franch.〔锈红杜鹃〕(in Bull. Soc. Bot. France 34: 281. 1887)不应更改为 *A.* '*glazioui*'、*D.* '*bigelowii*'或 *R.* '*bureaui*'。在这三个例子中，暗示的拉丁化 Glaziovius、Bigelovius 和 Bureavius 产生自末尾元音字母或辅音字母转换为一个辅音字母，且不仅仅影响名称的结尾。

例 30. 纪念 L. K. A. von Chamisso 和 C. L. G. Bertero 的 *Arnica chamissonis* Less. (in Linnaea 6: 238. 1831)和 *Tragus berteronianus* Schult. (Mant. 2: 205. 1824)不应变更为 *A.* '*chamissoi*' 和 *T.* '*berteroanus*'。这些加词源自第三变格法属格（辅则 60C 例 1(b)），为通常不被鼓励的做法（见辅则 60C.1），涉及添加字母至人名，且不仅仅影响词尾。

例 31. *Acacia* '*brandegeana*'、*Blandfordia* '*backhousii*'、*Cephalotaxus* '*fortuni*'、*Chenopodium* '*loureirei*'、*Convolvulus* '*loureiri*'、*Glochidion* '*melvilliorum*'、*Hypericum* '*buckleii*'、*Solanum* '*rantonnei*'及 *Zygophyllum* '*billardierii*'是发表用来纪念 T. S. Brandegee、J. Backhouse、R. Fortune、J. de Loureiro、R. Melville 和 E. F. Melville、S. B. Buckley、V. Rantonnet 及 J. J. H. de Labillardière (de la Billardière)。暗示的拉丁化是 Brandegeus、Backhousius、Fortunus、Loureireus 或 Loureirus、Melvillius、Buckleius、Rantonneus 和 Billardierius，根据条款 60.9，这些是不可接受的。这些名称被正确地引用为 *A. brandegeeana* I. M. Johnst. (in Contr. Gray Herb. 75: 27. 1925)、*B. backhousei* Gunn & Lindl. (in Edwards's Bot. Reg. 31: t. 18. 1845)、*Cephalotaxus fortunei* Hook.〔三尖杉〕 (in Bot. Mag.: ad t. 4499. 1850)、*Chenopodium loureiroi* Steud. (Nomencl. Bot., ed. 2. 1: 348. 1840)、*Convolvulus loureiroi* G. Don (Gen Hist. 10: 290. 1836)、*G. melvilleorum* Airy Shaw (in Kew Bull. 25: 487. 1971)、*H. buckleyi* M. A. Curtis (in Amer. J. Sci. Arts 44: 80. 1843)、*S. rantonnetii* Carrière (in Rev. Hort. 32: 135. 1859) 和 *Z. billardierei* DC. (Prodr. 1: 705. 1824)。

例 32. 致敬 Jules de Seynes 的 *Mycena seynii* Quél. (in Bull. Soc. Bot. France 23: 351. 1877) 不可改变为 *M.* '*seynesii*'。暗示其姓氏拉丁化为 Seynius 产生自不止一个末尾字母的省略。

❶ 注释 5. 条款 60.8、60.9 和辅则 60C 的规定通过其修改的拉丁化处理姓名。拉丁化不同于姓名的翻译（例如，Bergzabern 的拉丁文为 Tabernaemontanus；Noble 的拉丁文是 Nobilis）。源自此类拉丁文翻译的加词根据辅则 60C.1 产生，而不需依条款 60.8 标准化。

例 33. 在 *Wollemia nobilis* W. G. Jones & al.〔瓦勒迈杉〕(in Telopea 6: 174. 1995)中，*nobilis* 的形容词属格 *nobilis* 是译成拉丁文的发现者 David Noble 的姓氏。*Cladonia abbatiana* S. Stenroos (in Ann. Bot. Fenn. 28: 107. 1991)是纪念法国地衣学家 H. des Abbayes 的，此处，Abbayes 可译成 Abbatiae（abbeys）。两个加词均不可改变。

60.10. 其组合成分源自两个或多个希腊文或拉丁文单词的形容词性加词，应组成如下。

作为复合词〔compound〕形式出现在非最终位置的名词或形容词通常以下列方式获得。

（a）移除单数属格的格尾（拉丁文-*ae*、-*i*、-*us*、-*is*；转写的希腊文-*ou*、-*os*、-*es*、-*as*、-*ous* 及其等同的-*eos*）和

（b）在辅音字母前添加一个连接元音(-*i*-给拉丁文成分，-*o*-给希腊文成分)。

除非适用辅则 61G.1(a)或(b)，构成与本规定不符的形容词性加词应予以更正以与之一致。特别是，使用拉丁文第一变格法名词的单数属格格尾代替一个连接元音处理为应更正的错误，除非它用于表达语意上的差异。

例 34. 意思为"具似栗属叶的"的加词是 *quercifolia*（*Querc*-，连接元音-*i*-和结尾-*folia*）。

例 35. 源自名称 *Aquilegia*〔耧斗菜属〕的加词'*aquilegifolia*'必须更改为 *aquilegiifolia*〔具似耧斗菜属叶的〕（*Aquilegi*-，连接元音-*i*-和结尾-*folia*）。

例 36. *Pereskia* '*opuntiaeflora*' DC. (in Mém. Mus. Hist. Nat. 17: 76. 1828)的加词应拼写为 *opuntiiflora*〔具似仙人掌属花的〕；*Myrosma* '*cannaefolia*' L. f. (Suppl. Pl. 80. 1782)的加词应为 *cannifolia*〔具似美人蕉属叶的〕。

例 37. *Cacalia* '*napeaefolia*' DC. (Prodr. 6: 328. 1838)和 *Senecio* '*napeaefolius*' (DC.) Sch. Bip. (in Flora 28: 498. 1845)的加词应拼写为 *napaeifolia (-us)*；它指叶与 *Napaea* L.（而不是 '*Napea*'）的叶相似，连接元音-*i*-应用来代替属格单数格尾-*ae*-。

例 38. 在 *Andromeda polifolia* L. (Sp. Pl.: 393. 1753)中，加词取自前林奈时期的属的称谓（Buxbaum 的"*Polifolia*"），且是用作同位语的名词，而不是形容词；它不可改变为 '*poliifolia*'（具似 *Polium* 叶的）。

例 39. *Tetragonia tetragonoides* (Pall.) Kuntze〔番杏〕(Revis. Gen. Pl. 1: 264. 1891)基于 *Demidovia tetragonoides* Pall. (Enum. Hort. Demidof: 150. 1781)，其种加词源自属名 *Tetragonia*〔番杏属〕和后缀-*oides*〔相似〕。因为这是源自名称和后缀而不是两个希腊文或拉丁文单词的复合词加词，它不应改变为 '*tetragonioides*'。

60.11. 在复合词加词中使用的连字符处理为应通过删除连字符更正的错误。仅当该加词由通常独立的单词构成或连字符前后的字母相同时，允许使用连字符（也见条款 23.1 和 23.3）。

例 40. 连字符应予删除：*Acer pseudoplatanus* L.〔欧亚槭〕(Sp. Pl.: 1024. 1753, '*pseudo-platanus*')；*Croton ciliatoglandulifer* Ortega (Nov. Pl. Descr. Dec.: 51. 1797, '*ciliato-glandulifer*')；*Eugenia costaricensis* O. Berg (in Linnaea 27: 213. 1856, '*costa-ricensis*')；*Eunotia rolandschmidtii* Metzeltin & Lange-Bert. (Iconogr. Diatomol. 18: 117.

2007, '*roland-schmidtii*'），在其中，因为前者不是单独拉丁化，所以名和姓并非独立存在；
Ficus neoebudarum Summerh. (in J. Arnold Arbor. 13: 97. 1932, '*neo-ebudarum*')；*Lycoperdon
atropurpureum* Vittad.〔黑心马勃〕(Monogr. Lycoperd.: 42. 1842, '*atro-purpureum*')；
Mesospora vanbosseae Børgesen (in Skottsberg, Nat. Hist. Juan Fernandez 2: 258. 1924,
'*van-bosseae*')；*Peperomia lasierrana* Trel. & Yunck. (Piperac. N. South Amer.: 530. 1950,
'*la-sierrana*')；*Scirpus* sect. *Pseudoeriophorum* Jurtzev (in Byull. Moskovsk. Obshch. Isp. Prir.,
Otd. Biol. 70(1): 132. 1965, '*Pseudo-eriophorum*')。

例 41. 连字符应予留用：*Athyrium austro-occidentale* Ching〔藏东南蹄盖蕨〕(in Acta Bot.
Boreal.-Occid. Sin. 6: 152. 1986)；*Enteromorpha roberti-lamii* H. Parriaud (in Botaniste 44: 247.
1961)，在其中，因为它们是分别拉丁化的，所以名和姓独立存在；*Piper pseudo-oblongum*
McKown (in Bot. Gaz. 85: 57. 1928)；*Ribes non-scriptum* (Berger) Standl. (in Publ. Field Mus.
Nat. Hist., Bot. Ser. 8: 140. 1930)；*Solanum fructu-tecto* Cav. (Icon. 4: 5. 1797)；*Vitis
novae-angliae* Fernald (in Rhodora 19: 146. 1917)。

例 42. 应插入连字符：*Arctostaphylos uva-ursi* (L.) Spreng. (Syst. Veg. 2: 287. 1825, '*uva
ursi*')；*Aster novae-angliae* L. (Sp. Pl.: 875. 1753, '*novae angliae*')；*Coix lacryma-jobi* L. (l.c.:
972. 1753, '*lacryma jobi*')；*Marattia rolandi-principis* Rosenst. (in Repert. Spec. Nov. Regni
Veg. 10: 162. 1911, '*rolandi principis*')；*Veronica anagallis-aquatica* L. (Sp. Pl.: 12. 1753,
'*anagallis*')（见条款 23.3）；*Veronica argute-serrata* Regel & Schmalh. (in Trudy Imp.
S.-Peterburgsk. Bot. Sada 5: 626. 1878, '*argute serrata*')。

例 43. 不应插入连字符：*Synsepalum letestui* Aubrév. & Pellegr. (in Notul. Syst. (Paris) 16: 263.
1961, '*Le Testui*')，不是 '*le-testui*'。

ⓘ **注释 6.** 条款 60.11 仅指加词（在组合中），而不是属（对于化石属的名称见条款
60.12）或更高等级的分类群的名称；发表时带有连字符的非化石属名仅可通过保留（条
款 14.11；也见条款 20.3；但见条款 H.6.2）而更改。

例 44. *Pseudo-fumaria* Medik. (Philos. Bot. 1: 110. 1789) 不可变更为 '*Pseudofumaria*'；然而，
通过保留，'*Pseudo-elephantopus*' 被变更为 *Pseudelephantopus* Rohr〔假地胆草属〕(in Skr.
Naturhist.-Selsk. 2: 214. 1792)。

60.12. 化石属的名称中使用的连字符在所有情形下处理为应通过删除连字符
而更正的错误。

例 45. '*Cicatricosi-sporites*' R. Potonié & Gelletich (in Sitzungsber. Ges. Naturf. Freunde
Berlin 1932: 522. 1932) 和 '*Pseudo-Araucaria*' Fliche (in Bull. Soc. Sci. Nancy 14: 181. 1896)
是化石属的名称。它们处理为错误，通过删除连字符分别更正为 *Cicatricosisporites* 和
Pseudoaraucaria。

60.13. 在加词中使用撇号或引号处理为应通过删除撇号或引号更正的错误，除
非它跟随 *m* 以表示父姓的前缀 Mc（或 Mᶜ），在此情形中，它被字母 c 替代。

来源于包括句点的人名或地理名的加词中使用的句点（句号）处理为应更正的错误，可通过扩展或在命名传统中不支持扩展（条款 60.14）时删除句点来实现。

例 46. 在 *Cymbidium 'i'ansoni'* Rolfe (in Orchid Rev. 8: 191. 1900)、*Lycium 'o'donellii'* F. A. Barkley (in Lilloa 26: 202. 1953)和 *Solanum tuberosum* var. *'muru'kewillu'* Ochoa (in Phytologia 65: 112. 1988)中，最终加词应分别被拼写为 *iansonii*、*odonellii* 和 *murukewillu*。

例 47. 在源自采集人之一的姓氏 St. John 的 *Nesoluma 'St.-Johnianum'* Lam & Meeuse (in Occas. Pap. Bernice Pauahi Bishop Mus. 14: 153. 1938)中，加词应拼写为 *st-johnianum*。

例 48. Harvey (Fl. Cap. 3: 494. 1865)发表了 *Stobaea 'M'Kenii'*。该名称纪念模式标本的采集人之一的 Mark Johnston McKen (1823–1872)。该拼写曾被更改为 *S. 'mkenii'*，但须更正为 *S. mckenii*。

60.14. 缩写的名称和加词应根据命名传统扩展（但见条款 23*例 23 和辅则 60C.4(d)）。

例 49. 在献给 Antonio de Bolòs y Vayreda 的 *Allium 'a.-bolosii'* P. Palau (in Anales Inst. Bot. Cavanilles 11: 485. 1953)中，加词拼写为 *antonii-bolosii*。

辅则 60A

60A.1. 当新分类群的名称或替代名称或其加词来源自希腊文时，其转写成拉丁文应符合经典用法。

例 1. 单词中的希腊文粗气音符(反撇号)转写成拉丁文时应以字母 h 替代，如在 *Hyacinthus* 〔风信子属〕（源自ὑάκινθος）和 *Rhododendron* 〔杜鹃花属〕（源自ῥοδόδενδρον）中。

辅则 60B

60B.1. 当新属名或新的属内次级区分名称中的加词取自人名时，应构成如下（也见辅则 20A.1 (i)；但见辅则 21B.2)：

(a) 当人名以元音结尾时，添加字母-*a*(例如，以 Otto 命名 *Ottoa*；以 Sloane 命名 *Sloanea* 〔猴欢喜属〕），除了当姓名以-*a* 结尾时添加-*ea*（如以 Colla 命名 *Collaea*），或以-*ea* 结尾时不添加（如 *Correa*）。

(b) 当人名以辅音结尾时，添加字母-*ia*，除了当姓名以-*er* 结尾时，词尾-*ia* 或-*a* 均合适（例如，以 Sesler 命名 *Sesleria*，以 Kerner 命名 *Kernera*）。

(c) 以-*us* 结尾的拉丁化人名中，在应用（a）和（b）描述的程序时去掉该词尾（例如，以 Dillenius 命名 *Dillenia* 〔第伦桃属〕）。

ℹ **注释 1.** 除非包含根据条款 60.4 或 60.7 必须被改写的字母、连体字母或变音符号，未经由这些结尾修改的音节不受影响。

ℹ **注释 2.** 多于一个属名或属内次级区分的加词可以基于相同的人名，如通过添加前缀或后缀至那个人名或使用其变位词或缩写（但见条款 53.2 和 53.3）。

> **例 1.** *Bouchea* Cham. (in Linnaea 7: 252. 1832)和 *Ubochea* Baill. (Hist. Pl. 11: 103. 1891)；*Engleria* O. Hoffm. (in Bot. Jahrb. Syst. 10: 273. 1888)、*Englerella* Pierre (Not. Bot.: 46. 1891) 和 *Englerastrum* Briq. (in Bot. Jahrb. Syst. 19: 178. 1894)；*Gerardia* L. (Sp. Pl.: 610. 1753)和 *Graderia* Benth. (in Candolle, Prodr. 10: 521. 1846)；*Lapeirousia* Pourr. (in Hist. & Mém. Acad. Roy. Sci. Toulouse 3: 79. 1788)和 *Peyrousea* DC. (Prodr. 6: 76. 1838)；*Martia* Spreng. (Anleit. Kenntn. Gew., ed. 2, 2: 788. 1818)和 *Martiusia* Schult. (Mant. 1: 69, 226. 1822)；*Orcuttia* Vasey (in Bull. Torrey Bot. Club 13: 219. 1886)和 *Tuctoria* Reeder (in Amer. J. Bot. 69: 1090. 1982)；*Urvillea* Kunth (in Humboldt & al., Nov. Gen. Sp. 5, ed. qu.: 105; ed. fol.: 81. 1821)和 *Durvillaea* Bory (Dict. Class. Hist. Nat. 9: 192. 1826)（见条款 53*例 12）。

辅则 60C

60C.1. 当种加词和种下加词构自的人名已经是希腊文或拉丁文，或拥有固定的拉丁化形式时，名词性加词应（固然有条款 60.8）给予恰当的拉丁文属格形式（如，*alexandri* 源自 Alexander 或 Alexandre，*alberti* 源自 Albert，*arnoldi* 源自 Arnold，*augusti* 源自 Augustus 或 August 或 Auguste，*ferdinandi* 源自 Ferdinand 或 Fernando 或 Fernand，*martini* 源自 Martinus 或 Martin，*linnaei* 源自 Linnaeus，*martii* 源自 Martius，*wislizeni* 源自 Wislizenus，*edithae* 源自 Editha 或 Edith，*elisabethae* 源自 Elisabetha 或 Elisabeth，*murielae* 源自 Muriela 或 Muriel，*conceptionis* 源自 Conceptio 或 Concepción，*beatricis* 源自 Beatrix 或 Béatrice，*hectoris* 源自 Hector；但是，源自 Edmond Gustave Camus 或 Aimée Camus 的不是 *'cami'*）。应避免将现代姓氏，如不具确立的拉丁化形式的姓氏，处理为形似第三变格法名词（如 *munronis* 源自 Munro，*richardsonis* 源自 Richardson）。

60C.2. 基于具有确立的拉丁化形式的人名的新加词应保持该拉丁化形式的传统用法。

> **例 1.** 除了在辅则 60C.1 中的加词外，下列加词纪念的人名已是拉丁文或具有确立的拉丁化形式：（a）第二变格法：*afzelii* 基于 Afzelius；*allemanii* 基于 Allemanius (Freire Allemão)；*bauhini* 基于 Bauhinus (Bauhin)；*clusii* 基于 Clusius；*rumphii* 基于 Rumphius (Rumpf)；*solandri* 基于 Solandrus (Solander)；（b）第三变格法（原本不鼓励，见辅则 60C.1)：*bellonis* 基于 Bello；*brunonis* 基于 Bruno (Robert Brown)；*chamissonis* 基于 Chamisso；（c）形容词（见条款 23.5)：*afzelianus*、*clusianus*、*linnaeanus*、*martianus*、*rumphianus*、*brunonianus*，和 *chamissonianus*。

60C.3. 在构建源自人名的新加词时，人名的惯用拼写不应修改，除非它包含根据条款 60.4 和 60.7 必须转写的字母、连体字母或变音符号。

60C.4. 在构建基于人名的新加词时，前缀和和小品词应处理如下。

（a）意为"之子"的苏格兰和爱尔兰父姓前缀 Mac、Mc、M^c 或 M'应全部拼写为 *mac* 或后三个为 *mc*，并与姓名的其他部分合并（例如，*macfadyenii* 源自 Macfadyen，*macgillivrayi* 源自 MacGillivray，*macnabii* 或 *mcnabii* 源自 McNab，*macclellandii* 或 *mcclellandii* 源自 M'Clelland）。

（b）爱尔兰父姓前缀 O 应与姓名的其他部分合并（条款 60.13）或省略（例如，*obrienii*、*brienianus* 源自 O'Brien，*okellyi* 源自 O'Kelly）。

（c）由冠词（如 le、la、l'、les、el、il、lo）或包括冠词（如 du、de la、des、del、della）组成的前缀应与姓名合并（例如，*leclercii* 源自 Le Clerc，*dubuyssonii* 源自 Du Buysson，*lafarinae* 源自 La Farina，*logatoi* 源自 Lo Gato）。对于那些最初以两个单词拼写的加词的情形见条款 23.1 和条款 60 例 43。

（d）添加至人的姓氏而表示尊贵或赐封的前缀应予省略（例如，*candollei* 源自 de Candolle，*jussieui* 源自 de Jussieu，*hilairei* 源自 Saint-Hilaire；*remyi* 源自 St Rémy）；然而，在地理学的加词中，"St[圣]"应还原为 *sanctus*（阳性）或 *sancta*（阴性）（例如，用于 St John〔圣约翰〕的 *sancti-johannis*，St. Helena〔圣赫勒拿〕的 *sanctae-helenae*）。

（e）德国人或荷兰人的前缀应予省略（例如，*iheringii* 源自 von Ihering，*martii* 源自 von Martius，*steenisii* 源自 van Steenis，*strassenii* 源自 zu Strassen，*vechtii* 源自 van der Vecht），但当被通常处理为姓氏的一部分时，它应包括在加词中（例如，*vonhausenii* 源自 Vonhausen，*vanderhoekii* 源自 Vanderhoek，*vanbruntiae* 源自 Van Brunt）。

辅则 60D

60D.1. 源自地理名的加词最好是形容词且通常取用词尾 *-ensis*、*-(a)nus*、*-inus* 或 *-icus* 之一。

例 1. *Rubus quebecensis* L. H. Bailey（源自 Quebec〔魁北克〕），*Ostrya virginiana* (Mill.) K. Koch〔美洲铁木〕（源自 Virginia〔弗吉尼亚〕，*Eryngium amorginum* Rech. f.（源自 Amorgos〔阿摩尔戈斯〕），*Fraxinus pennsylvanica* Marshall（源自 Pennsylvania〔宾夕法尼亚〕）。

辅则 60E

60E.1. 新分类群名称或替代名称中加词的书写应符合其所源自的单词的惯用拼写且与接受的拉丁文或拉丁化的用法一致（也见条款 23.5）。

例 1. *sinensis*〔中国的〕（不是 *chinensis*）。

辅则 60F

60F.1. 所有种加词或种下加词应以小写首字母书写。

辅则 60G

60G.1. 组合成分源自两个或多个希腊文或拉丁文单词的名称或加词应尽可能按照传统用法构建，遵从条款 60.10 的规定。

（a）条款 60.10 中概括的程序的例外很常见，作者应检查特定复合形式的较早用法。在构建明显不规则的复合词时，通常应遵从经典用法。

> **例 1.** 复合形式词干 *hydro-* 和 *hydr- (Hydro-phyllum)* 来自水（hydor, hydatos）；*calli-(Calli-stemon)* 源自形容词美丽的（kalos）；以及，词干 *meli- (Meli-osma, Meli-lotus)* 来自蜂蜜（meli, melitos）。

（b）在假复合词〔pseudocompound〕中，不在最后位置的名词或形容词，以格结尾的单词而不是修改的词干出现。例如：*nidus-avis*（鸟巢，主格），*Myos-otis*（鼠耳，属格），*albo-marginatus*（具白色边缘的，夺格），等等。在表示着色的加词中，因为暗含前置词 e 或 ex，修饰色彩通常是用夺格，如 *atropurpureus*（黑紫色）源自"ex atro purpureus"（紫色染有黑色）。尤其是那些使用拉丁文第一变格法属格单数的假复合词，根据条款 60.10 视为可更正的错误，当它们用于表示在构自不同成分而拼写相同的规则复合词之间的语言学区别时除外。

> **例 2.** 在规则的复合词中，用于管（tubus, tubi）和喇叭（tuba, tubae）的拉丁文单词产生相同的加词（即 *tubiformis*），然而，假复合词 *tubaeformis* 仅可意为喇叭状，如在 *Cantharellus tubaeformis* Fr. (Syst. Mycol. 1: 319. 1821) : Fr. 中。

> **例 3.** 源自番木瓜（*Carica, Caricae*）和薹草（*Carex, Caricis*）的规则复合词是相同的，然而，假复合词 *caricaefolius* 仅可意为具似番木瓜叶的，如在 *Solanum caricaefolium* Rusby (in Bull. New York Bot. Gard. 8: 118. 1912) 中。

🛈 **注释 1.** 在上述例子中给出连字符仅为了解释的原因。对于在属名和加词中连字符的使用见条款 20.3、23.1、60.11 和 60.12。

辅则 60H

60H.1. 当命名新属或较低等级的分类群或提出替代名称时，作者应明确说明名称和加词的词源，特别是当其意义不明显时。

条款 61

61.1. 任何名称仅一个缀词变体〔orthographical variant〕处理为合格发表，即在原始出版物中出现的形式（但见条款 6.10），除非是条款 60 和 F.9（排版或缀词错误及标准化）、条款 14.8 和 14.11（保留名称的拼写）、条款 F.3.2（认可名称的拼写）、条款 18.4、19.7 和 32.2（不合式的拉丁文词尾）中规定的。

61.2. 就本《法规》而言，缀词变体是一个名称或其最终加词（包括排版错误）在仅涉及一个命名模式时的不同拼写、复合和格尾形式。

例 1. *Nelumbo* Adans.〔莲属〕(Fam. Pl. 2: 76. 1763)和'*Nelumbium*' (Jussieu, Gen. Pl.: 68. 1789)是基于 *Nymphaea nelumbo* L.的属名的拼写形式，且处理为缀词变体。类似地，Pfeiffer (Nomencl. Bot. 2: 377. 1873)指定 *Seseli divaricatum* Pursh 为其模式的'*Musenium*' (Nuttall in Torrey & Gray, Fl. N. Amer. 1: 642. 1840)是以 *S. divaricatum* 为其原始模式的 *Musineon* Raf. (in J. Phys. Chim. Hist. Nat. Arts 91: 71. 1820)的缀词变体。

例 2. *Selaginella apus* Spring (in Martius, Fl. Bras. 1(2): 119. 1840)的加词是一个同位语名词，因此，*apus* 不能处理为用在 *Lycopodium apodum* L. (Sp. Pl.: 1105. 1753)中的形容词 *apodus*〔无柄的〕的缀词变体。Spring 引用 *L. apodum* 为 *S. apus* 的异名，但相反，他应采用前一加词并发表"*S. apoda*"；因而，根据条款 52.1，*S. apus* 在发表时是命名上多余的。

61.3. 如果在原始出版物中出现新分类群名称或替代名称的缀词变体，留用符合各项规则且最适合条款 60 的建议的那个。如果多个变体都同样符合且适合，必须遵从在有效发表的文本（条款 29–31）中明确采用其中一个变体且废弃其他变体的第一个作者（但见辅则 F.5A.2）。

61.4. 名称的缀词变体应更正为该名称合格发表的形式。此类变体无论何时出现在一个出版物中，它应处理为如同以其正确形式出现。

❶ 注释 1. 在完整引用中，添加名称已更正过的缀词变体的原始形式是可取的（辅则 50F）。

61.5. 基于相同模式的易混淆的相似名称〔confusingly similar name〕处理为缀词变体。（对于基于不同模式的易混淆的相似名称见条款 53.2–53.4）。

例 3. '*Geaster*' (Fries, Syst. Mycol. 3: 8. 1829)和 *Geastrum* Pers. (in Neues Mag. Bot. 1: 85. 1794) : Pers. (Syn. Meth. Fung.: 131. 1801)是具有相同模式的相似名称（见 Taxon 33: 498. 1984）；它们处理为缀词变体，尽管事实上它们源自两个不同的名词，即 aster〔星辰〕(asteris) 和 astrum〔星座〕(astri)。

第二节 性

条款 62

62.1. 与其经典用法或作者的原始用法无关，属名保持依命名传统赋予的性。不具命名传统的属名保持其作者指定的性（但见条款 62.4）。

❶ **注释 1.** 按传统，属名通常维持相应希腊文或拉丁文单词如果存在的经典的性，但可能不同。

例 1. 与传统一致，*Adonis* L.〔侧金盏花属〕、*Atriplex* L.〔滨藜属〕、*Diospyros* L.〔柿树属〕、*Eucalyptus* L'Hér.〔桉树属〕、*Hemerocallis* L.〔萱草属〕、*Orchis* L.〔红门兰属〕、*Stachys* L.〔水苏属〕和 *Strychnos* L.〔马钱属〕必须处理为阴性，同时，*Lotus* L.〔百脉根属〕和 *Melilotus* Mill.〔草木犀属〕必须处理为阳性。尽管它们的词尾暗示阳性，像其他经典的树名一样，*Cedrus* Trew〔雪松属〕和 *Fagus* L.〔水青冈属〕传统上处理为阴性，且因此保持那个性；类似地，尽管林奈指定它为阳性，*Rhamnus* L.〔鼠李属〕是阴性。尽管林奈有另一种选择，*Erigeron* L.〔飞蓬属〕（阳性而不是中性）、*Phyteuma* L.〔牧根草属〕（中性而不是阴性）和 *Sicyos* L.（阳性而不是阴性）是依传统重新确立经典性别的其他名称。

62.2. 复合属名取在复合词中最后一个词主格的性（但见条款 14.11）。然而，当词尾改变时，性也随之改变。

例 2. 不管名称 *Parasitaxus* de Laub.〔寄生松属〕(Fl. Nouv.-Calédonie & Dépend. 4: 44. 1972) 在发表时处理为阳性的事实，其性为阴性：该名称是复合词，其最后部分与传统上为阴性的属名 *Taxus* L.〔红豆杉属〕一致。

例 3. 最后单词词尾被改变的复合属名：*Dipterocarpus* C. F. Gaertn.〔龙脑香属〕、*Stenocarpus* R. Br.〔火轮树属〕，和其他所有以希腊文阳性-*carpos*（或-*carpus*）〔果实〕结尾的复合词，如 *Hymenocarpos* Savi 为阳性；然而，那些以-*carpa* 或-*carpaea* 结尾的为阴性，如 *Callicarpa* L.〔紫珠属〕和 *Polycarpaea* Lam.〔白鼓钉属〕；那些以-*carpon*、-*carpum* 或-*carpium* 结尾的是中性，如 *Polycarpon* L.〔多荚草属〕、*Ormocarpum* P. Beauv.〔链荚木属〕和 *Pisocarpium* Link.

（a）以-*botrys*〔一球或一串葡萄〕、-*codon*〔铃〕、-*myces*〔一种菌〕、-*odon*〔齿〕、-*panax*〔全愈合〕、-*pogon*〔须、芒〕、-*stemon*〔雄蕊〕及其他阳性单词结尾的复合词是阳性。

例 4. 尽管最初被其作者处理为中性，属名 *Andropogon* L.〔须芒草属〕和 *Oplopanax* (Torr. & A. Gray) Miq.〔刺参属〕为阳性。

（b）以-*achne*〔刮下来的物质〕、-*chlamys*〔斗篷、无袖外套〕、-*daphne*〔桂

树）、-glochin〔突出点〕、-mecon〔罂粟〕、-osma〔气味〕（希腊文阴性单词 οσμή、osmē 的现代转写）及其他阴性单词结尾的复合词是阴性。例外情形是以-gaster〔腹〕结尾的名称，严格来说应为阴性，但依传统处理为阳性。

例 5. 尽管最初被处理为中性，*Tetraglochin* Poepp.、*Triglochin* L.〔水麦冬属〕、*Dendromecon* Benth.〔罂粟木属〕和 *Hesperomecon* Greene 为阴性。

（c）以-*ceras*〔角〕、-*dendron*〔树〕、-*nema*〔溪流、流动之物〕、-*stigma*〔斑点、柱头〕、-*stoma*〔口〕和其他中性单词结尾的复合词是中性。例外是以-anthos（或-*anthus*）、-*chilos*（-*chilus* 或-*cheilos*）和-*phykos*（-*phycos* 或-*phycus*）结尾的名称，其本应为中性，因为那是希腊文单词 άνθος, anthos〔花〕、χείλος, cheilos〔边、唇〕和 φύκος, phykos〔海藻〕的性，但依传统处理为阳性。

例 6. 尽管 *Aceras* R. Br.和 *Xanthoceras* Bunge〔文冠果属〕在最初发表时事实上被处理为阴性，它们为中性。

ℹ️ **注释 2.** 条款 14.11 规定了属名的保留，以保持特定的性。

例 7. 作为条款 62.2 的例外，构自于拉丁文阳性名词 dens（齿）的属名 *Bidens* L.〔鬼针草属〕通过保留而指定为阴性（见附录 III）。

62.3. 性不明显的随意构成的属名或方言名或形容词用作属名，取其作者指定给它们的性。如果原作者未指明性，后来的作者可以选择一个性，而且，如果有效发表（条款 29–31），第一个这样的选择应被接受（也见辅则 F.5A.2）。

例 8. *Taonabo* Aubl. (Hist. Pl. Guiane 1: 569. 1775)为阴性，因为 Aublet 的两个种是 *T. dentata* 和 *T. punctata*。

例 9. *Agati* Adans. (Fam. Pl. 2: 326. 1763)被发表时未指明性；Desvaux (in J. Bot. Agric. 1: 120. 1813) 指定其为阴性，他是随后最先在有效发表的文本中采用该名称的作者，且其选择应被接受。

例 10. 从一些种的多词名中可见，*Manihot* Mill.〔木薯属〕(Gard. Dict. Abr., ed. 4: Manihot. 1754)最初的性是阴性，因此，*Manihot* 应处理为阴性。

62.4. 不考虑原作者指定给它们的性，以-*anthes*〔花〕、-*oides*〔相似〕或-*odes*〔相似〕结尾的属名处理为阴性，而那些以-*ites*〔与……有关〕结尾的属名则处理为阳性。

辅则 62A

62A.1. 如果根据各项规则没有障碍，当一个属被分为两个或更多个属时，新属名或名称的性应与被保留的属名的性保持一致（也见辅则 20A.1(i)和 60 B）。

例 1. 当 *Boletus* L. : Fr.〔牛肝菌属〕（阳性）被分开时，分出来的新属通常给予阳性名称：*Xerocomus* Quél.〔绒盖牛肝菌属〕(in Mougeot & Ferry, Fl. Vosges, Champ.: 477. 1887)、*Boletellus* Murrill〔条孢牛肝菌属〕(in Mycologia 1: 9. 1909)等。

第 F 章　处理为菌物的有机体的名称[1]

本章汇集了本《法规》中仅针对被处理为菌物的有机体名称的规定。

本章内容可根据国际菌物学大会（IMC）的命名法会议的行动而修改（见第三篇规程 8）。直至本《法规》印刷版出版，未能得到 2018 年和 2022 年的 IMC 命名法会议的结果，因而，**菌物学家应经常查询本《法规》的在线版本**，以了解后续的改变（http://www.iapt-taxon.org/nomen/main.php）。

菌物学家应注意，除非有明确限制，本《法规》第 F 章之外的内容适用于被本《法规》涵盖的包括菌物在内的所有有机体。这些内容包括的规则涉及名称的有效发表、合格发表、模式标定、合法性和优先权，引用和缀词法，以及杂种的名称。

如下所列的本《法规》中导言、原则、条款和辅则的一些规定尽管不局限于菌物，但特别与菌物学家相关。**在所有情况下，均应参考本法规的这些和其他所有相关规定的完整措辞。**

导言 8.　本《法规》的规定适用于传统上处理为菌物（无论是化石或非化石的）的所有有机体，包括壶菌、卵菌和黏菌（但微孢子虫除外）。

原则 I.　本《法规》适用于处理为菌物的分类学类群的名称，无论这些类群最初是否被如此处理。

条款 4 注释 4.　在寄生生物（特别是菌物）分类中，作者可根据它们对不同寄主的适应性在种内区分专化型，但专化型的命名不受本《法规》规定的管辖。

条款 8.4.（也见条款 8 例 12、辅则 8B、条款 40 注释 3 和条款 40.8）.　如果保存于代谢不活跃的状态，菌物的培养物可接受为模式，且必须在原白中说明。

条款 14.15 和条款 14 注释 4(c)(2).　1954 年 1 月 1 日前，菌物专门委员会做出的有关保留名称的决定于 1950 年 7 月 20 日的斯德哥尔摩第 7 届国际植物学大会生效。

条款 16.3.　自动模式标定的菌物科以上的名称的结尾如下：门为 *-mycota*，亚门为 *-mycotina*，纲为 *-mycetes*，亚纲为 *-mycetidae*。与这些词尾不符的自动模式标定

---

1 译者注：《深圳法规》第 F 章已被圣胡安第 F 章所取代，由 May & al. 发表在 IMA Fungus 10: 21. 2019; DOI: https://doi.org/10.1186/s43008-019-0019-1（见附录）。

的名称应予更正。

辅则 38E.1.　在寄生有机体（特别是菌物）新分类群的描述或特征集要中应指明寄主。

条款 40.5.　如果标本保存存在技术困难或不能保存显示该名称作者归予该分类群特征的标本时，非化石的微型菌物新的种或种下分类群名称的模式可为一幅合格发表的图示（但见条款 40 例 6，它将 DNA 序列的代表性展示处理为条款 6.1 脚注中图示的定义之外）。

条款 41.8(b)（也见条款 41 例 26）. 当以某些菌物的起点日期后移来解释时，未能引用基名或被替代异名合格发表之处是可更正的错误。

条款 45.1（也见条款 45 例 6 和 7 及注释 1）. 如果最初归隶于不被本《法规》管辖的类群的分类群被处理为属于藻类或菌物时，其任何名称只需满足其作者对其地位使用的其他相关《法规》中相当于本《法规》中合格发表的要求。特别需要注意的是，即使微孢子虫被认为是菌物，微孢子虫的名称也不被本《法规》涵盖。

第一节　优先权原则的限制

条款 F.1　命名起点

F.1.1. 非化石菌物名称的合格发表被处理为始于 1753 年 5 月 1 日（Linnaeus, *Species plantarum*, ed. 1，处理为在那一日期已被发表；见条款 13.1）。就命名而言，给予地衣的名称适用于其菌物部分。微孢子虫的名称受《国际动物命名法规》管辖（见导言 8）。

❶ **注释 1.** 对于化石菌物，见条款 13.1（f）。

条款 F.2　保护名称

F.2.1. 为了命名的稳定性，对于处理为菌物的有机体，提议为保护的名称清单可提交至总委员会，总委员会将它们指派至菌物命名委员会（见第三篇规程 2.2、7.9 和 7.10）并由该委员会与总委员会和适当的国际团体协商建立的分委员会审查。一旦被菌物命名委员会和总委员会审议并批准（见条款 14.15 和辅则 14A.1），这些名录中的保护名称〔protected name〕成为本《法规》附录（见附录 IIA、III 和 IV）的一部分，应与其模式一并列入且处理为针对任何竞争的列入或未列入的异名或同名（包括认可名称）而保留，尽管根据条款 14 的保留优先于这一保护。保护名称清单依然可通过本条款（也见条款 F.7.1）描述的流程进行修订。

条款 F.3 认可名称

F.3.1. Persoon (*Synopsis methodica fungorum*, 1801)采用的锈菌目〔Uredinales〕、黑粉菌目〔*Ustilaginales*〕和广义腹菌类〔*Gasteromycetes* (s. 1.)〕中的名称，以及 Fries（*Systema mycologicum*, vol. 1–3. 1821–1832 和补充的 *Index*〔索引〕，1832；以及 *Elenchus fungorum*, vol. 1–2. 1828）采用的其他菌物（黏菌除外）的名称是被认可的。

F.3.2. 认可的名称处理为如同针对早出同名和竞争异名而被保留。一旦被认可，此类名称即保持认可状态，即使该认可作者在其认可著作的其他地方并未承认它们。除了条款 60 和 F.9 强制的变更外，名称认可时使用的拼写被处理为保留。

> **例 1.** *Agaricus ericetorum* Pers. (Observ. Mycol. 1: 50. 1796)被 Fries 在 *Systema mycologicum* (1: 165. 1821)中所接受，但后来(Elench. Fung. 1: 22. 1828)被他视为 *A. umbelliferus* L. (Sp. Pl.: 1175. 1753)的异名而未作为接受名称包括在他的 *Index*〔索引〕（p. 18. 1832）中。虽然如此，*A. ericetorum* Pers. : Fr.是一个认可名称。

> **例 2.** 尽管加词被 Schumacher (Enum. Pl. 2: 371. 1803)拼写为'*lacrymans*'，且基名最初发表为 *Boletus* '*lacrymans*' Wulfen (in Jacquin, Misc. Austriac. 2: 111. 1781)，名称 *Merulius lacrimans* (Wulfen : Fr.) Schumach. : Fr.被认可（Fries, Syst. Mycol. 1: 328. 1821）时使用的拼写应予维持。

F.3.3. 如果它是另一个认可名称的晚出同名，一个认可名称〔sanctioned name〕是不合法的（也见条款 53）。

F.3.4. 一个认可名称的早出同名并不因那个认可变为不合法，但为不可用；如果除此之外不是不合法的,它可用于基于相同模式的另一个名称或组合的基名（也见条款 55.3）.

> **例 3.** *Patellaria Hoffm.* (Descr. Pl. Cl. Crypt. 1: 33, 54, 55. 1789)是认可属名 *Patellaria* Fr.〔胶皿菌属〕(Syst. Mycol. 2: 158. 1822) : Fr.的早出同名。Hoffmann 的名称是合法的，但不可用。根据条款 52.1，基于与 *Patellaria* Fr. : Fr.相同模式的 *Lecanidion* Endl. (Fl. Poson.: 46. 1830)是不合法的。

> **例 4.** *Agaricus cervinus* Schaeff. (Fung. Bavar. Palat. Nasc. 4: 6. 1774)是认可名称 *A. cervinus* Hoffm. (Nomencl. Fung. 1: t. 2, fig. 2. 1789) : Fr.的早出同名；Schaeffer 的名称不可用，但它

是合法的，且可用作在其他属内的组合的基名。在 *Pluteus* Fr.〔光柄菇属〕中，该组合被引用为 *P. cervinus* (Schaeff.) P. Kumm.〔灰光柄菇〕，且较基于 *A. atricapillus* Batsch (Elench. Fung.: 77. 1786)的异模式（分类学）异名 *P. atricapillus* (Batsch) Fayod 具有优先权。

F.3.5. 对于科至属之间等级（均含）的分类群，当两个或多个认可名称竞争时，条款 11.3 管理正确名称的选择（也见条款 F.3.7）。

F.3.6. 对于等级低于属的分类群，当两个或多个认可名称和（或）两个或多个具有相同最终加词和模式的名称作为认可名称竞争时，条款 11.4 管理正确名称的选择。

🛈 **注释 1.** 认可日期并不影响认可名称的合格发表日期和因此产生的优先权（条款 11）。特别是，因为根据条款 F.3.3 晚出同名是不合法的，当两个或多个同名被认可时，仅其中最早的可以使用。

> **例 5.** Fries (Syst. Mycol. 1: 41. 1821)接受了 *Agaricus flavovirens* Pers. (in Hoffmann, Abbild. Schwämme 3: t. 24. 1793) : Fr.并将 *A. equestris* L. (Sp. Pl.: 1173. 1753)处理为异名。他后来（Elench. Fung. 1: 6. 1828）接受 *A. equestris*，并说明"Nomen prius et aptius certe restituendum〔较早且更合适的名称当然应被恢复〕"。两个名称均被认可，但当它们被处理为异名时，*A. equestris* L. : Fr. 因具有优先权应被使用。

F.3.7. 既不是认可也不与相同等级的认可名称有相同模式和最终加词的名称，不可用于该等级上包括具有可用于必要组合的最终加词的认可名称的模式的分类群（见条款 11.4(c)）。

F.3.8. 保留（条款 14）、保护（条款 F.2）和明确的废弃（条款 56 和 F.7）优先于认可。

F.3.9. 在条款 F.3.1 规定的著作之一中采用并因此被认可的种或种下分类群的名称的模式，可选自在原白和（或）认可处理中与该名称相关联的成分。

🛈 **注释 2.** 对于根据条款 F.3.9 产生的名称，来自原白语境中的成分是原始材料，以及来自认可著作语境中的那些成分被视为等同于原始材料。

F.3.10. 当认可作者接受一个较早名称但并未（甚至隐含地）包括与其原白相关联的任何成分，或当原白并未包括认可名称后来指定的模式时，该认可作者被视为创造了一个如同保留的晚出同名（也见条款 48）。

🛈 **注释 3.** 对于认可属名的模式标定见条款 10.2。注意：根据条款 7.5 的自动模式标定不适用于认可名称。对于认可名称（或基于它们的名称）的合法性，也见条款 6.4、52.1、53.1 和 55.3。

辅则 F.3A

F.3A. 如果认为是可取的，在正式引用中，应将 ": Fr." 或 ": Pers."（指示认可作者 Fries 或 Persoon）或缩写 "nom. sanct."（认可名称）与认可之处的引用一起加在认可名称（条款 F.3.1）后。在一个基于认可名称或认可名称的基名的新组合的正式引用中，": Fr." 或 ": Pers." 应在括号内加在基名的作者后（条款 49.1）[1]。

> **例 1.** *Boletus piperatus* Bull.〔辣牛肝菌〕(Herb. France: t. 451, fig. 2. 1790)在 Fries (Syst. Mycol. 1: 388. 1821)中被采用，且因此为认可的。它可引用为 *B. piperatus* Bull. : Fr. 或 *B. piperatus* Bull., nom. sanct.。

> **例 2.** 当被 Fries (Syst. Mycol. 1: 290. 1821)采用时，*Agaricus compactus* [unranked] *sarcocephalus* (Fr.) Fr.被认可。其地位可通过引用为 *A. compactus* [unranked] *sarcocephalus* (Fr. : Fr.) Fr. : Fr. 或 *A. compactus* [unranked] *sarcocephalus* (Fr.) Fr., nom. sanct.来指明。当引用其基名 *A. sarcocephalus* Fr. (Observ. Mycol. 1: 51. 1815)时，不应添加指示": Fr."，但是，当引用如 *Psathyrella sarcocephala* (Fr. : Fr.) Singer (in Lilloa 22: 468. 1949)的后来组合时，它可添加。

第二节　名称的合格发表和模式标定

条款 F.4　误用的等级指示术语

F.4.1. 如果它被给予一个其等级同时由违反条款 5 的误置术语指示的分类群，名称是不合格发表的；但是，例外情形是，在 Fries 的 *Systema mycologicum* 中称为族（tribus）的属内次级区分的名称，处理为合格发表的无等级的属内次级区分的名称。

> **例 1.** 在同一著作中认可的 *Agaricus* "tribus" [unranked〔无等级的〕] *Pholiota* Fr. (Syst. Mycol. 1: 240. 1821)是属名 *Pholiota* (Fr. : Fr.) P. Kumm.〔鳞伞属〕(Führer Pilzk.: 22. 1871)合格发表的基名（条款 41 例 9）。

条款 F.5　名称和命名行为的注册

F.5.1. 为了合格发表，适用于根据本《法规》处理为菌物的有机体（导言 8；包括化石菌物和地衣型真菌）且发表在 2013 年 1 月 1 日或之后的新命名（条

---

1 在本《法规》及其附录中，认可用 ": Fr." 或 ": Pers." 指示。

款 6 注释 4）必须在原白中包括引用由一个被认可的存储库发放给该名称的标识码〔identifer〕（条款 F.5.3）。

> **例 1.** 因为它包括引用由三个认可的存储库之一的菌物库（MycoBank）发放的标识码"MB 564515"，*Albugo arenosa* Mirzaee & Thines (in Mycol. Prog. 12: 50. 2013)的原白遵守条款 F.5.1。菌物命名委员会指定（条款 F.5.3）菌物名称〔Fungal Names〕、菌物索引〔Index Fungorum〕和菌物库〔MycoBank〕为存储库(Redhead & Norvell in Taxon 62: 173–174. 2013)的决定被第十届国际菌物学大会批准（May in Taxon 66: 484. 2017）。

F.5.2. 对于条款 F.5.1 要求的由认可的存储库发放的标识码，学名作者必须登记的信息的最低要素是被提出的名称本身及根据条款 38.1(a)和 39.2（合格化描述或特征集要）、条款 40.1 和 40.7（模式）或条款 41.5（引证基名或被替代名称）对合格发表所要求的那些要素。当被给予标识码的名称登记的信息与随后发表的信息不一致时，该发表的信息被视为最终的。

ⓘ **注释 1.** 由认可的存储库发放的标识码假定随后满足对名称合格发表的要求（条款 32–45、F.5.1 和 F.5.2），但其本身并不构成或保证合格发表。

ⓘ **注释 2.** 在条款 F.5.1 和 F.5.2 中，词语"名称"用于可能尚未合格发表的名称，在此情形下，在条款 6.3 中的定义不适用。

F.5.3. 菌物命名委员会（见第三篇规程 7）有权：（a）指定一个或多个区域性的或分散的开放且可获取的电子存储器以登记条款 F.5.2 和 F.5.5 所要求的信息，并发放条款 F.5.1 和 F.5.4 要求的标识码；（b）自行决定撤销此类指定；以及，（c）如果存储库的机制或其至关重要部分停止运行，取消条款 F.5.1、F.5.2、F.5.4 和 F.5.5 的要求。由该委员会根据这些权力做出的决定需经随后的国际菌物学大会批准。

F.5.4. 就优先权而言（条款 9.19、9.20 和 10.5），在 2019 年 1 月 1 日或之后，仅当引用由认可存储库（条款 F.5.3）发放的标识码时，根据本《法规》（导言 8）处理为菌物的有机体名称的模式指定才能实现。

ⓘ **注释 3.** 条款 F.5.4 仅适用于后选模式（及其根据条款 10 的等同语）、新模式和附加模式的指定；它不适用于发表新分类群的名称时主模式的指定，对后者见条款 F.5.2。

F.5.5. 对于根据条款 F.5.4 的要求由认可存储库发放的标识码，模式指定的作者必须登记的信息的最低要素是被模式标定的名称、指定模式的作者及条款 9.21、9.22 和 9.23 所要求的那些要素。

ⓘ **注释 4.** 由认可的存储库发放的标识码假定随后满足对于有效的模式指定（条款

7.8–7.11 和 F.5.4）的要求，但其本身并不构成模式指定。

辅则 F.5A

F.5A.1. 鼓励处理为菌物的有机体名称的作者，（a）将任何新命名要求的信息要素在著作被接受发表后尽快存储在一个认可的存储库中，以便获得登记标识码；以及，（b）名称一经发表，就将完整文献细节通知该认可的存储库，包括卷册编号、页码、发表日期，以及（对图书）该出版物的出版商和地点。

F.5A.2. 除了满足名称选择（条款 11.5 和 53.5）、缀词法（条款 61.3）或性（条款 62.3）的有效发表的要求外，鼓励那些对处理为菌物的有机体的名称发表此类选择的作者在认可的存储库（条款 F.5.3）记录该选择，并在发表之处引用该登记的标识码。

第三节　名称的废弃

条款 F.6

`F.6.1.` 如果是原核生物或原生动物名称的晚出同名，发表在 2019 年 1 月 1 日或之后的处理为菌物的分类群的名称是不合法的（也见条款 54 和辅则 54A）。

条款 F.7

`F.7.1.` 为了保持命名的稳定性，对于处理为菌物的有机体，提议废弃的名称清单可提交给总委员会，总委员会将指派它们给菌物命名委员会（见第三篇规程 2.2、7.9 和 7.10），由该委员会与总委员会和合适的国际团体协商建立的分委员会审查。根据条款 56.1，一旦被菌物命名委员会和总委员会（条款 56.3 和辅则 56A.1）审核和批准，这些清单中的名称变成本《法规》附录的一部分，应处理为废弃，除了那些根据条款 14 通过保留可变成有资格使用的外（也见条款 F.2.1）。

第四节　具多型生活史的菌物的名称

条款 F.8

`F.8.1.` 2013 年 1 月 1 日之前发表给非地衣型子囊菌门和担子菌门的分类群的名

称，如有意或暗示有意应用于一种特定形态（如无性型〔anamorph〕或有性型〔teleomorph〕；见注释 2）或以其模式标定，可以是合法的，即使它由于在原白中包括一个可归于不同形态的模式（如条款 52.2 所定义的），而根据条款 52 将在其他方面为不合法。如果该名称在其他方面合法，则它竞争优先权（条款 11.3 和 11.4）。

> **例 1.** *Penicillium brefeldianum* B. O. Dodge〔布雷青霉〕(in Mycologia 25: 92. 1933)被描述兼具无性型和有性型，且基于兼具无性型和有性型的模式（且因此根据 2012 年《墨尔本法规》之前的各版《法规》，必然仅以有性型成分模式标定）。有性型的组合 *Eupenicillium brefeldianum* (B. O. Dodge) Stolk & D. B. Scott (in Persoonia 4: 400. 1967)是合法的。以在"衍生自 Dodge 的模式的"干燥培养物中的无性型模式标定的 *Penicillium dodgei* Pitt (Gen. Penicillium: 117. 1980)不包含 *P. brefeldianum* 的有性型模式，因此，也是合法的。然而，当视为是 *Penicillium*〔青霉属〕的一个种时，其所有阶段的正确名称是 *P. brefeldianum*。

🛈 **注释 1.** 除条款 F.8.1 规定外，具有有丝分裂的无性形态（无性型）和减数分裂的有性形态（有性型）的菌物名称与其他所有菌物一样必须遵守本《法规》的相同规定。

🛈 **注释 2.** 2012 年《墨尔本法规》之前各版《法规》规定，为某些多型菌物有丝分裂的无性形态（无性型）提供单独的名称，并要求该名称可用于由减数分裂的有性形态（有性型）模式标定的整个菌物。然而，根据现行《法规》，就确定优先权而言，不管模式的生活史阶段，所有合法的菌物名称处理为同等（也见条款 F.2.1）。

> **例 2.** *Mycosphaerella aleuritidis* (Miyake) S. H. Ou〔油桐球腔菌〕(in Sinensia 11: 183. 1940)发表为新组合时，伴随与以其模式标定基名 *Cercospora aleuritidis* Miyake〔油桐尾孢〕(in Bot. Mag. (Tokyo) 26: 66. 1912)的无性型相对应的新发现的有性型的拉丁文特征集要。根据 2012 年《墨尔本法规》之前的各版《法规》，*M. aleuritidis* 被认为是具有性型模式的新种的名称，日期始于 1940 年，且作者归属仅归予 Ou〔欧世璜〕。根据现行《法规》，该名称应引用为最初发表的 *M. aleuritidis* (Miyake) S. H. Ou，且由该基名的模式而模式标定。

> **例 3.** 在有性型模式标定的 *Venturia acerina* Plakidas ex M. E. Barr (in Canad. J. Bot. 46: 814. 1968)的原白中，包括了无性型模式标定的 *Cladosporium humile* Davis (in Trans. Wisconsin Acad. Sci. 19: 702. 1919)作为异名。因为发表于 2013 年 1 月 1 日之前，名称 *V. acerina* 不是不合法的，但 *C. humile* 在种的等级上是最早的合法名称。

🛈 **注释 3.** 同时为一个非地衣型子囊菌门和担子菌门的分类群的不同形态（如有性型和无性型）提出的名称必然是异模式的，且因此不是如条款 36.3 定义的互用名称。

> **例 4.** *Hypocrea dorotheae* Samuels & Dodd 和 *Trichoderma dorotheae* Samuels & Dodd 被以 Samuels & Dodd 8657 (PDD 83839)为主模式同时合格发表给作者认为的单个种。因为这些名称发表在 2013 年 1 月 1 日前（见条款 F.8.1 和注释 2），且因为该作者明确指明名称 *T. dorotheae* 以 PDD 83839 的无性成分模式标定，所以，两个名称均为合格发表的，且为合法的。它们不是如条款 36.3 定义的互用名称。

第五节　名称的缀词法

条款 F.9

F.9.1. 源自一个相关联的有机体的属名的菌物名称的加词应与那个有机体名称被接受的拼写一致；其他拼写视为可更正的缀词变体（见条款 61）。

例 **1.** *Phyllachora 'anonicola'* Chardón (in Mycologia 32: 190. 1940)应更正为 *P. annonicola*，以与 *Annona* L.〔番荔枝属〕的被接受拼写一致；*Meliola 'albizziae'* Hansf. & Deighton (in Mycol. Pap. 23: 26. 1948)应更正为 *M. albiziae*，以与 *Albizia Durazz.*〔合欢属〕的被接受拼写一致。

例 **2.** *Dimeromyces 'corynitis'* Thaxter (in Proc. Amer. Acad. Arts 48: 157. 1912)被说明出现"在 *Corynites ruficollis* Fabr.的翅鞘上"，但是作为寄主的甲虫物种名称的正确拼写为 *Corynetes ruficollis*。因此，该菌物的名称应拼写为 *D. corynetis*。

第 H 章　杂种的名称

条款 H.1

H.1.1. 杂交性由使用乘号×或在指示分类群等级的术语前加上前缀"notho-"[1] 来表示。

条款 H.2

H.2.1. 两个已命名的分类群之间的杂种可由将乘号×置于分类群名称之间来表示；该完整的表达于是称为杂种表达式〔hybrid formula〕。

例 1. *Agrostis* L.〔剪股颖属〕× *Polypogon* Desf.〔棒头草属〕；*Agrostis stolonifera* L.〔匍匐剪股颖〕× *Polypogon monspeliensis* (L.) Desf.〔长芒棒头草〕；*Melampsora medusae* Thüm. × *M. occidentalis* H. S. Jacks.；*Mentha aquatica* L.〔水薄荷〕× *M. arvensis* L.〔日本薄荷〕× *M. spicata* L.〔留兰香〕；*Polypodium vulgare*〔欧亚水龙骨〕subsp. *prionodes* (Asch.) Rothm. × *P. vulgare* L. subsp. *vulgare*；*Salix aurita* L.〔耳柳〕× *S. caprea* L.〔黄花柳〕；*Tilletia caries* (DC.) Tul. & C. Tul. × *T. foetida* (Wallr.) Liro.

例 2. *Kunzea linearis* (Kirk) de Lange × *Kunzea robusta* de Lange & Toelken 或 *Kunzea linearis* (Kirk) de Lange × *K. robusta* de Lange & Toelken，但不是 "*Kunzea linearis* (Kirk) de Lange × *robusta* de Lange & Toelken"，其中在第二个种名中省略属名或其缩写，与条款 23.1 相悖。

辅则 H.2A

H.2A.1. 在表达式中通常最好将名称或加词按字母顺序排列。杂交方向可通过在表达式中包括性别指示符号（♀：雌性；♂：雄性）或母本排列于前来表示。如果使用非字母顺序，应清楚指明其原则。

条款 H.3

H.3.1. 两个或多个分类群的代表之间的杂种可接受一个名称。就命名的目的，

---

1 源自希腊文 νόθος, nothos，意为杂交。

一个分类群的杂种属性由将乘号×置于属间杂种的名称之前、或种间杂种名称的加词之前、或在指示分类群等级的术语前添加指示前缀的术语"notho-"（可选择缩写"n-"）来表达（见条款 3.2 和 4.4）。所有此类分类群认定为杂交分类群。

例 1. × *Agropogon* P. Fourn.〔剪棒草属〕(Quatre Fl. France: 50. 1934); × *Agropogon littoralis* (Sm.) C. E. Hubb.〔剪棒草〕(in J. Ecol. 33: 333. 1946); *Melampsora* × *columbiana* G. Newc. (in Mycol. Res. 104: 271. 2000); *Mentha* × *smithiana* R. A. Graham 〔红毛薄荷〕(in Watsonia 1: 89. 1949); *Polypodium vulgare* nothosubsp. [或 nsubsp.] *mantoniae* (Rothm.) Schidlay (in Futák, Fl. Slov. 2: 225. 1966); *Salix* × *capreola* Andersson (in Kongl. Svenska Vetensk. Acad. Handl., n.s., 6(1): 71. 1867)。(这些杂交分类群推测的或已知的亲本关系可见条款 H.2 例 1)。

H.3.2. 除非至少一个亲本分类群已知或可被推测，否则，不能认定杂交分类群。

H.3.3. 就同名性或异名性而言，忽略乘号×和前缀"notho-"。

例 2. × *Hordelymus* Bachteev & Darevsk. (in Bot. Zhurn. (Moscow & Leningrad) 35: 191. 1950) (*Elymus* L.〔披碱草属〕 × *Hordeum* L.〔大麦属〕)是 *Hordelymus* (Jess.) Harz (Landw. Samenk.: 1147. 1885)的晚出同名。

🛈 **注释 1.** 认为是杂种起源的分类群无需认定为杂交分类群。

例 3. 如有必要，产生自人工杂交 *Digitalis grandiflora* L.〔大花毛地黄〕× *D. purpurea* L.〔毛地黄〕的纯合四倍体可称为 *D. mertonensis* B. H. Buxton & C. D. Darl. (in Nature 77: 94. 1931); 提供 *Triticum* L.〔小麦属〕模式的 *Triticum aestivum* L.〔普通小麦〕(Sp. Pl.: 85. 1753)被处理为一个种，尽管未见于自然状态，且其基因组表明它由多个野生种的基因组组成；Levin (in Evolution 21: 92–108. 1967)认为已知为 *Phlox divaricata* subsp. *laphamii* (A. W. Wood) Wherry〔狭裂福禄考〕(in Morris Arbor. Monogr. 3: 41. 1955)的分类群是 *P. divaricata* L. subsp. *divaricata*〔林地府福禄考〕和 *P. pilosa* subsp. *ozarkana* Wherry 之间的稳定的杂交产物；被认为是古杂交起源的多倍体 *Rosa canina* L.〔狗牙蔷薇〕 (Sp. Pl.: 492. 1753)被处理为一个种。

辅则 H.3A

H.3A.1. 在命名的杂种中，乘号×应归于名称或加词，但实际上不是其部分，且它的位置应反映那一关系。如有的话，在乘号和名称或加词的首字母之间的确切的空格应取决于如何最有利于可读性。

🛈 **注释 1.** 在杂种表达式中的乘号×通常置于亲本的名称之间，且与其分离。

H3A.2. 如果乘号×不可用，应用与其接近的小写字母"x"（非斜体）。

条款 H.4

H.4.1. 当所有的亲本分类群可被推测或已知时，杂交分类群界定为包括可确认源自所陈述的亲本分类群代表杂交的所有个体（即不仅是 F_1 代，也包括后来的子代以及其回交与组合）。因而，应仅有一个正确名称与一个特定的杂种表达式相对应；即在合适等级（条款 H.5）上的最早合法名称（条款 6.5），且对应于同一杂种表达式的其他名称是其异名（但见条款 52 注释 4）。

例 1. 名称 *Oenothera ×drawertii* Renner ex Rostański (in Acta Bot. Acad. Sci. Hung. 12: 341. 1966) 和 *O. ×wienii* Renner ex Rostański (in Fragm. Florist. Geobot. 23: 289. 1977)均被认为适用于杂种 *O. biennis* L. × *O. villosa* Thunb.；已知这两个杂交种名称的模式不同在于一个完整的基因复合体；即便如此，最早的名称是正确名称，且较晚的名称处理为其异名。

ⓘ **注释 1.** 杂交种和种下杂交分类群内的变异可根据条款 H.12 处理，或合适时，根据《国际栽培植物命名法规》处理。

条款 H.5

H.5.1. 杂交分类群的合适等级是其推测的或已知的亲本分类群的等级。

H.5.2. 当推测的或已知的亲本等级在不同等级时，杂交分类群的合适等级是这些等级中最低的那个。

ⓘ **注释 1.** 当杂交分类群由等级与其杂种表达式不相称的名称指定时，该名称在与该杂种表达式相关联时是不正确的，但是，虽然如此，它可为正确的或后来可变为正确的。

例 1. 基于 *Triticum laxum* Fr. (Novit. Fl. Suec. Mant. 3: 13. 1842)的组合 *Elymus ×laxus* (Fr.) Melderis & D. C. McClint. (in Watsonia 14: 394. 1983)是发表给具有表达式 *E. farctus* subsp. *boreoatlanticus* (Simonet & Guin.) Melderis × *E. repens* (L.) Gould 的杂种，因此，该组合是在与该杂种表达式不相称的等级。然而，它可用于 *E. farctus* (Viv.) Melderis 和 *E. repens* 之间的所有杂种的正确名称。

例 2. Radcliffe-Smith 给 *Euphorbia amygdaloides* L. × *E. characias* subsp. *wulfenii* (W. D. J. Koch) Radcl.-Sm.发表了杂交种名称 *E. ×cornubiensis* Radcl.-Sm. (in Kew Bull. 40: 445. 1985)，但是，用于 *E. amygdaloides* 和 *E. characias* L.之间所有杂种的正确的杂交种名称是 *E. ×martini* Rouy (Ill. Pl. Eur. Rar.: 107. 1900)；后来，他发表了相称的组合 *E. ×martini* nothosubsp. *cornubiensis* (Radcl.-Sm.) Radcl.-Sm. (in Taxon 35: 349. 1986)。然而，对具表达式 *E. amygdaloides* × *E. wulfenii* W. D. J. Koch 的杂种，名称 *E. ×cornubiensis* 仍可能是正确的。

辅则 H.5.A

H.5A.1. 当发表在种或之下等级的新杂交分类群的名称时，作者应提供该名称模式的已知或推测的亲本在较低等级的分类学身份的任何可用信息。

条款 H.6

H.6.1. 杂交属的名称(即在属的等级上用于两个或多个属的代表之间的杂种的名称)是简化表达式或等同于简化表达式（但见条款 11.9 和 54.1(c)）。

H.6.2. 两属间的杂交的杂交属的名称是一个采用给亲本属的名称组合成单个单词的简化表达式，使用其中一个的第一部分或全部、另一个的最后部分或全部（但不是二者的全部）和视需要的连接元音。使用代替连接元音或此外添加的连字符，应处理为可通过删除连字符而更正的错误。

例 1. ×*Agropogon* P. Fourn.〔剪棒草属〕(Quatre Fl. France: 50. 1934) (*Agrostis* L.〔剪股颖属〕 × *Polypogon* Desf.〔棒头草属〕); ×*Gymnanacamptis* Asch. & Graebn. (Syn. Mitteleur. Fl. 3: 854. 1907) (*Anacamptis* Rich. × *Gymnadenia* R. Br.〔手参属〕); ×*Cupressocyparis* Dallim.〔杂扁柏属〕(Hand-List Conif., Roy. Bot. Gard., Kew, ed. 4: 37. 1938) (*Chamaecyparis* Spach〔扁柏属〕 × *Cupressus* L.〔柏木属〕);×*Seleniphyllum* G. D. Rowley (in Backeberg, Cactaceae 6: 3557. 1962) (*Epiphyllum* Haw.〔昙花属〕 × *Selenicereus* (A. Berger) Britton & Rose〔蛇鞭柱属〕)。

例 2. 对于 *Amaryllis* L.〔孤挺花属〕 × *Crinum* L.〔文殊兰属〕，正确的是×*Amarcrinum* Coutts (in Gard. Chron., ser. 3, 78: 411. 1925)，而不是"×*Crindonna*"。后一表达式是 Ragionieri (in Gard. Chron., ser. 3, 69: 32. 1921)提出给相同的杂交属，但是构自于采用给一个亲本的属名（*Crinum*）和采用给另一个亲本的属名（*Amaryllis*）的异名（*Belladonna* Sweet）。因为与条款 H.6 相悖，根据条款 32.1(C)，它未被合格发表。

例 3. 对于 *Leucorchis* E. Mey. × *Gymnadenia* R. Br.〔手参属〕，名称×*Leucadenia* Schltr. (in Repert. Spec. Nov. Regni Veg. 16: 290. 1919)是正确的，但是，如果采用属名 *Pseudorchis* Ség. 代替 *Leucorchis* 时，×*Pseudadenia* P. F. Hunt (in Orchid Rev. 79: 141. 1971)则是正确的。

例 4. ×*Maltea* 被 Boivin (in Naturaliste Canad. 94: 526. 1967)发表给他认为是属间杂种 *Phippsia* (Trin.) R. Br. × *Puccinellia* Parl.〔碱茅属〕的分类群。因为这不是简化表达式，该名称不能用于该属间杂种，其正确名称是×*Pucciphippsia* Tzvelev (in Novosti Sist. Vyssh. Rast. 8: 76. 1971)。尽管如此，由于 Boivin 提供了拉丁文描述和指定了模式，*Maltea* B. Boivin 是合格发表的属名，当其模式不被处理为属于一个杂交属时，它可以是正确的。

例 5. 杂交属名×*Anthematricaria* Asch. (in Ber. Deutsch. Bot. Ges. 9: (99). 1892)提出给亲本关系为 *Anthemis* L.〔春黄菊属〕 × *Matricaria* L.〔母菊属〕的杂种，最初发表为 'Anthe-Matricaria'；杂交属名×*Brassocattleya* Rolfe (in Gard. Chron., ser. 3, 5: 438. 1889)提出

给亲本关系为 *Brassavola* R. Br.〔修胫兰属〕 × *Cattleya* Lindl.〔卡特兰属〕的杂种，最初发表为‘*Brasso-Cattleya*’。

H.6.3. 源自 4 个或更多属的属间杂种的杂交属名由人名后加上词尾 *-ara* 构成；此类名称不能超过 8 个音节。此类名称等同于简化表达式。

例 6. ×*Beallara* Moir (in Orchid Rev. 78(929): New Orch. Hybr. [1, 3]. 1970) (*Brassia* R. Br. × *Cochlioda* Lindl. × *Miltonia* Lindl. × *Odontoglossum* Kunth)；×*Cogniauxara* Garay & H. R. Sweet (见条款 H.8 例 3) (*Arachnis* Blume〔蜘蛛兰属〕 × *Euanthe* Schltr.〔盛花兰属〕 × *Renanthera* Lour.〔火焰兰属〕 × *Vanda* W. Jones ex R. Br.〔万代兰属〕)。

H.6.4. 三属间的杂种的杂交属名是：（a）来自三个亲本属名称组合成不超过 8 个音节的单词的简化表达式，使用一个属的全部或第一部分，跟随另一个属的全部或任一部分，再加上第三个属的全部或最后部分（但不是所有三个的全部），以及视需要的连接元音，或（b）名称如源自 4 个或更多属的杂交属的名称那样构成，即在人名后加上词尾 -ara 构成。

例 7. ×*Sophrolaeliocattleya* Hurst (in J. Roy. Hort. Soc. 21: 468. 1898) (*Cattleya* Lindl.〔卡特兰属〕 *Laelia* Lindl.〔蕾丽兰属〕 × *Sophronitis* Lindl.)；×*Rodrettiopsis* Moir (in Orchid Rev. 84: ix. 1976) (*Comparettia* Poepp. & Endl.〔凹唇兰属〕 × *Ionopsis* Kunth〔拟堇兰素〕 × *Rodriguezia* Ruiz & Pav.)；×*Holttumara* Holttum（见条款 H.8 例 3）(*Arachnis* Blume〔蜘蛛兰属〕 × *Renanthera* Lour.〔火焰兰属〕 × *Vanda* W. Jones ex R. Br.〔万代兰属〕)。

辅则 H.6A

H.6A.1. 当杂交属名通过加上词尾 *-era* 构自于人名时，该人应最好是该类群的采集者、培育者或研究者。

条款 H.7

H.7.1. 为属内次级区分之间的杂种的杂交分类群名称，是以与杂交属名（条款 H.6.2–H.6.4）相同方式构成的简化表达式的加词及属的名称的组合。

例 1. *Ptilostemon* nothosect. *Platon* Greuter (in Boissiera 22: 159. 1973)包括 *P.* sect. *Platyrhaphium* Greuter 和 *P.* Cass. sect. *Ptilostemon* 之间的杂种；*P.* nothosect. *Plinia* Greuter (in Boissiera 22: 158. 1973)，包含 *P.* sect. *Cassinia* Greuter 和 *P.* sect. *Platyrhaphium* 之间的杂种。

条款 H.8

H.8.1. 当杂交分类群的名称或名称中的加词是简化表达式（条款 H.6 和 H.7）

时，用在其表达式中的亲本名称必须是该亲本分类群在特定界定、位置和等级接受的正确名称。

例 1. 如果小麦属〔*Triticum* L.〕在分类学上解释为包括 *Triticum* (s. str.)〔狭义小麦属〕和 *Agropyron* Gaertn.〔冰草属〕，以及大麦属〔*Hordeum* L.〕为包括 *Hordeum* (s. str.)〔狭义大麦属〕和 *Elymus* L.〔披碱草属〕时，*Agropyron* 与 *Elymus* 之间的杂种及 *Triticum* (s. str.) 与 *Hordeum* (s. str.)之间的杂种被置于相同的杂交属×*Tritordeum* Asch. & Graebn. (Syn. Mitteleur. Fl. 2(1): 748. 1902)。然而，如果 *Agropyron* 被处理为独立于 *Triticum* 的属时，*Agropyron* 和 *Hordeum* (s. str.或 s. l.)之间的杂种被置于杂交属×*Agrohordeum* E. G. Camus ex A. Camus (in Bull. Mus. Hist. Nat. (Paris) 33: 537. 1927)。类似地，如果 *Elymus* 被处理为独立于 *Hordeum* 的属时，*Elymus* 和 *Triticum* (s. str.或 s. l.)之间的杂种被置于杂交属×*Elymotriticum* P. Fourn. (Quatre Fl. France: 88. 1935)。如果 *Agropyron* 和 *Elymus* 二者均给予属的等级时，它们之间的杂种被置于杂交属×*Agroelymus* E. G. Camus ex A. Camus (in Bull. Mus. Hist. Nat. (Paris) 33: 538. 1927)；于是，×*Tritordeum* 限于 *Hordeum* (s. str.)和 *Triticum* (s. str.)之间的杂种，而 *Elymus* 和 *Hordeum* 之间的杂种被置于×*Elyhordeum* Mansf. ex Tsitsin & Petrova (in Züchter 25: 164. 1955)，替代×*Hordelymus* Bachteev & Darevsk. (in Bot. Zhurn. (Moscow & Leningrad) 35: 191. 1950) non *Hordelymus* (Jess.) Harz (Landw. Samenk.: 1147. 1885)。

例 2. 当 *Orchis fuchsii* Druce〔紫斑红门兰〕重新命名为 *Dactylorhiza fuchsii* (Druce) Soó〔紫斑掌裂兰〕时，它与 *Coeloglossum viride* (L.) Hartm.〔凹舌兰〕的杂种的名称×*Orchicoeloglossum mixtum* Asch. & Graebn. (Syn. Mitteleur. Fl. 3: 847. 1907)必须变更为×*Dactyloglossum mixtum* (Asch. & Graebn.) Rauschert (in Feddes Repert. 79: 413. 1969)。

H.8.2. 等同于简化的杂种表达式（条款 H.6.3 和 H.6.4(b)）的以-*ara* 结尾的杂交属的名称仅适用于在分类上接受为源于已命名亲本的杂种。

例 3. 如果 *Euanthe* Schltr.〔盛花兰属〕被认可为独立的属时，同时包括其唯一种 *E. sanderiana* (Rchb.) Schltr.〔盛花兰〕与三个属 *Arachnis* Blume〔蜘蛛兰属〕、*Renanthera* Lour.〔火焰兰属〕和 *Vanda* W. Jones ex R. Br.〔万带兰属〕的杂种必须置于×*Cogniauxara* Garay & H. R. Sweet (in Bot. Mus. Leafl. 21: 156. 1966)；另一方面，如果 *E. sanderiana* 被包括在 *Vanda* 时，相同的杂种被置于×*Holttumara* Holttum (in Malayan Orchid Rev. 5: 75. 1958) (*Arachnis* × *Renanthera* × *Vanda*)。

条款 9

H.9.1. 为了合格发表，杂交属或属内次级区分等级的杂交分类群的名称（条款 H.6 和 H.7）必须被有效发表（条款 29–31），并伴有亲本属或属内次级区分的名称的说明，但无需描述或特征集要，无论是拉丁文、英文或其他语言。

例 1. 合格发表的名称：×*Philageria* Mast. (in Gard. Chron. 1872: 358. 1872)，发表时有亲本

关系 *Lapageria* Ruiz & Pav. × *Philesia* Comm. ex Juss.的说明；*Eryngium* nothosect. *Alpestria* Burdet & Miège (pro sect.) (in Candollea 23: 116. 1968)，发表时有亲本关系 *E.* sect. *Alpina* H. Wolff × *E.* sect. *Campestria* H. Wolff的说明；×*Agrohordeum* E. G. Camus ex A. Camus (in Bull. Mus. Hist. Nat. (Paris) 33: 537. 1927)，发表时有亲本关系 *Agropyron* Gaertn.〔冰草属〕× *Hordeum* L.〔大麦属〕的说明；以及其晚出异名×*Hordeopyron* Simonet (in Compt. Rend. Hebd. Séances Acad. Sci. 201: 1212. 1935, '*Hordeopyrum*'；见条款 32.2)，发表时有相同的亲本关系的说明。

ⓘ **注释 1.** 因为杂交属和在属内次级区分等级的杂交分类群的名称是简化表达式或等同于此，它们没有模式。

> **例 2.** 名称×*Ericalluna* Krüssm. (in Deutsche Baumschule 12: 154. 1960)发表给被认为是 *Calluna vulgaris* (L.) Hull〔帚石南属〕× *Erica cinerea* L.〔枞枝欧石楠〕杂交产物的植物。如果认为这些植物不是杂种而是 *E. cinerea* 的变异，只要产生已知或推测的杂种 *Calluna* Salisb. × *Erica* L.，名称×*Ericalluna* Krüssm.仍然可用。

> **例 3.** 杂交属名×*Arabidobrassica* Gleba & Fr. Hoffm. (in Naturwissenschaften 66: 548. 1979) 合格发表时有亲本陈述，即通过 *Arabidopsis thaliana* (L.) Heynh.〔拟南芥〕和 *Brassica campestris* L.〔油菜花〕的原生质体融合的体细胞杂交而产生的，当出现时，也可用于 *Arabidopsis* Heynh.〔拟南芥属〕和 *Brassica* L.〔芸薹属〕之间正常杂交产生的属间杂种。

ⓘ **注释 2.** 根据条款 36.1（a），仅发表给预期存在的杂种的名称是不合格发表的。

条款 H.10

H.10.1. 在种或之下等级的杂交分类群的名称必须符合：（a）本《法规》的第 H 章之外适用于相同等级（见条款 32.4）的名称的规定，和（b）条款 H.3 中的规定。违反条款 H.3.1 处理为应更正的错误（也见条款 11.9）。

> **例 1.** 杂交种的名称 *Melampsora* ×*columbiana* G. Newc. (in Mycol. Res. 104: 271. 2000)是合格发表给 *M. medusae* Thüm.和 *M. occidentalis* H. S. Jacks.之间的杂种，伴有拉丁文描述和主模式指定。

ⓘ **注释 1.** 之前发表为种或种下分类群的分类群，后被认为是杂交分类群时，可依照条款 3 和 4 并应用条款 50 指明如此（相反情况也同样适用），不改变等级。

H.10.2. 下列情形被认为是表达式而不是真正的加词：用连字符以未改变的形式合并亲本名称的加词组成的称谓、或仅变更一个加词的词尾的称谓、或由一个亲本名称的种加词与其他亲本的属名（有或无变更的词尾）组成的称谓。

> **例 2.** Maund (in Bot. Gard. 5: No. 385, t. 97. 1833)发表的称谓"*Potentilla atrosanguinea-pedata*"被认为是表达式，表示 *P. atrosanguinea* Lodd. ex D. Don × *P. pedata* Nestl.。

例 3. "*Verbascum nigro-lychnitis*" (Schiede, Pl. Hybr.: 40. 1825)被认为是表达式，表示 V. *lychnitis* L. × *V. nigrum* L.；用于这一杂种的正确双名名称是 *V. ×schiedeanum* W. D. J. Koch (Syn. Fl. Germ. Helv., ed. 2: 592. 1844)。

例 4. 在 *Acaena ×anserovina* Orchard (in Trans. Roy. Soc. South Australia 93: 104. 1969) (*A. anserinifolia* (J. R. Forst. & G. Forst.) J. Armstr. × *A. ovina* A. Cunn.)中，加词（违反辅则 H.10A）组合了亲本种的名称中第一个加词的第一部分和第二个加词的全部；因为第一个加词不只是词尾被省略，所以 *anserovina* 是一个真正的加词。

例 5. 在 *Micromeria ×benthamineolens* Svent. (Index Seminum Hortus Acclim. Pl. Arautap.: 48. 1969) (*M. benthamii* Webb & Berthel. × *M. pineolens* Svent.)中，加词（违反辅则 H.10A）组合了亲本种的名称中第一个的第一部分和第二个的第二部分；因为无一加词是未改变的，*benthamineolens* 是真正的加词。

❶ **注释 2.** 因为在种或之下等级的杂交分类群的名称有模式，亲本关系的说明在确定名称的应用上起次要作用。

例 6. *Quercus ×deamii* Trel. (in Mem. Natl. Acad. Sci. 20: 14. 1924)在描述时被认为是 *Q. alba* L. × *Q. muehlenbergii* Engelm.的杂交。然而，由采集其模式的树上的橡子长成的后代使 Bartlett 得出亲本实际为 *Q. macrocarpa* Michx.和 *Q. muehlenbergii*。如果这个结论被接受，名称 *Q. ×deamii* 适用于 *Q. macrocarpa* × *Q. muehlenbergii*，但不适用于 *Q. alba* × *Q. muehlenbergii*。

辅则 H.10A

H.10A.1. 在构建种或之下等级的杂交分类群名称的加词时，作者应避免组合亲本名称加词的部分。

辅则 H.10B

H.10B.1. 在考虑为已命名的种下分类群之间的杂种发表名称时，作者应仔细考虑是否确实需要这些名称；需记住表达式尽管较繁琐，但信息量更多。

条款 H.11

H.11.1. 其被推测或已知的亲本种属于不同属的杂交种名称是一个杂交属的名称和一个杂交种加词的组合。

例 1. *×Heucherella tiarelloides* (Lemoine & É. Lemoine) H. R. Wehrh.被认为是起源于 *Heuchera* L.〔矾根属〕的园艺杂种与 *Tiarella cordifolia* L.之间的杂交（见 Stearn in Bot. Mag. 165: ad t. 31. 1948）。因此，其基名 *Heuchera × tiarelloides* Lemoine & É. Lemoine (in Catalogue

(Lemoine) 182: 3. 1912)是不正确的。

H.11.2. 其被推测或已知亲本分类群归隶于不同种的种下杂交分类群名称的最终加词可被置于一个相应杂交种的正确名称下（但见辅则 H.10B）。

　　例 2. *Mentha ×piperita* L.〔辣薄荷〕 nothosubsp. *piperita* (*M. aquatica* L.〔水薄荷〕 × *M. spicata* L.〔留兰香〕 subsp. *spicata*); *M. ×piperita* nothosubsp. *pyramidalis* (Ten.) Harley (in Kew Bull. 37: 604. 1983) (*M. aquatica* L. × *M. spicata* subsp. *tomentosa* (Briq.) Harley)。

条款 H.12

H.12.1. 杂交种内的从属分类群被认可时，无需指定在该从属等级上的亲本分类群。在此情形下，使用恰当等级上的非杂种的种下类别。

　　例 1. *Mentha ×piperita* f. *hirsuta* Sole；*Populus ×canadensis* var. *serotina* (R. Hartig) Rehder 和 *P. ×canadensis* var. *marilandica* (Poir.) Rehder（也见条款 H.4 注释 1）。

🛈 **注释 1.** 当未说明亲本关系时，不适用管理杂交分类群的界定和恰当等级的条款 H.4 和 H.5。

🛈 **注释 2.** 条款 H.11.2 和 H.12.1 不能同时应用于相同的种下等级。

H.12.2. 发表在杂交型〔nothomorph〕[1]等级的名称被处理为已作为变种的名称发表（见条款 50）。

---

1 根据相当于条款 H.12 的规定，1983 年《悉尼法规》之前的各版《法规》仅允许一个种下杂交分类群的等级。该等级等同于变种，该类别被定义为"杂交型"。

第三篇　管理《法规》的规程

规程 1　管理《法规》的总规程

1.1. 《国际藻类、菌物和植物命名法规》由其使用者管理，他们由根据国际植物学大会授权行事的命名法分会成员，以及在两届大会之间由常设命名委员会和任何专门委员会所代表。

1.2. 本《法规》只能通过国际植物学大会的全体会议根据那届大会的命名法分会移交的决议案做出的决定修改。

1.3. 在可能无法召开另一届国际植物学大会时，有关《国际藻类、菌物和植物命名法规》的职权将移交给国际生物科学联盟或一个那时与其对应的组织。总委员会有权决定实现这一目标的机制。

1.4. 国际植物分类学协会（IAPT）联络常设命名法委员会和命名局，对《法规》提供后勤和财政支持。第三篇要求的命名发表[1]按照总委员会的指定方式发表（目前在期刊 *Taxon*，但是，修改《法规》中仅与处理为菌物的有机体名称相关的条款的提案，以及根据条款 F.2 或 F.7 作为清单提交的保护和废弃名称的提案发表在期刊 *IMA Fungus* 除外）。

规程 2　修改法规的提案

2.1. 涉及导言、第 1–3 部分和术语表的提案通过发表（见规程 1.4）提交给国际植物学大会的命名法分会。

2.2. 涉及附录 I–VII 的提案，即保留名称、保护名称或废弃名称的提案（条款 14.12、F.2.1、56.2 和 F.7.1）、禁止著作的提案（条款 34.1）和决定请求（条款 38.4 和 53.4））通过发表（见规程 1.4）提交给总委员会。

---

1 第三篇要求的命名发表〔nomenclatural publication〕包括保留、保护或废弃名称或禁止著作、决定请求的提案，常设命名法委员会和专门委员会的报告，修改《法规》的提案及这些提案的集要、机构投票的公告，以及指导性初步投票的结果和大会批准的决定结果及命名法分会或菌物命名法会议的选举结果。

2.3. 至少在国际植物学大会的三年前，总报告员发表通知，修改《法规》的提案可发表在指定的日期之间。

2.4. 大约在国际植物学大会的6个月前，发表修改《法规》提案的集要。该集要由总报告员和副报告员编辑，包括他们对提案的评论，并可包括常设命名法委员会对某些提案的意见。

2.5. 关于修改《法规》提案的指导性投票由命名局协同国际植物分类学协会（IAPT）组织，以配合提案集要的发表。在这一投票中，表决票不允许累积和转让。下列个人有投票资格：

（a）IAPT 的个人会员；

（b）修改《法规》提案的作者；

（c）常设命名法委员会的委员。

2.6. 指导性投票的目的是向国际植物学大会命名法分会对修改《法规》提案的支持程度提供建议。该投票结果和任何常设命名法委员会的意见将在命名法分会上提供（也见规程5.5）。

规程 3　机构表决票

3.1. 在国际植物学大会之前，机构表决票委员会更新上一届大会的机构名单，并为每个机构分配1至7张表决票（见规程5.9（b））。该清单必须由总委员会批准并在大会之前发表（见规程1.4）。即使从该术语的广义上（如菌物学和植物学部门一起）来说，没有一个机构有权获得超过7张表决票。

3.2. 在国际植物学大会之前，任何有意愿在本届命名法分会投票且未在之前的命名法分会中列入已分配到任何表决票的机构，应告知总报告员，其希望分配到1张或多张表决票，并提交有关其分类活跃程度的相关信息（如在职人员数、收藏规模、现有出版物）。在之前的命名法分会中被分配一张或多张表决票而希望变动其表决票数的机构，可以同样方式告知总报告员。

3.3. 希望投按其在发表清单中（规程3.1）分配票数行使表决权的机构，必须由其被委派的代表在命名法分会上提供正式的书面授权（规程5.9(b)）。

3.4. 之前未曾申请或未被分配表决票的机构成员的代表，可在命名法分会现场申请一张机构表决票。

规程 4　命名法分会

4.1. 命名法分会是国际植物学大会的一部分，并在大会全体会议之前召开。

4.2. 命名法分会通过国际植物学大会注册。仅命名法分会的注册成员有资格在命名法分会上投票。

4.3. 命名法分会有下列职责：

（a）批准已出版的前一版《法规》作为本次分会讨论的基础；

（b）决定修改《法规》的提案；

（c）任命临时委员会讨论具体问题和向分会反馈报告；

（d）授权总委员会任命具有负责特定授权的专门委员会，并向下一届大会的命名法分会反馈报告；

（e）推选常设命名法委员会的普通委员；

（f）推选下一届大会的总报告员；

（g）接收常设命名法委员会和专门委员会的报告；

（h）决定总委员会的各项建议。

4.4. 命名法分会的决定和任命一经本届国际植物学大会随后的全体会议根据命名法分会动议的决议案表决通过，即变为具有约束力（见规程1.2）。

4.5. 国际植物学大会命名局由下列人员组成：命名法分会主席；至多5名副主席；总报告员；副报告员；书记员。命名局规定讨论的顺序和时间；任命在票决情形时（见规程5.10）收集和清点表决票的计票员；以及，为主席提供有关程序性事务的建议。

4.6. 命名法分会的主席在大会前由总委员会推选。主席主持讨论并负责协调和及时总结；指定和终止发言；可结束讨论；决定第三篇未涵盖的程序性事务；以及，授权代表命名法分会向本届国际植物学大会全体会议提交待批准的命名法分会的决定和任命的决议案。

4.7. 副主席由命名局在植物学大会前或在那些出席命名法分会的代表中任命。如果需要，一位副主席可代替主席。

4.8. 总报告员由上届国际植物学大会推选。总报告员的职责是：向随后的大会提交各项命名提案；与该大会产生的《法规》编辑相关的一般职责；以及，将未发表的相关材料保存在 IAPT 命名档案库中。

4.9. 副报告员在不晚于大会三年前由总报告员指定并由总委员会批准。副报告员协助并在需要时代替总报告员。

4.10. 书记员由国际植物学大会组织委员会与总报告员协商任命。书记员负责命名法分会需要的全部当地设施，如开会场地及其设备，以及，特别是负责详细记录分会的会议议程，并为投票提供便利。

4.11. 提名委员会最好由不是担任常设命名委员会委员和总报告员的成员组成。他们由命名法分会主席与命名局的其他成员协商提议，并由命名法分会选举产生。

4.12. 提名委员会负责与现任各委员会秘书协商提出担任各常设命名法委员会（除菌物命名法委员会外；见规程 4.13）的候选人名单及建议下一届国际植物学大会的总报告员。提名委员会的各项提名需经命名法分会批准。

4.13. 菌物命名法会议（规程 8.1）的提名委员会的职责是与菌物命名法委员会的现任秘书协商提出该委员会委员的候选人名单及建议下一届国际菌物学大会菌物命名处的秘书。菌物命名法会议提名委员会的各项提名需经菌物命名法会议批准。

建议 1. 命名法分会的提名委员会应代表本《法规》涵盖的不同分类群，且只要可行，两个提名委员会应注意地区平衡。

规程 5　命名法分会的程序与表决

5.1. 下列决定需要已投表决票的合格多数（至少 60%）：

（a）接受修改《法规》的提案；

（b）提交给编辑委员会的事项；

（c）接受结束讨论并付诸表决的动议（"提出异议"的动议）；

（d）接受对讨论设置时间限制的动议；

（e）拒绝由总委员会（见规程 5.3）甄选的建议；

（f）拒绝总委员会有关名称的保留、保护或废弃，禁止著作或约束性决定的一项或多项建议。

5.2. 其他所有决定需要已投表决票的简单多数（高于 50%），包括如下：

（a）推选命名法分会的提名委员会；

（b）接受前一届国际植物学大会产生的《法规》作为命名法分会讨论的基础；

（c）在两项选择性提案中做出选择；

（d）接受对一项提案的修正案；

（e）建立临时委员会；

（f）建立并指派事项给专门委员会；

（g）接受未包括在规程 5.1（e）或（f）中的总委员会建议；

（h）批准提名委员会的各项提名。

5.3. 当总委员会的报告中包含多于一项建议时,如果分会的一名成员提议一个程序，另有其他 5 名成员支持（附议）（见规程 5.7），并经分会简单多数（多于 50%）同意，命名法分会可分别对单项建议进行表决。

5.4. 当表决拒绝总委员会的建议达到所需多数（规程 5.1(e)或(f)）时，该建议被撤销，并将该事项退回总委员会。名称的保留或废弃或著作的禁止将不再被批准（条款 14.5、56.3 和 34.2）。

5.5. 任何在初步的指导性投票中得到 75%或更多"no〔否〕"的修改《法规》的提案在命名法分会上自动被否决，除非分会的一名成员提出一项讨论它的提议，并获得 5 名其他成员支持（附议）。

5.6. 任何仅涉及例子（表决的例子除外）或术语表的修改《法规》的提案，将自动移交给编辑委员会，除非分会的一名成员提出一项讨论它的提议，并获得 5 名其他成员支持（附议）（但见规程 5.5）。

5.7. 一项修改《法规》的新提案（即之前未发表的提案）或对一项修改《法规》的提案的修正案，仅在 5 名其他成员支持（附议）时，方可由分会的一名成员在命名法分会上提出。

5.8. 命名法分会的一名成员可提议对一项修改《法规》的提案进行善意修正；

如果被原提案人接受，此类修正案无需其他成员（附议者）的支持。

5.9. 在命名法分会上的表决票有两类：

（a）个人表决票。每一位分会代表有一张个人表决票。不允许个人表决票的累积或转让。

（b）机构表决票（见规程 3）。一个机构可书面授权分会的任何成员作为委派代表持有其表决票。

一个人不允许持有超过 15 张表决票，包括个人表决票和机构表决票。

5.10. 票决要求命名法分会的成员投出印有表决票类型和数量的匿名卡片，由计票员计票（见规程 4.5）。当要求的多数不能由其他方法确定或在表决前至少 5 名成员请求时，可进行票决。

规程 6　国际植物学大会会后事项

6.1. 可行时，某些出版物（可为电子的或印刷的或二者兼有），在国际植物学大会后应尽快发表，但无需依此顺序：

（a）大会批准的决定及命名法分会的选举，包括初步指导性投票（如果在大会之前未发表）；

（b）专门委员会及其成员的通告；

（c）包括术语表的新版《法规》；

（d）《法规》的各附录（附录 I–VII）；

（e）命名法分会的文字记录。

规程 7　常设命名法委员会

7.1. 设有 9 个常设命名法委员会，包括 5 个专家委员会（条目(e)–(i)）：

（a）总委员会；

（b）编辑委员会；

（c）机构表决票委员会；

（d）注册委员会；

（e）维管植物命名委员会；

（f）苔藓植物命名委员会；

（g）菌物命名委员会；

（h）藻类命名委员会；

（i）化石命名委员会。

委员资格

7.2. 各常设命名法委员会由国际植物学大会推选产生（另有指明的除外）。各委员会有权在与总委员会磋商后推选需要的人员填补空缺和建立临时的分委员会。

7.3. 除了普通（推选的）委员外，总委员会包括下列当然委员：5 个专家委员会的秘书（规程 7.1(e)–(i)）、总报告员、副报告员和国际植物分类学协会的主席和秘书长。

7.4. 编辑委员会应最好由出席相应植物学大会命名法分会的成员组成，包括维管植物、苔藓植物、菌物、藻类和化石的各领域至少一名专家，以及由菌物命名法委员会提名的至少一名出席相关菌物学大会命名法会议的成员；相关国际植物学大会的总报告员和副报告员分别担任编辑委员主席和秘书。

7.5. 机构表决票委员会由各代表不同大洲的 6 名委员组成，加上任该委员会主席的总报告员。

7.6. 注册委员会至少包括由命名法分会推选的在某种程度上确保地区平衡的 5 名委员，以及以下机构提名的代表：

（a）其他常设命名法委员会；

（b）预期或正在运行的命名存储库；

（c）国际植物分类学协会；

（d）国际苔藓学家协会；

（e）国际孢粉学会联合会；

（f）国际菌物学家联合会；

（g）国际古植物学组织；

（h）国际藻类学会。

7.7. 各专家委员会包括无表决权的当然委员的总报告员、副报告员和总委员会秘书。

7.8. 菌物命名委员会由国际菌物学大会推选产生，包括菌物命名处的秘书和副秘书，如果他们不是菌物命名委员会委员，为无表决权的当然委员。

辅则 1. 只要可行，各委员会应注意地区和性别平衡。

职能

7.9. 总委员会负责接收保留、保护或废弃名称的提案，禁止著作的提案和决定请求（条款 14.12、F.2.1、56.2、F.7.1、34.1、38.4 和 53.4），并将这些提案或请求指派给相关专家委员会（提案和请求一经发表，即为自动接收和指派）。总委员会也负责考量各专家委员会的建议，以及批准或否决这些建议或将其退回专家委员会做进一步考虑。总委员会也可为电子材料的有效发表（条款 29.3）协调一个与移动文档格式（PDF）一起或作为其替代者的国际标准格式，授权批准由机构表决票委员会（见规程 3.1）编制的机构表决票清单。

7.10. 五个专家委员会各自审查由总委会指派给它们的保留名称或废弃名称的提案、禁止著作的提案和决定请求（条款 14.12、56.2、34.1、38.4 和 53.4），然后向其提交建议。它们也可向命名局提交对有关修改《法规》的提案的意见。菌物命名法委员会有权批准条款 F.2.1 和 F.7.1 中关于保护名称和废弃名称清单以及条款 F.5.3 中关于菌物名称的存储库。

7.11. 编辑委员会负责编辑和出版符合相应国际植物学大会批准的决定的《法规》。它被授权做出任何不影响有关规定的意思的编辑性修改，例如，变更任何条款、注释和辅则的措辞以避免重复，增加或移除非表决的例子，以及将《法规》的条款、注释、辅则和章节置于最适合之处，并尽可能保持之前的编号。

7.12. 机构表决票委员会为即将召开的国际植物学大会维护机构及其分配的表决票数的清单（见规程 3.1）。

7.13. 注册委员会负责协助新命名和（或）任何命名行为存储库的设计和运行，

监测已存在的存储库的运行，以及在相关事务上给总委员会提供建议。

程序性规则

7.14. 专家委员会在其委员合格多数（至少 60%）赞成或反对一项提案时，可向总委员会作出下列任一建议：保留或不保留一个名称；废弃或不废弃一个名称；禁止或不禁止一部著作；以及，对于处理为菌物的有机体名称，清单中保护或不保护名称。在有关合格发表（条款 38.4）和同名性（条款 53.4）的约束性决定的情形下，合格多数决定是否应建议一个约束性决定，此外，简单多数（高于 50%）在两种选择中做出决定：即处理一个名称为合格发表或不合格发表；处理名称为同名或非同名。如果专家委员会在至少两次表决后不能做出建议时，该提案从专家委员会以无建议的形式提交至总委员会。

7.15. 总委员会在总委员会委员合格多数（至少 60%）赞成或反对建议的情况下批准或否决专家委员会的建议。无论何种情况,总委员会做出其自身的建议,服从于下一届国际植物学大会的决定（也见条款 14.15、34.2 和 56.3）。如果在至少两次表决后未能达到所需多数时,总委员会被视为建议否决该提案或否决做出约束性决定。总委员会也可决定将该事项退回专家委员会做进一步考虑。

建议 2. 总委员会和各专家委员会应至少每年发表其建议。

规程 8　修改仅与处理为菌物的有机体名称相关的《法规》的提案

8.1. 对于与汇集本《法规》仅涉及处理为菌物的有机体的名称的第 F 章内容相关的提案（但排除其他任何内容），应完全遵循规程 1-7 概述的相同程序，除规程 1、2、4 和 5 提及的国际植物学大会、（该大会的）命名法分会、命名局和提名委员会分别被国际菌物学大会、[该大会的]菌物命名法会议、菌物命名处和菌物命名法会议提名委员会取代外；其中工作人员如主席、总报告员和副报告员（这些分别重新命名为召集人、秘书和副秘书）应理解为菌物命名处而不是命名局的成员（特别是在规程 1.1、1.2、1.4 脚注、2.1、2.3、2.4、2.6、4.2、4.4、4.5、4.7、4.8、4.10、4.11、5.2、5.5、5.6、5.7 和 5.8 中；但不在规程 5.3 和 5.4 中；以及，下列子句并不适用：规程 5.1(e)和(f.)和规程 5.2(g)）。

8.2. 总委员会与菌物命名委员会协商,负责决定哪些提案仅涉及处理为菌物的有机体名称。

8.3. 修改仅涉及处理为菌物名称的《法规》的提案的指导性投票由菌物命名处与国际菌物学协会（IMA）协同组织配合发表提案的集要。在这一投票中，不允许表决票的累积和转让。下列个人有资格投票：

（a）IMA 的个人会员；

（b）隶属于 IMA 的组织的个人会员；

（c）菌物命名处批准的其他组织的个人会员；

（d）修改仅涉及处理为菌物的有机体名称的《法规》的提案作者；

（e）菌物命名委员会的委员。

8.4. 菌物命名法会议是国际菌物学大会的组成部分，在大会全体会议之前的某时召开，会期由国际菌物协会和菌物命名局协商决定。

8.5. 菌物命名法会议有下列职责：

（a）批准以上一届的国际菌物学大会上（在自上一届国际菌物学大会以来没有举办国际植物学大会的情况下）修改的《法规》为命名法会议讨论的基础，除此以外，使用最近出版的《法规》；

（b）决定修改仅涉及处理为菌物的有机体名称的《法规》的提案；

（c）任命处理特定问题并向会议反馈报告的临时委员会；

（d）授权具有特定任务的专门委员会处理仅涉及处理为菌物的有机体名称的事务，这些委员会由菌物委员会与总委员会协商任命，并向下一届国际菌物学大会的菌物命名法会议反馈报告；

（e）推选菌物命名法委员会的普通委员；

（f）推选下一届国际菌物学大会菌物命名处的秘书；

（g）接收处理仅涉及处理为菌物的有机体名称相关事务的专门委员会的报告。

8.6. 菌物命名法会议的召集人由菌物命名委员会与总委员会在国际菌物学大会前协商推选。召集人主持讨论，并负责协调和及时总结；指定和终止发言；可结束讨论；决定第三篇未涵盖的程序性事务；受权在同一届国际菌物学大会全体会议上代表菌物命名法会议提交菌物命名法会议关于仅涉及处理为菌物的有机体的名称的决定和任命的决议案。

8.7. 在菌物命名处,副秘书在不晚于国际菌物学大会前三年由秘书指定并由菌物命名委员会与总委员会协商批准。副秘书协助并在需要时替代秘书。

8.8. 继国际菌物学大会之后的国际植物学大会选出的总报告员,或由该总报告员指定的代表,作为无表决权的顾问,应被邀请参加菌物命名法会议。

8.9. 当仅涉及处理为菌物的有机体的名称的提案在菌物命名法会议上讨论时,无机构表决票,因而规程 3、7.5 和 7.12 不适用。会议的每位代表有一张个人表决票。个人表决票不允许累积或转让。

8.10. 国际菌物学大会的菌物命名法会议做出的仅涉及处理为菌物的有机体的名称的决定一经随后的同届大会的全体会议接受,即对随后的国际植物大会命名法分会有约束力。然而,此类决定将由编辑委员会根据需要做必要的编辑调整。

8.11. 在国际菌物学大会后,可为电子的或印刷的或二者均可的某些出版物,在可行时应尽快发表,但不一定依此顺序:

(a)大会批准的菌物命名法会议的决定和选举结果,包括初步的指导性投票的结果;

(b)专门委员会及其委员的通告;

(c)菌物命名法会议的文字记录。

8.12. 由菌物命名法会议移送的有关对《法规》的修改的决议案被同届国际菌物学大会全体会议批准后,这些修改应插入《法规》的任何在线版本,并明确显示其源自该届国际菌物学大会。

术　语　表

（本《法规》中使用的术语）

在本《法规》中未定义的少数其他词语的特定用法也被注明；它们在下文中以斜体（中文以白体）显示，并附有其在使用中的说明。

混杂物〔*admixture*〕　[未定义] —— 混入物（尤其是次要的组成成分），用于一个采集中代表不同于采集者原意的一个或多个分类群的组成成分，且由于混杂物是被忽略的，并不妨碍该采集或其部分成为一份模式标本（条款 8.2）。

确认〔**affirmation**〕　在不使用很大程度上机械的选择方法选择模式的出版物中采纳曾使用这一方法作出且在这一期间未被取代的模式（条款 10.5）。如此确认的模式选择不能再被取代（也见被取代〔*superseded*〕）。

互用名称〔**alternative names**〕　同一作者为同一分类群接受基于同一模式的两个或多个不同名称，并被该作者在同一出版物中接受为供选择的名称（条款 36.3）（也见**互用名称**〔*nomen alternativum*〕）。

分解图〔**analysis**〕　通常为与有机体的主图示分开的一幅或一组图（尽管通常在同一页面或图版中），用以展示有助于鉴定的细节，有或无独立的图注（条款 38.9；也见条款 38.10）。

无性型〔**anamorph**〕　多型菌物中有丝分裂的无性形态（条款 F.8 注释 1 和 2）。

归属〔**ascription**〕　一人或多人的姓名与一个新名称或一个分类群的描述或特征集要的直接关联。

归予〔*attributed*〕　[未定义] —— 认定属于或产生于一个人或分类群，如条款 46 定义的一个名称归予其作者，一个特征归予一个分类群（条款 40.5），或一份标本归予一个分类群（条款 26 例 3 和 6）。

作者引用〔**author citation**〕　对名称的建立或引入负责的作者姓名的表述；在使用时，它被添加至那个名称（条款 46–50）。

自动模式标定〔**automatic typification**〕　①命名上多余而不合法的名称由根

据规则应被采用的名称（被替代异名）本身或其加词的模式而模式标定（条款 7.5）。②属以上等级的分类群的名称由其所基于的属名的模式而模式标定（条款 10.9 和 10.10）。

自动名〔**autonym**〕 自动建立的分别包含了该属或种应被采用的合法名称的模式的属内次级区分或种的种下分类群的名称。它的最终加词不加改变地重复该属名或种加词，而且不跟随作者引用（条款 22.1 和 26.1）。自动名不需要有效发表或遵守合格发表的规定（条款 32.1），它们是在任一给定的等级上通过在那一等级的合法属名下的属内次级区分名称或合法种名下的种下分类群的名称的首例合格发表而自动建立（条款 22.3 和 26.3）[自动名在属或种的不合法名称下不允许（条款 22.5 和 27.2），也不存在于属以上等级]。

可用的〔*available*〕 [未定义] —— 应用于一个名称中的加词（条款 11.4, 11.5 和 F.3.7），其模式属于该分类群所考虑的界定内，并且在此该加词的使用不会违反规则（也见**可用名称**〔*available name*〕）。

可用名称〔**available name**〕 根据《国际动物命名法规》发表的名称具有相当于根据《国际藻类、菌物和植物命名法规》合格发表的名称的地位（条款 45 例 1 脚注）。

声明替代者〔**avowed substitute**〕 见**替代名称**〔*replacement name*〕。

基名〔**basionym**〕 新组合或新等级名称所基于的合法的、之前发表的名称。该基名其自身没有基名；它提供了该新组合或新等级名称的最终加词、名称或词干（条款 6.10）（也见**新等级名称**〔*name at new rank*〕、**新组合**〔*new combination*〕）。

双名组合（双名）〔**binary combination (binomial)**〕 一个属名与一个种加词组合构成一个种的名称（条款 23.1）（也见**组合**〔*combination*〕）。

双名称谓〔*binary designation*〕 [未定义] —— 一个未被合格发表的形似的双名组合（也见条款 6.3）（也见**称谓**〔*designation*〕）。

约束性决定〔**binding decision**〕 由总委员会做出而被国际植物学大会批准的建议，关于：①一个名称是否合格发表（条款 38.4）；②名称是否处理为同名（条款 53.4）。约束性决定列入（1）附录 VI 或（2）附录 VII 中。

双名〔**binomial**〕 见**双名组合**〔*binary combination*〕。

新组合〔**combinatio nova (comb. nov.)**〕　见**新组合**〔*new combination*〕。

组合〔**combination**〕　一个由一个属名与一个或两个加词组合而成的属以下等级的分类群的名称（条款 6.7）。

复合词〔**compound**〕　一个组合成分源自两个或多个希腊文或拉丁文词语的名称或加词；规则的复合词中，在非最终位置的名词或形容词以一个修改的词干出现（条款 60.10）（也见**假复合词**〔*pseudocompound*〕）。

易混淆的相似名称〔**confusingly similar names**〕　在属或属以下等级上缀词相似的名称，它们容易产生混淆；如果为异模式，则被处理为同名（条款 53.2和 53.3）；或者，如果为同模式，则处理为缀词变体（条款 61.5）。对前者是否被处理为同名，可作出约束性决定（条款 53.4 和附录 VII）（也见**同名**〔*homonym*〕）。

保留名称〔**conserved name (nomen conservandum)**〕　①科、属或种的名称，或某些情况下属内次级区分或种下分类群的名称被裁定为合法并优先于其他指定的名称，即使它在发表时可能是不合法的或缺乏优先权（条款 14.1–14.7、14.10，附录 II、III 和 IV）。②通过保留程序使其模式、缀词或性别而固定的名称（条款 14.8、14.9、14.11，附录 III 和 IV）。

正确名称〔**correct name**〕　对于一个具有特定界定、位置和等级的分类群，根据各项规则必须采用的那个名称（条款 6.6、11.1、11.3 和 11.4）。

品种〔**cultivar**〕　用于在农业、林业和园艺上的有机体并在《国际栽培植物命名法规》中定义和规定的基本独立的类别（条款 28 注释 2、4 和 5）。

名称的日期〔**date of name**〕　名称合格发表的日期（条款 33.1）。

属–种联合描述〔**descriptio generico-specifica**〕　同时使一个属及其唯一种的名称合格的单个描述（条款 38.5）。

描述〔*description*〕　[未定义] — 发表的一个个别分类群的一个或多个特征的陈述；对于一个新分类群名称的合格发表，描述（或特征集要）是必需的（条款 38.1（a）和 38.3）；合格化描述无需是鉴别性的（条款 38 注释 2）。

描述性名称〔**descriptive name**〕　不是构自于属名的科级以上分类群的名称（条款 16.1（b））。

称谓〔*designation*〕　[未定义] — 指用于那些形似名称的术语，但①并未合格发表，因而不是本法规意义上的名称（条款 6.3），或②并不被认为是一个名称（条款 20.4 和 23.6）（也见模式指定〔*type designation*〕）。

特征集要〔**diagnosis**〕　一个分类群依其作者观点区别于其他分类群的陈述（条款 38.2）；特征集要（或描述）对于新分类群名称的合格发表是必需的（条款 38.1(a)）。

复份〔**duplicate**〕　单个种或种下分类群的单个采集的部分（条款 8.3 脚注）（也见**采集**〔**gathering**〕）。

有效出版物〔**effective publication**〕　符合条款 29–31 的出版物（条款 6.1）。

成分〔*element*〕（应用于模式标定）　[未定义] — 应用于有资格作为模式的一份标本或一幅图示；也应用于为了指定或引用一个属或属内次级区分的名称的模式而被认为是完全等同于其模式的一个种名（条款 10.1）。

加词〔*epithet*〕　[未定义] — 用于在一个组合中除了属名和任何等级指示术语之外的那个词语；带有连字符的词语等同于单个词语（条款 6.7、11.4、21.1、23.1 和 24.1；也见条款 H.10.2）（也见**最终加词**〔*final epithet*〕）。

附加模式〔**epitype**〕　当与一个合格发表的名称相关联的主模式、后选模式、或之前指定的新模式、或所有原始材料就该名称准确应用于一个分类群而言不能鉴定时，挑选用来作为解释性模式的一份标本或一幅图示（条款 9.9）。

衍生模式〔**ex-type (ex typo)**〕、**衍生主模式**〔**ex-holotype (ex holotypo)**〕、**衍生等模式**〔**ex-isotype (ex isotypo)**〕，等等　当其为永久保存于代谢不活跃状态的培养物时，从名称的模式中获得的活体分离物（辅则 8B.2）。

最终加词〔**final epithet**〕　无论是等级为属内次级区分、或种或种下分类群，依序在任一特定组合中的最后加词（条款 6.10 脚注）。

专化型〔**forma specialis**〕　见专化型〔*special form*〕。

化石分类群〔**fossil-taxon**〕　其名称基于化石模式的分类群（硅藻分类群除外）（条款 1.2 和 13.3）。

采集〔**gathering**〕　由同一采集者在同一时间采自同一地点推定为单个分类群的采集物（条款 8.2 脚注；也见条款 8 注释 1）。

异模式异名（分类学异名）〔**heterotypic synonym (taxonomic synonym)**〕　一个名称，其所基于的模式不同于另一个被归于相同分类群的名称的模式（条款

14.4）；在本《法规》的附录中以符号"="指示；在《国际动物命名法规》中称为"主观异名"（条款 14.4 脚注）。

主模式〔**holotype**〕　被新种或种下分类群名称的作者指明为命名模式、或没有指明模式时该作者在准备该新分类群的文稿时使用的一份标本或一幅图示（条款 9.1 和注释 1；也见条款 9.2）。

同名〔**homonym**〕　一个名称，其拼写与另一个基于不同模式发表给相同等级分类群的名称完全相同（条款 53.1）。注：由于等级指示术语不是名称的组成部分（条款 21 注释 1 和条款 24 注释 2），即使处在不用等级（条款 53.3），基于不同模式而具有最终相同加词的同一属内次级区分或同一种的种下分类群的名称是同名（也见**易混淆的相似名称**〔*confusingly similar names*〕）。

同模式异名（命名学异名）〔**homotypic synonym (nomenclatural synonym)**〕一个基于与其他名称相同模式的名称（条款 14.4）；在本《法规》的附录中用符号"≡"表示；《国际动物命名法规》法规中称为"客观异名"（条款 14.4 脚注）。

杂种表达式〔**hybrid formula**〕　由杂种的亲本分类群的名称和置于它们之间的乘号×组成的表达方式（条款 H.2.1）。

标识码〔*identifier*〕　［未定义］— ①为注册新命名和某些命名行为的目的，由认可的命名存储库依照条款 F.5.1 和 F.5.4 的要求颁发的一个独特数字或字符串。②应用于一份标本的独特数字或字符串，如登记号或条形码。

不合法名称〔**illegitimate name**〕　不符合指定规则的合格发表的名称（条款 6.4），主要是那些关于多余性（条款 52）和同名性（条款 53 和 54）的名称。

图示〔**illustration**〕　描述一个有机体的一个或多个特征的一件艺术品或一张照片，如一幅绘图、一份标本馆标本的照片或一张扫描电子显微照片（条款 6.1 脚注）。

不合式的拉丁文词尾〔**improper Latin termination**〕　不符合本《法规》规定的名称或加词的词尾（条款 16.3、18.4、19.7 和 32.2）。

不能消除的手写体〔**indelible autograph**〕　经过某种机械或图像过程（如石印、胶印或金属蚀刻）复制的手写材料（条款 30.6）。

间接引证〔**indirect reference**〕　通过引用作者或其他方式，清晰地（即使是隐含的）指明适用一个之前有效发表的描述或特征集要（条款 38.14）或存在一个基名或被替代异名（条款 41.3）。

非正式用法〔**informal usage**〕　同一或等同的等级指示术语使用于多于一个在分类次序上非连贯的位置。注释：涉及如此用法的名称是合格发表的但无等级（条款 37.8）。

种下的〔*infraspecific*〕　[未定义] — 低于种的等级。

等附加模式〔**isoepitype**〕　附加模式的一份复份标本（条款 9.4 脚注）。

等后选模式〔**isolectotype**〕　后选模式的一份复份标本（条款 9.4 脚注）。

等新模式〔**isoneotype**〕　新模式的一份复份标本（条款 9.4 脚注）。

等名〔**isonym**〕　被不同作者在不同时间独立发表的基于相同模式的相同名称。注：仅最早的等名有命名地位（条款 6 注释 2；但见条款 14.14）。

等合模式〔**isosyntype**〕　合模式的一份复份标本（条款 9.4 脚注）。

等模式〔**isotype**〕　主模式的一份复份标本（条款 9.5）。

后选模式〔**lectotype**〕　名称发表时没有主模式或主模式被遗失或损坏，或模式被发现属于多于一个种时，遵照条款 9.11 和 9.12 从原始材料中指定作为命名模式的一份标本或一幅图示（条款 9.3）。

合法名称〔**legitimate name**〕　符合各项规则的合格发表的名称，即不是不合法的那个名称（条款 6.5）（也见**不合法名称**〔*illegitimate name*〕）。

误置术语〔**misplaced term**〕　用在违反本《法规》规定的相对顺序的等级指示术语（条款 18.2、19.2、37.6 和 37 注释 1）。

单型属〔**monotypic genus**〕　一个在其中仅单个双名被合格发表的属（条款 38.6）（也见**单种的**〔*unispecific*〕）。

名称〔**name**〕　一个已被合格发表的名称，无论它是合法的还是不合法的（条款 6.3）（也见**称谓**〔*designation*〕）。

新等级名称（新地位）〔**name at new rank (status novus)**〕　基于合法的之前发表在不同等级上的名称的新名称，该名称为其基名并提供该新等级名称的最终加词、名称或词干（条款 6.10 和 7.3）（也见**基名**〔*basionym*〕、**新组合**〔*new combination*〕）。

新分类群名称〔**name of a new taxon**〕　独立合格发表的名称，即一个不基于之前合格发表的名称；它不是一个新组合、新等级名称（status novus）、或替代名称

（nomen novum）（条款 6.9）。

新模式〔neotype〕　当原始材料不存在或只要它失踪时，被选择用作命名模式的一份标本或一幅图示（条款 9.8 和 9.13；也见条款 9.16 和 9.19）。

新组合〔**new combination (combinatio nova)**〕给予属级以下分类群的新名称，它基于合法的、之前发表的名称，后者为其基名并提供该新组合的最终加词（条款 6.10 和 7.3）（也见**基名**〔***basionym***〕，**新等级名称**〔***name at new rank***〕）。

新名称〔*new name*〕　　[未定义] ── 一个出现在其合格发表之处的名称（也见**新命名**〔***nomenclatural novelty***〕）。

互用名称〔**nomen alternativum (nom. alt.)**〕　　各自依据条款 18.1 规则地构自于属名的 8 个科名之一，允许作为根据条款 18.5 处理为合格发表而长期使用的科名之一的互用名称（条款 18.6）。此外，长期使用的亚科名 *Papilionoideae* 可用作 *Faboideae* 的互用名称（条款 19.8）（也见**互用名称**〔***alternative names***〕）。

保留名称〔**nomen conservandum (nom. cons.)**〕　　见保留名称〔*conserved name*〕。

替代名称〔**nomen novum (nom. nov.)**〕　　见替代名称〔*replacement name*〕。

裸名〔**nomen nudum (nom. nud.)**〕　　发表时没有描述或特征集要、或未引证描述或特征集要的新分类群的称谓（条款 38 例 1，辅则 50B）。

废弃名称〔**nomen rejiciendum (nom. rej.)**〕　　一个因支持根据条款 14 保留的名称而被废弃的名称，或根据条款 56 规定废弃的名称（附录 IIA、III、IV 和 V）（也见**废弃名称**〔***rejected name***〕）。

认可名称〔**nomen sanctionatum (nom. sanct.)**〕　　见认可名称〔*sanctioned name*〕。

必须废弃的名称（禁止名称）〔**nomen utique rejiciendum (suppressed name)**〕根据条款 56 规定作为废弃的名称。注释：它及以其为基名的所有名称不再被使用（见附录 V）。

命名行为〔**nomenclatural act**〕　　导致新命名或影响名称诸如模式标定（条款 7.10、7.11 和 F.5.4）、优先权（条款 11.5 和 53.5）、缀词法（条款 61.3）或性别（条款 62.3）等方面的有效发表所需要的行为（条款 34.1 脚注）（也见**新命名**〔***nomenclatural novelty***〕）。

新命名〔**nomenclatural novelty**〕　　下列任一或所有类别：新分类群名称、新组合、新等级名称和替代名称（条款 6 注释 4；也见条款 6 注释 5）（也见新名称〔*new name*〕）。

命名学异名〔**nomenclatural synonym**〕 见**同模式异名**〔*homotypic synonym*〕。

命名模式〔**nomenclatural type**〕 一个分类群的名称所永久依附的成分（条款 7.2）。

非化石分类群〔**non-fossil taxon**〕 其名称基于非化石模式的分类群（条款 13.3）。

杂交属〔**nothogenus**〕 杂交的属（条款 3.2）。

杂交型〔**nothomorph**〕 之前指示相当于变种的种下杂交分类群唯一等级的术语，这在 1983 年《悉尼法规》之前的各版《法规》中是允许的。发表为杂交型的名称现被处理为已被发表为变种的名称（条款 H.12.2 和脚注）。

杂交种〔**nothospecies**〕 杂交的种（条款 3.2）。

杂交分类群〔**nothotaxon**〕 杂交的分类群（条款 3.2 和 H.3.1）。

客观异名〔**objective synonym**〕 见**同模式异名**〔*homotypic synonym*〕。

必须禁止的著作〔**opera utique oppressa**〕 见**禁止著作**〔*suppressed works*〕。

有机体〔**organism**〕 如本《法规》中使用的，该术语仅应用于传统上被植物学家、菌物学家和藻类学家研究的有机体（导言 2 脚注、导言 8）。

原始材料〔**original material**〕 从中可以选择后选模式的一组标本或图示（详见条款 9.4，注释 2 和 3，条款 F.3.9 和注释 2），或主模式（条款 9.1）。

原始拼写〔**original spelling**〕 新分类群名称或替代名称在合格发表时使用的拼写（条款 60.2）。

缀词变体〔**orthographical variants**〕 当仅涉及一个命名模式时，一个名称或其最终加词的不同拼写、构成或格尾形式（条款 61.2）。

页码引证〔**page reference**〕 引用基名或被替代名称合格发表或原白出现的页面（条款 41 注释 1）。

副模式〔**paratype**〕 在原白中引证的任一标本，它既不是主模式或等模式，也不是当两份或多份标本在原白中同时被指定为模式时的合模式之一（条款 9.7）。

位置〔*position*〕 [未定义]–用于指示一个分类群在分类系统中相对于其他分

类群所处的位置，与等级无关（总则 IV、条款 6.6 和 11.1）。

优先权〔**priority**〕 由合法名称（条款 11）或早出同名（条款 53 注释 2）的合格发表的日期，或由指定模式的日期（条款 7.10、7.11 和 F.5.4）而建立的优先权利。

作为异名〔**pro synonymo (pro syn., as synonym)**〕 一个引用，指明一个称谓因为其仅仅被引用为异名而不是合格发表（条款 36.1（b）和辅则 50.A）。

保护名称〔**protected name**〕 处理为菌物的有机体的名称与其模式一并列入（在附录 IIA、III 和 IV 中）并处理为针对任何竞争的列入或未列入的异名或同名（包括认可名称）而保留，虽然根据条款 14 的保留优先于这个保护（条款 F.2.1）。

原白〔**protologue**〕 与一个名称在其合格发表时相关联的所有内容，如描述、特征集要、图示、文献、异名、地理资料、标本引证、讨论和评论（条款 6.13 脚注）。

暂用名称〔**provisional name**〕 提议给预期未来被接受的相关分类群或分类群的特定界定、位置或等级的称谓（条款 36.1(a)）。

假复合词〔**pseudocompound**〕 组合成分源自两个或多个希腊文或拉丁文单词的名称或加词，其处在非最终位置的名词或形容词以具格结尾的单词而不是以修改的词干出现（辅则 60G.1(B)）（也见**复合词**〔*compound*〕）。

等级〔*rank*〕 [未定义] — 用于在一个分类等级阶元中一个分类群的相对位置（条款 2.1）。对于在 1887 年 1 月 1 日或之后发表的高于属的名称，等级由名称的词尾指示（见条款 37.2 和脚注）。对于在 1953 年 1 月 1 日或之后发表的名称，等级的清楚指示是合格发表所必需的（条款 37.1）。

废弃名称〔**rejected name**〕 通过根据超越本《法规》其他规定的条款 14、56 或 F.7 的正式行动（见**废弃名称**〔*nomen rejiciendum*〕、**必须废弃的名称**〔*nomen utique rejiciendum*〕），或因其在发表时为命名上多余（条款 52）或为晚出同名（条款 53 和 54），规定不能被使用的名称。根据条款 F.7 处理为废弃的名称可根据条款 14 通过保留变为有资格使用。

被替代异名〔**replaced synonym**〕 替代名称所基于的合法或不合法的之前发表的名称。被替代异名为合法时不提供该替代名称的最终加词、名称或词干（条款 6.11）。

替代名称〔**replacement name (nomen novum)**〕 作为明确替代者（声明替代者）发表给一个合法或不合法的之前发表的名称的新名称；之前的名称是其被替代异名，且合法时不提供替代名称的最终加词、名称或词干（条款 6.11 和 7.4；对于不明确作为替代者提出的名称见条款 6.12 和 6.13）。

认可名称〔**sanctioned name (nomen sanctionatum)**〕 通过在一个认可的著作中接受，一个处理为犹如针对早出同名与竞争异名而保留的菌物的名称（条款 F.3.1）。

专化型〔**special form (forma specialis)**〕 一个从生理学的观点来看具有特征，但从形态学的观点来看几乎没有或完全没有特征的寄生生物（特别是菌物）的分类群，其命名不受本《法规》管辖（条款 4 注释 4）。

标本〔**specimen**〕 属于单个种或种下分类群的一个采集或一个采集的部分（忽略混杂物），装订成单个制品，或多于一个制品但各部分明确标注为相同标本的一部分或者附有共同的单个原始标签（条款 8.2 和 8.3）。标本不能是活的有机体或活跃的培养物（条款 8.4）。

地位〔**status**〕 ①有关有效发表、合格发表、合法性和正确性的命名地位（条款 6 和 12.1）。②分类群在分类等级阶元中的等级（见**新等级名称**〔*name at new rank*〕）。③新命名中的类别（条款 6.14）。

新地位〔**status novus (stat. nov.)**〕 见**新等级名称**〔*name at new rank*〕。

科内次级区分〔**subdivision of a family**〕 等级介于科与属之间的任一分类群（条款 4 注释 2）。

属内次级区分〔**subdivision of a genus**〕 等级介于属和种之间的任一分类群（条款 4 注释 2）。

主观异名〔**subjective synonym**〕 见**异模式异名**〔*heterotypic synonym*〕.

多余名称〔**superfluous name**〕 应用于一个分类群在发表时依其作者的界定明确包含了一个根据规则其名称应被采用或其加词应被采用的名称的模式的名称（条款 52.1）。除了如条款 52.4 的规定，或除非保留（条款 14）、保护（条款 F.2）或认可（条款 F.3），多余名称是不合法的。

被取代〔*superseded*〕 [未定义] —— 用于指定的模式，它未被遵循，但被后来根据条款 9.15、9.18、9.19、10.2 或 10.5 的规定指定的一个不同模式而代替。

禁止名称〔**suppressed name**〕　见**必须废弃的名称**〔*nomen utique rejiciendum*〕。

禁止著作（必须禁止的著作）〔**suppressed works (opera utique oppressa)**〕　在规定禁止的著作中，指定等级的新名称在其中不是合格发表的，且在该著作中与该指定等级的任何名称相关联的命名行为无一是有效的（条款34.1和附录I）。

异名〔*synonym*〕　[未定义] — 应用于同一分类群的两个或多个名称之一（见**异模式异名**〔*heterotypic synonym*〕、**同模式异名**〔*homotypic synonym*〕）。

合模式〔**syntype**〕　当没有指定主模式时在原白中引用的任一标本，或在原白中同时指定为模式的两份或多份标本中的任一标本（条款9.6）。

重词名〔**tautonym**〕　种加词完全重复属名的双名称谓（条款23.4）。

分类群〔**taxon (taxa)**〕　任一等级的分类学类群（条款1.1）。

分类学异名〔**taxonomic synonym**〕　见**异模式异名**〔*heterotypic synonym*〕。

有性型〔**teleomorph**〕　在多型菌物中减数分裂的有性形态（条款F.8注释1和2）。

模式〔**type**〕　见**命名模式**〔*nomenclatural type*〕。

模式指定〔*type designation*〕　[未定义] — 建立一个名称的模式的明确陈述；或①在原白中指定的主模式（条款9.1）或合模式（条款9.6），或②后来根据条款9-10的规定且符合条款7.8-7.11和F.5.4指定的后选模式、新模式或附加模式。

单种的〔*unispecific*〕　[未定义] — 具有单个种。

合格化〔*validate*〕　[未定义] — 使合格发表；用在实现一个名称合格发表（即条款38例21、43.3和46例7）的描述或特征集要或图示的情况下。

合格发表〔**validly published**〕　有效发表并且符合条款32-45、F.4、F5.1、F5.2和H.9的相关规定（条款6.2）（见**称谓**〔*designation*〕、**名称**〔*name*〕）。

表决的例子〔**voted Example**〕　当相应条款存在歧义或未充分涵盖该情形时，为了管理命名实践被国际植物学大会接受的例子，在本《法规》中用星号指示。因此，与其他由编辑委员会提供仅做说明目的的例子相比，一个表决过的例子堪比一条规则（条款7*例16脚注）。

学 名 索 引

　　本索引包括出现在本《法规》前言和第二篇中的学名。引证的不是页码而是条款、例子、注释、导言及辅则，如下所示：Ex. = 例子；*Ex. = 表决的例子；F. = 第 F 章（菌物）；H. = 第 H 章（杂种）；N. = 注释；Pre. = 导言。阿拉伯数字表示条款（如 60）；阿拉伯数字紧跟一个大写字母表示辅则（如 19A）。当多于 1 条规则或辅则被引用时，由分号分隔；在少数情形中，除了注释和例子外，还引用条款的主要段落，它们由逗号分隔（如 F.8.1, N.3 = 条款 F.8.1，加上条款 F.8 注释 3）。连续的序列号由一个破折号表示（如 H.6.Ex.6–7）；间断的序列号由加号表示（如 23.Ex.5+7）。双引号表示称谓（即不合格发表的名称，如 *"Anthopogon"*）；单引号表示不同于一个名称的正确拼写的其他拼写（如 *Bougainvillea* Comm. ex Juss., *'Buginvillaea'*）。未包括前林奈时期的称谓。即使名称在《法规》正文中未引用作者，作者引用在合格发表的属或之下等级的名称后。

　　在主题词索引加词条目下，提供了在本《法规》不在组合中出现的加词的子索引（见 217 页）。

Aextoxicaceae	18.Ex.1
Aextoxicon Ruiz & Pav.	18.Ex.1
Agaricaceae	37.Ex.6
Agaricus L.	41.Ex.9
– "tribus" [unranked] *Hypholoma* Fr. : Fr.	
	41.Ex.9
– "tribus" [unranked] *Pholiota* Fr. : Fr.	
	F.4.Ex.1
– *atricapillus* Batsch	F.3.Ex.4
– *cervinus* Hoffm.	F.3.Ex.4
– *cervinus* Schaeff.	F.3.Ex.4
– *cinereus* Schaeff. : Fr.	23.Ex.17
– *compactus* [unranked] *sarcocephalus*	
(Fr. : Fr.) Fr. : Fr.	F.3A.Ex.2
– *equestris* L. : Fr.	F.3.Ex.5
– *ericetorum* Pers.	F.3.Ex.1
– *fascicularis* Huds. : Fr.	41.Ex.9
– *flavovirens* Pers.	F.3.Ex.5
– *rhacodes* Vittad., 'rachodes'	60.*Ex.2
– *sarcocephalus* Fr.	F.3A.Ex.2
– *umbelliferus* L.	F.3.Ex.1
Agathophyllum Juss.	55.Ex.1
– *neesianum* Blume	55.Ex.1
Agati Adans.	62.Ex.9
× *Agroelymus* E. G. Camus ex A. Camus	
	11.Ex.41; H.8.Ex.1
× *Agrohordeum* E. G. Camus ex A. Camus	
	H.8.Ex.1; H.9.Ex.1
× *Agropogon* P. Fourn.	H.3.Ex.1; H.6.Ex.1
– *littoralis* (Sm.) C. E. Hubb.	H.3.Ex.1
Agropyron Gaertn.	
	11.Ex.41; H.8.Ex.1; H.9.Ex.1
– *desertorum* f. *pilosiusculum* Melderis	
	41.Ex.18
– – var. *pilosiusculum* (Melderis) H. L. Yang	
	41.Ex.18
– *japonicum* Honda	27.Ex.1; 55.Ex.3
– *japonicum* (Miq.) P. Candargy	
	27.Ex.1; 55.Ex.3
– – var. *hackelianum* Honda	27.Ex.1; 55.Ex.3
– *kamoji* Ohwi	60.Ex.21
Agrostis L.	23.Ex.18; H.2.Ex.1; H.6.Ex.1
– *alpina* Scop.	23.Ex.18
– *radiata* L.	52.Ex.14
– *stolonifera* L.	H.2.Ex.1
Aikinia brunonis Wall.	46.Ex.3
Albizia Durazz.	F.9.Ex.1
Albugo arenosa Mirzaee & Thines	F.5.Ex.1
Alcicornopteris hallei J. Walton	1.Ex.1
Aletris punicea Labill.	52.Ex.11
Alexitoxicon St.-Lag.	51.Ex.1
Algae	13.1(e)
Alkanna Tausch	11.Ex.18
– *matthioli* Tausch	11.Ex.18
– *tinctoria* Tausch	11.Ex.18
Allium antonii-bolosii P. Palau, 'a.-bolosii'	
	60.Ex.49
Aloe perfoliata L.	24.Ex.6
– – var. *vera* L.	6.Ex.12; 24.Ex.6
– *vera* (L.) Burm. f.	6.Ex.12
Alpinia L.	55.Ex.4
Alpinia Roxb.	55.Ex.4
– *galanga* (L.) Willd.	55.Ex.4
– *languas* J. F. Gmel.	55.Ex.4
Alsophila kalbreyeri Baker	6.Ex.1; 41.Ex.24
– *podophylla* Baker	6.Ex.1
Alternaria Nees : Fr.	14.Ex.13
Alyssum flahaultianum Emb.	39.Ex.3
Alyxia ceylanica Wight	60.Ex.1
Amaranthaceae	10.Ex.11
Amaranthus L.	60.Ex.1
– *caudatus* L.	10.Ex.11
× *Amarcrinum* Coutts	H.6.Ex.2
Amaryllidaceae	53.Ex.1
Amaryllis L.	H.6.Ex.2
Amblyanthera Blume	53.Ex.7
Amblyanthera Müll. Arg.	53.Ex.7
Amerimnon brownei Jacq.	6.Ex.3
Ammanthus Boiss. & Heldr.	6.Ex.10
Amorphophallus campanulatus Decne.	48.Ex.2
Ampelopsis cantoniensis var. *grossedentata*	
Hand.-Mazz.	41.Ex.19
Amphiprora Ehrenb.	45.Ex.1
Amphitecna Miers	14.Ex.7
Amygdalaceae	19.Ex.6
Amygdaloideae	19.Ex.6
Amygdalus L.	19.Ex.6
Anacamptis Rich.	H.6.Ex.1
Anacyclus L.	10.Ex.1
– *valentinus* L.	10.Ex.1

– *amara* L. 47.Ex.3
– – subsp. *weldeniana* (Rchb.) Kušan 6.Ex.13
– *benedicta* (L.) L. 6.Ex.8
– *chartolepis* Greuter 6.Ex.16
– *crupina* L. 6.Ex.9
– *funkii* var. *xeranthemoides* Lange ex Willk.
46.Ex.37
– *intermedia* Mutel 6.Ex.16
– *jacea* L. 47.Ex.3
– – subsp. *weldeniana* (Rchb.) Greuter 6.Ex.13
– – var. *weldeniana* (Rchb.) Briq. 6.Ex.13
– *weldeniana* Rchb. 6.Ex.13
Centrospermae 16.Ex.2
Cephaëlis Sw. 60.7
– *acanthacea* Steyerm. 8.Ex.7
Cephalotaxus fortunei Hook., 'fortuni' 60.Ex.31
Cephalotos Adans. 53.Ex.13
Cephalotus Labill. 53.Ex.13
Ceratocystis omanensis Al-Subhi & al. 31.Ex.4
Cercospora aleuritidis Miyake F.8.Ex.2
Cereus jamacaru DC. 60.*Ex.10
Cervicina Delile 11.Ex.2
Chamaecrista (L.) Moench 41.Ex.11
– *leonardiae* Britton, 'Leonardae' 60.Ex.26
Chamaecyparis Spach H.6.Ex.1
Chartolepis intermedia Boiss. 6.Ex.16
Chenopodium L. 10.Ex.11
– *album* L. 10.Ex.11
– *loureiroi* Steud., 'loureirei' 60.Ex.31
– *rubrum* L. 10.Ex.11
Chloris Sw. 52.Ex.14
– *radiata* (L.) Sw. 52.Ex.14
Chlorophyta 16.Ex.2
Chlorosarcina Gerneck 7.Ex.15
– *elegans* Gerneck 7.Ex.15
– *minor* Gerneck 7.Ex.15
Chlorosphaera G. A. Klebs 7.Ex.15
Chrysophyllum L. 52.Ex.1
Cicatricosisporites R. Potonié & Gelletich,
'Cicatricosi-sporites' 60.Ex.45
Cineraria sect. *Eriopappus* Dumort. 49.Ex.3
Cistus aegyptiacus L. 49.Ex.4
Cladium iridifolium (Bory) Baker 41.Ex.25
Cladonia abbatiana S. Stenroos 60.Ex.33
– *ecmocyna* Leight. 58.Ex.6

Cladosporium humile Davis F.8.Ex.3
Claudopus Gillet 11.Ex.21
Cleistogenes Keng 20.Ex.5
Clematis L. 30.Ex.14
Clianthus Sol. ex Lindl. 11.Ex.25
– *dampieri* Lindl. 11.Ex.25
– *formosus* (G. Don) Ford & Vickery 11.Ex.25
– *oxleyi* Lindl. 11.Ex.25
– *speciosus* (G. Don) Asch. & Graebn. 11.Ex.25
– *speciosus* (Endl.) Steud. 11.Ex.25
Climacioideae 19.Ex.10
Closterium dianae Ehrenb. ex Ralfs 46.Ex.42
Clusia L. 18.5
Clusiaceae 18.5
Clutia L. 60.Ex.27
Clypeola jonthlaspi L. 60.Ex.14
– "minor" 33.Ex.1
Cnicus benedictus L. 6.Ex.8
Cocculus DC. 58.Ex.5
– *villosus* DC. 58.Ex.5
Cochlioda Lindl. H.6.Ex.6
Codium geppiorum O. C. Schmidt, 'geppii'
60.Ex.24
Coeloglossum viride (L.) Hartm. H.8.Ex.2
× *Cogniauxara* Garay & H. R. Sweet
H.6.Ex.6; H.8.Ex.3
Coix lacryma-jobi L., 'lacryma jobi' 60.Ex.42
Collaea DC. 60B.1(a)
Collema nummularium Dufour ex Durieu &
Mont. 38.Ex.10
Cololejeunea (Spruce) Steph. 41.Ex.12
– *elegans* Steph. 41.Ex.12
Columella Lour. 53.Ex.13
Columellia Ruiz & Pav. 53.Ex.13
Combretaceae 14.Ex.4
Combretum Loefl. 50E.Ex.2
Comparettia Poepp. & Endl. H.6.Ex.7
Compositae 18.5; 46.Ex.37; 53.Ex.4
Conferva ebenea Dillwyn 7.Ex.3
Coniferae 16.Ex.2
"*Conophyton*" 36.Ex.4
Conophytum N. E. Br. 36.Ex.4
– *littlewoodii* L. Bolus 41.Ex.16
– *marginatum* subsp. *littlewoodii* (L. Bolus) S.
A. Hammer 41.Ex.16

Lippia L.	19.Ex.5
Lippieae	19.Ex.5
Liquidambar L.	20.Ex.1
Liriodendron tulipifera L.	23.Ex.7
Lithocarpus polystachyus	49.Ex.8
Lithospermum tinctorium L.	11.Ex.18
"Lobata"	20.Ex.4
Lobelia spicata Lam.	26.Ex.1
– – var. *"originalis"*	24.Ex.5
– – var. *spicata*	26.Ex.1
– *taccada* Gaertn.	41.Ex.10
Lobeliaceae	18.Ex.4
Lophiolaceae	37.Ex.2
Loranthus (sect. *Ischnanthus*) *gabonensis* Engl.	
	21A.Ex.1
– *macrosolen* Steud. ex A. Rich.	38.Ex.2
Lotus L.	62.*Ex.1
Luehea Willd., *'Lühea'*	60.Ex.16
Lupinus L.	46.Ex.40
Luzuriaga Ruiz & Pav.	14.Ex.5
Lycium odonellii F. A. Barkley, *'o'donellii'*	
	60.Ex.46
Lycoperdon Pers.	30.Ex.17
– *atropurpureum* Vittad., *'atro-purpureum'*	
	60.Ex.40
– *pusillum* Batsch	57.Ex.1
Lycopersicon esculentum Mill.	14.Ex.1
– *lycopersicum* (L.) H. Karst.	14.Ex.1
Lycophyta	16.Ex.2
Lycopinae	30.Ex.3
Lycopodiophyta	16.Ex.1
Lycopodium L.	13.Ex.2; 16.Ex.1
– *apodum* L.	61.Ex.2
– *clavatum* L.	13.Ex.2
– *inundatum* L.	26.Ex.5
– – var. *bigelovii* Tuck.	26.Ex.5
– – var. *inundatum*	26.Ex.5
Lyngbya Gomont	53.Ex.13
– *"glutinosa"*	46.Ex.41
Lyngbyea Sommerf.	53.Ex.13
Lysiloma Benth.	23.Ex.8
– *latisiliquum* (L.) Benth., *'latisiliqua'*	23.Ex.8
Lysimachia hemsleyana Oliv.	23A.2; 53.*Ex.12
– *hemsleyi* Franch.	23A.2; 53.*Ex.12
Lythrum salicaria L.	23.Ex.7

Maba elliptica J. R. Forst. & G. Forst.	58.Ex.7
Machaerina Vahl	41.Ex.25
– *"iridifolia"*	41.Ex.25
Macrosporium Fr.	14.Ex.13
Macrothyrsus Spach	11.Ex.6
Magnolia L.	16.Ex.1
– *foetida* (L.) Sarg.	11.Ex.5
– *grandiflora* L.	11.Ex.5
– *virginiana* var. *foetida* L.	11.Ex.5
Magnoliophyta	16.Ex.1
Mahonia Nutt.	14.Ex.2
– *japonica* DC.	28.Ex.1
Mairia Nees	30.Ex.19
Malaceae	19.Ex.6
Maloideae	19.Ex.6
Malpighia L.	22.Ex.2
– sect. *Apyrae* DC.	22.Ex.2
– subg. *Homoiostylis* Nied.	22.Ex.2
– sect. *Malpighia*	22.Ex.2
– subg. *Malpighia*	22.Ex.2
– *emarginata* DC.	46.Ex.16
– *glabra* L.	22.Ex.2
Malpighiaceae	53.Ex.4
Maltea B. Boivin	H.6.Ex.4
Malus Mill.	19.Ex.6
Malvaceae	41.Ex.27
Malvidae	41.Ex.27
Mammillaria Haw.	18.Ex.3
Manihot Mill.	20.Ex.1; 62.Ex.10
Marattia L.	16.Ex.1
– *rolandi-principis* Rosenst., *'rolandi principis'*	
	60.Ex.42
Marattiidae	16.Ex.1
Martia Spreng.	60B.Ex.2
Martiusia Schult.	60B.Ex.2
Masdevallia echidna Rchb. f.	23.Ex.10
Matricaria L.	H.6.Ex.5
– *recutita* L.	52.Ex.13
– *suaveolens* L.	52.Ex.13
Maxillaria mombachoensis J. T. Atwood	
	46.Ex.49
Mazocarpon M. J. Benson	11.Ex.1
Medicago orbicularis (L.) Bartal.	49.Ex.1
– *polymorpha* L.	26.Ex.4
– – var. *orbicularis* L.	49.Ex.1

Meiandra major Markgr., *'maior'* 60.Ex.15
Melampsora × *columbiana* G. Newc.
    H.3.Ex.1; H.10.Ex.1
– *medusae* Thüm. H.2.Ex.1; H.10.Ex.1
– *occidentalis* H. S. Jacks. H.2.Ex.1; H.10.Ex.1
Melanthieae 19.Ex.11
Melilotus Mill. 60G.Ex.1; 62.*Ex.1
Meliola Fr. 41.Ex.21
– *albiziae* Hansf. & Deighton, *'albizziae'*
    F.9.Ex.1
Meliosma Blume 60G.Ex.1
Menispermum hirsutum L. 58.Ex.5
– *villosum* Lam. 58.Ex.5
Mentha L. 51.Ex.1
– *aquatica* L. H.2.Ex.1; H.11.Ex.2
– *arvensis* L. H.2.Ex.1
– × *piperita* f. *hirsuta* Sole H.12.Ex.1
– – L. nothosubsp. *piperita* H.11.Ex.2
– – nothosubsp. *pyramidalis* (Ten.) Harley
    H.11.Ex.2
– × *smithiana* R. A. Graham H.3.Ex.1
– *spicata* L. H.2.Ex.1
– – subsp. *spicata* H.11.Ex.2
– – subsp. *tomentosa* (Briq.) Harley H.11.Ex.2
Merulius lacrimans (Wulfen : Fr.)
Schumach. : Fr., *'lacrymans'* F.3.Ex.2
Mesembryanthemum L. 60.Ex.1
– sect. *Minima* Haw. 36.Ex.4
Mesospora vanbosseae Børgesen,
    'van-bosseae' 60.Ex.40
Mespilodaphne mauritiana Meisn. 55.Ex.1
Mespilus L. 41.Ex.17
Metasequoia Hu & W. C. Cheng 11.Ex.32
Metasequoia Miki 11.Ex.32
– *disticha* (Heer) Miki 11.Ex.32
– *glyptostroboides* Hu & W. C. Cheng 11.Ex.32
Mezoneuron Desf., *'Mezonevron'* 60.Ex.13
Micrasterias pinnatifida (Kütz.) ex Ralfs
    46.Ex.42
Micromeria benthamii Webb & Berthel.
    H.10.Ex.5
– × *benthamineolens* Svent. H.10.Ex.5
– *pineolens* Svent. H.10.Ex.5
Microsporidia Pre.8; 45.N.1; F.1.1
Miltonia Lindl. H.6.Ex.6

Mimosa cineraria L. 53.Ex.19+21
– *cinerea* L. 53.Ex.19+21
– *latisiliqua* L. 23.Ex.8
Minthe St.-Lag. 51.Ex.1
Minuartia L. 11.Ex.12
– *stricta* 11.Ex.12
Mirabilis glutinosa Kuntze 41.Ex.28
Mirabilis glutinosa A. Nels. 41.Ex.28
– *laevis* subsp. *glutinosa* (Standl.) A. E. Murray
    41.Ex.28
Molina racemosa Cav. 53.Ex.4
– *racemosa* Ruiz & Pav. 53.Ex.4
Monochaete Döll 53.*Ex.12
Monochaetum (DC.) Naudin 53.*Ex.12
Monotropa L. 19.Ex.7
Monotropaceae 19.Ex.7
Montanoa imbricata V. A. Funk 30.Ex.18
Montia parvifolia (DC.) Greene 25.Ex.1
– – subsp. *flagellaris* (Bong.) Ferris 25.Ex.1
– – subsp. *parvifolia* 25.Ex.1
Mora Benth. 53.Ex.5
Moreae 53.Ex.5
Morus L 53.Ex.5
Mouriri subg. *Pericrene* Morley 6.Ex.6
Musa basjoo Siebold & Zucc. Ex Iinuma
    38.Ex.7
Musci 13.1(b), Ex.1–2
'Musenium' 61.Ex.1
Musineon Raf. 61.Ex.1
Mussaenda frondosa L., *' fr.* [*fructu*] *frondoso'*
    23.Ex.22
Mycena (Pers.) Roussel 30.Ex.16
– *coccinea* (Sowerby) Quél. 6.Ex.15
– *coccineoides* Grgur. 6.Ex.15; 49.Ex.9
– *seynii* 60.Ex.32
– *taiwanensis* Rexer 30.Ex.16
Mycosphaerella aleuritidis (Miyake) S. H. Ou
    F.8.Ex.2
Myginda sect. *Gyminda* Griseb. 48.Ex.3
– *integrifolia* Poir. 48.Ex.3
Myogalum boucheanum Kunth 36.Ex.7
Myosotis L. 47.Ex.2; 60G.1(b)
Myrcia laevis O. Berg 7.Ex.4
– *laevis* G. Don 7.Ex.4
– *lucida* McVaugh 7.Ex.4

Myrosma cannifolia L. f., *'cannaefolia'* 60.Ex.36
Nanobubon hypogaeum J. Magee 30.Ex.4
Napaea L. 53.*Ex.12; 60.Ex.37
Narcissus bulbocodium subsp. *albidus* (Emb. & Maire) Maire 24.Ex.4
– – var. *"eu-albidus"* 24.Ex.4
– – var. *"eu-praecox"* 24.Ex.4
– – subsp. *praecox* Gattef. & Maire 24.Ex.4
– *pseudonarcissus* L., *'Pseudo Narcissus'* 23.Ex.21
Nartheciaceae 18.Ex.7
Narthecium Gérard 18.Ex.7
Narthecium Huds. 18.Ex.7
Nasturtium W. T. Aiton 14.Ex.3
Nasturtium Mill. 14.Ex.3
– *"nasturtium-aquaticum"* 23.Ex.3
Nekemias grossedentata (Hand.-Mazz.) J. Wen & Z. L. Nie 41.Ex.19
'Nelumbium' 61.Ex.1
Nelumbo Adans. 18.Ex.2; 61.Ex.1
Nelumbonaceae 18.Ex.2
Neoptilota Kylin 44.Ex.1
Neotysonia phyllostegia (F. Muell.) Paul G. Wilson 46.Ex.9
Nepeta × *faassenii* Bergmans ex Stearn 32.Ex.3
Nesoluma st-johnianum Lam & Meeuse, *'St.-Johnianum'* 60.Ex.47
Neuropteris (Brongn.) Sternb. 60.Ex.13
Neves-armondia K. Schum. 20.Ex.8
Nilssonia Brongn., *'Nilsonia'* 60.Ex.7
Nolanea (Fr. : Fr.) P. Kumm. 11.Ex.21
Nostocaceae 13.1(e); 46.Ex.41
Nothotsuga C. N. Page 46.Ex.48
Nymphaea gigantea f. *hudsonii* (Anon.) K. C. Landon 46.Ex.45
– *nelumbo* L. 61.Ex.1
Ocimum gratissimum L. 7.Ex.14
Odontoglossum Kunth H.6.Ex.6
Oedogoniaceae 13.1(e)
Oenothera biennis L. H.4.Ex.1
– × *drawertii* Renner ex Rostański H.4.Ex.1
– *macrocarpa* Nutt. 46.Ex.46
– *villosa* Thunb. H.4.Ex.1
– × *wienii* Renner ex Rostański H.4.Ex.1
Omphalina coccinea Murrill 6.Ex.15; 49.Ex.9

Oncidium Sw. 46.Ex.25
– *triquetrum* (Sw.) R. Br. 46.Ex.25
Opegrapha oulocheila Tuck. 9.Ex.1
Oplopanax (Torr. & A. Gray) Miq. 62.Ex.4
Opuntia Mill. 41.Ex.6
– *ficus-indica* (L.) Mill. 41.Ex.6
– *vulgaris* Mill. 41.Ex.6
"Orchicoeloglossum mixtum Asch. & Graebn. H.8.Ex.2
Orchis L. 62.*Ex.1
– *fuchsii* Druce H.8.Ex.2
Orcuttia Vasey 60B.Ex.2
Oreodoxa regia Kunth 14.Ex.6
Ormocarpum P. Beauv. 62.Ex.3
Ornithogalum L. 36.Ex.7
– *boucheanum* (Kunth) Asch. 36.Ex.7
Orobanche artemisiae Gren. 51.Ex.1
– *artemisiepiphyta* St.-Lag. 51.Ex.1
– *columbariae* Gren. & Godr. 51.Ex.1
– *columbarihaerens* St.-Lag. 51.Ex.1
– *rapum* Wallr. 51.Ex.1
– *rapum-genistae* Thuill. 51.Ex.1
– *sarothamnophyta* St.-Lag. 51.Ex.1
"Orontiaceae" 37.Ex.7
Osbeckia L. 53.Ex.7
Ostrya virginiana (Mill.) K. Koch 60D.Ex.1
Ottoa Kunth 60B.1(a)
Oxycoccus Hill 23.Ex.9
– *macrocarpos* (Aiton) Pursh 23.Ex.6+9
– *'macrocarpus'* 23.Ex.9
Pachysphaera Ostenf. 11.Ex.34
Palma elata W. Bartram 14.Ex.6
Palmae 18.5
Panax nossibiensis Drake 38.Ex.16
Pancheria humboldtiana Guillaumin 46.Ex.23
Papaver rhoeas L. 23.Ex.1
Papilionaceae 18.5; 19.8
Papilionoideae 19.8
Paradinandra Schönenberger & E. M. Friis 3.Ex.2
Parasitaxus de Laub. 62.Ex.2
Parietales 16.Ex.2
Parnassiales 37.Ex.2
Partitatheca D. Edwards & al. 30.Ex.5
Passiflora salpoensis S. Leiva & Tantalean,

– sect. *Rigida* (Lindb.) Limpr. 21.Ex.4
– sect. *"Sphagna rigida"* 21.Ex.4
Sphenocleoideae 19.Ex.1
Spiniferites pachydermus (M. Rossignol) P. C.
  Reid 11.Ex.35
Spiraea L. 19.Ex.6
Spiraeaceae 19.Ex.6
Spiraeoideae 19.Ex.6
Spondias mombin L. 23.Ex.1
Stachys L. 62.*Ex.1
– *ambigua* Sm. 50.Ex.1
– *palustris* subsp. *pilosa* (Nutt.) Epling
  26A.Ex.1
– – var. *pilosa* (Nutt.) Fernald 26A.Ex.1
Stamnostoma A. G. Long 1.Ex.3
– *huttonense* A. G. Long 1.Ex.3
Staphylea L. 51.Ex.1
Staphylis St.-Lag. 51.Ex.1
Stenocarpus R. Br. 62.Ex.3
"Stereocaulon subdenudatum" 36.Ex.6
Stillingia integerrima (Hochst.) Baill. 11.Ex.23
Stobaea mckenii Harv., *'M'Kenii'* 60.Ex.48
Streptophyta 46.Ex.14
Strychnos L. 62.*Ex.1
"Suaeda baccata" 35.Ex.1
– *"vera"* 35.Ex.1
Swainsona formosa (G. Don) Joy Thomps.
  11.Ex.25
Symphostemon Hiern 53.*Ex.12
Symphyostemon Miers 53.*Ex.12
Synsepalum letestui Aubrév. & Pellegr., *'Le
  Testui'* 60.Ex.43
Synthyris subg. *Plagiocarpus* Pennell 11.Ex.26
– Benth. subg. *Synthyris* 11.Ex.26
Talinum polyandrum Hook. 58.Ex.1
– *polyandrum* Ruiz & Pav. 58.Ex.1
Tamnus Mill. 51.Ex.1
Tamus L. 51.Ex.1
Taonabo Aubl. 62.Ex.8
– *dentata* Aubl. 62.Ex.8
– *punctata* Aubl. 62.Ex.8
Tapeinanthus Boiss. ex Benth.
  41.Ex.1; 53.Ex.1
Tapeinanthus Herb. 53.Ex.1
Taraxacum Zinn, *'Taraxacvm'* 60.Ex.11

Tasmanites E. J. Newton 11.Ex.34
Taxus L. 62.Ex.2
– *baccata* var. *variegata* Weston 28.Ex.1
Tephroseris (Rchb.) Rchb. 49.Ex.3
– sect. *Eriopappus* (Dumort.) Holub 49.Ex.3
Terminaliaceae 14.Ex.4
Tersonia cyathiflora (Fenzl.) J. W.Green
  46.Ex.34
Tetraglochin Poepp. 62.Ex.5
Tetragonia L. 60.Ex.39
– *tetragonoides* (Pall.) Kuntze 60.Ex.39
Teucrium gnaphalodes L'Hér. 9.Ex.15
Thamnos St.-Lag. 51.Ex.1
Thamnus Link 51.Ex.1
Thea L. 13.Ex.3
Thunbergia Montin 19.Ex.9
– Retz. 19.Ex.9
Thunbergioideae 19.Ex.9
Thuspeinanta T. Durand 41.Ex.1; 53.Ex.1
Thymus britannicus Ronniger 11.Ex.16
– *praecox* subsp. *arcticus* (Durand) Jalas
  11.Ex.16
– – subsp. *britannicus* (Ronniger) Holub
  11.Ex.16
– *serpyllum* subsp. *arcticus* (Durand) Hyl.
  11.Ex.16
– – var. *arcticus* Durand 11.Ex.16
– – subsp. *britannicus* (Ronniger) P. Fourn.
  11.Ex.16
Tiarella cordifolia L. H.11.Ex.1
Tibetoseris sect. *Simulatrices* Sennikov 22.Ex.6
– Sennikov sect. *Tibetoseris* 22.Ex.6
Tillaea L. 51.Ex.1
Tillandsia barclayana var. *minor* (Gilmartin)
  Butcher 41.Ex.29
– *bryoides* Griseb. ex Baker 9.Ex.13
– *lateritia* André 41.Ex.29
Tilletia caries (DC.) Tul. & C. Tul. H.2.Ex.1
– *foetida* (Wallr.) Liro H.2.Ex.1
Tillia St.-Lag. 51.Ex.1
Tithymalus Gaertn. 36.Ex.12
– *" jaroslavii"* 36.Ex.12
Tmesipteris elongata P. A. Dang. 52.Ex.6
– *truncata* (R. Br.) Desv. 52.Ex.6
Torreya Arn. 53.Ex.2

主题词索引

在本索引中，引证的不是页码而是本《法规》中的条款、辅则等，如下所示：Ex. = 例子；*Ex. = 表决的例子；F. = 第 F 章（菌物）；fn. = 脚注；Gl. = 术语表；H. =第 H 章（杂种）；N. = 注释；Pre. = 导言；Prin. = 总则；Prov. = 规程（第三篇）；R. = 建议（第三篇）。阿拉伯数字表示条款（如 40）；阿拉伯数字紧跟着一个大写字母表示一条辅则（如 46A）。在一条规则或辅则中，包括脚注的主段落首先列出，逗号后跟随注释，然后是例子；然后在分号后跟随下一个相关的条款或辅则（如 14.15, N.4, Ex.8; 34.2）。第三篇的规程和辅则同样处理（如规程 4.13, R.1；规程 8.1）。连续的序列号由一个破折号指示（如 11.3–8 = 包含条款 11.3 至 11.8；60.8(a–b) = 条款 60.8(a)和(b)）；间断的序列号由一个加号表示（如规程 1.1+4+fn. = 规程 1.1、1.4 和 1.4 脚注）。

为方便参考，一些分索引包括在下列标题下：缩写、定义、加词、出版、改写（及相关主题）和单词成分。

出现在《法规》前言和第二篇中的学名未包含在本主题词索引中，而包括在之前的学名索引中。

译者注：为便于读者在使用本中文版时参考英文版原文，在本索引中，我们保留原文中的英文主题词，并用";"分隔英文主题词与中文主题词。

科内次级区分 19.4

－－fossil-taxon；化石分类群 8.5; 8A.3; 13.3

－－genus；属 10.1–5; 10A.1; 14.3

－－illegitimate；不合法的 7.5

－－of pleomorphic fungi；多型菌物的 F.8

－－rejected；废弃 14.3

－－nothotaxon；杂交分类群 40.1; H.9.N.1; H.10.N.2

－－sanctioned；认可 7.5; 9.3; 10.2; F.3.9, N.2

－－species or infraspecific taxon；种或种下分类群 8; 8A–B; 9; 9A–C

－－subdivision, of family；次级区分，科的 7.1; 10.9

－－－of genus；属的 10.1–5+8; 10A.1

－－subfamily, alternative；亚科，互用的 10.9; 19.8

－－suprafamilial taxon；科以上的分类群 7.1; 10.10; 16.1(a); 17.1

－－validly published by reference；通过引证合格发表的 7.8

－－with later starting-point；具较晚的起点 7.9

－of new combination；新组合的 7.3

－of orthographic variants；缀词变体的 61.2+5

－of replacement name；替代名称的 7.4

－original；原始的 9.15; 14.Ex.10; 22.2; 48.2, N.2; 52.2

－preservation, impossible；保存，不可能的 40.5

－－permanent；永久的 8.1–4; 8A.3–4; 8B.2; 40.8

－－place；地方 7A; 8.1; 9.21–22; 9C; 40.7, N.4; 40A.5–6

－previously designated；之前指定的 9.9+11+16–17; 22.2; 26.2; 48.2(b); 52.2(b)

－rediscovered；被重新发现 9.19

－required；要求 40.2

－serious conflict with protologue；与原白严重冲突 9.19(c), N.7; 9A.3–4; 10.2

－single specimen；单个标本 8.1

－standard species；标准种 7.*Ex.16

－stratigraphic relations；地层学关系 13.3

－taxonomic position；分类学位置 13.2; H.10.N.2

－teleomorphic；有性型的 F.8

Typescripts；打印稿 30.1

Typification, see Designation, Lectotype, Neotype；模式标定，指定，后选模式，新模式

－date；日期 10.N.3

－principle；原则 Prin.II; 10.10

Typographical error；排印错误 60.1; 61.1–2

Typography, matter of；排印，的事项 60.2

Typus, see Type；模式，见模式

Unitary designation of species；种的单一称谓 20.4(b)

Unpaginated publications；未编排页码的出版物 41A.2

Unpublished, material；未发表的，材料 30.1; Prov.4.8

－names；名称 23A.3(i); 50G

Unranked taxa；无等级的分类群 37.1–3

Uredinales, sanctioning；锈菌目，认可 F.3.1

Usage, see Custom and Tradition；用法，见惯例与传统

－current, to be followed pending General Committee's recommendation；现存的，应予遵循直至总委员会的建议 14A; 34A; 56A

Ustilaginales, sanctioning；黑粉菌目，认可 F.3.1

Valid publication；合格发表 6.2, N.1; 32–45; F.4; F.5.1–2, N.1–2; H.9

－date；日期 33.1; 45

－－for names of taxa not originally covered by this *Code*；对于最初不被本《法规》涵盖的分类群的名称 45

－－unaffected by conservation；不受保留影响 14.N.3

－－unaffected by correction of original spelling；不受原始拼写更正影响 33.2

－－unaffected by sanctioning；不受认可影响 F.3.N.1

－despite taxonomic doubt；即使存在分类学

附录　圣胡安会议第 F 章

第F章　处理为菌物的有机体的名称
（圣胡安版）

本章汇集了本《法规》中仅针对处理为菌物的有机体名称的规定。

本章内容可根据国际菌物学大会（IMC）的命名法会议的行动而修改（见第三篇规程 8）。本章的现行版本，即圣胡安第 F 章反映了于 2018 年 7 月 21 日圣胡安（波多黎各）第十一届 IMC 接受的决定。

应经常查询本《法规》的在线版本（http://www.iapt-taxon.org/nomen/main.php），以了解因随后的 IMC 产生的更改。下一届 IMC 将于 2022 年在阿姆斯特丹（荷兰）举行。

圣胡安会议第 F 章做出了下列变更：

条款 F.3.7. 该条款被改写以更清晰，并增加了 2 个例子。

条款 F.3.9. 增加了 2 个例子。

辅则 F.3A. 使用冒号以指明认可的选项被移除。如果希望指明认可，建议通过使用短语 "nom. sanct.〔认可名称〕" 来实现。

条款 F.5. 增加了许多有关名称的注册和命名行为方面的新规定。条款 F.5.6 允许错误引用标识码的可更正性；条款 F.5.7 详细说明，为了一个可能与现存标识码相关联的称谓成为合格发表的名称，必须获得一个新的标识码；以及，条款 F.5.8 扩展至发放给模式指定的标识码的可更正性。辅则 F.5A.1 扩大至鼓励名称的作者向认可的存储库提供其出版物的电子版本。条款 F.5.2 增加了一个脚注，特别提出给具有已更正缀词的名称分配一个新的标识码的做法。注意，由于条款 F.5.6 无日期限制，它具追溯效力（原则 VI），而且，与错误引用标识码相关联的合格名称是晚出等名，并可被忽略（条款 6 注释 2）。

条款 F.10. 增加了有关使用标识码代替作者引用的新条款。

菌物学家应注意，除非有明确限制，本《法规》的第 F 章之外的内容适用于被本《法规》涵盖的包括菌物在内的所有有机体。这些内容包括有关名称的有效发表、合格发表、模式标定、合法性和优先权，引用和缀词法，以及杂种的名称。

如下所列的本《法规》中导言、原则、条款和辅则的一些规定尽管不局限于菌物，但特别与菌物学家相关。**在所有情况下，均应参考本法规的这些和其他所有相关规定的完整措辞。**

导言 8.　本《法规》的规定适用于传统上处理为菌物（无论是化石或非化石的）的所有有机体，包括壶菌、卵菌和黏菌（但微孢子虫〔*Microsporidia*〕除外）。

原则Ⅰ.　本《法规》适用于处理为菌物的分类学类群的名称，无论这些类群最初是否被如此处理。

条款 4 注释 4.　在寄生生物（特别是菌物）分类中，作者可根据它们对不同寄主的适应性在种内区分专化型〔formae specials〕，但专化型的命名不受本《法规》规定的管辖。

条款 8.4.（也见条款 8 例 12、辅则 8B、条款 40 注释 3 和条款 40.8）.　如果保存于代谢不活跃的状态下，菌物的培养物可接受为模式，且在 2019 年 1 月 1 日或之后必须在原白中说明。

条款 14.15 和条款 14 注释 4(c)(2).　在 1954 年 1 月 1 日前，菌物专门委员会做出的有关保留名称的决定于 1950 年 7 月 20 日的斯德哥尔摩第七届国际植物学大会生效。

条款 16.3.　自动模式标定的菌物科以上名称结尾如下：门为 -*mycota*，亚门为 -*mycotina*，纲为 -*mycetes*，亚纲为 -*mycetidae*。与这些词尾不符的自动模式标定的名称应予更正。

辅则 38E.1.　在寄生有机体（特别是菌物）新分类群的描述或特征集要中，应指明寄主。

条款 40.5.　如果标本保存存在技术困难或不能保存显示该名称作者归予该分类群特征的标本时，非化石微型菌物新的种或种下分类群名称的模式可为一幅合格发表的图示（但见条款 40 例 6，它将 DNA 序列的代表性展示处理为条款 6.1 脚注中图示的定义之外）。

条款 41.8(b)（也见条款 41 例 26）.　当以某些菌物的起点日期后移来解释时，未能引用基名或被替代异名合格发表之处是可更正的错误。

条款 45.1（也见条款 45 例 6 和 7 及注释 1）.　如果最初归隶于不被本《法规》

管辖的类群的分类群被处理为属于藻类或菌物时，它的任何名称只需满足其作者对其地位使用的其他相关《法规》中相当于本《法规》中合格发表的要求。特别需要注意的是，即使微孢子虫被认为是菌物，微孢子虫的名称也不被本《法规》涵盖。

第一节　优先权原则的限制

条款）F.1　命名起点

F.1.1. 非化石菌物名称的合格发表被处理为始于 1753 年 5 月 1 日（Linnaeus, *Species plantarum*, ed. 1，处理为在那一日期已被发表；见条款 13.1）。就命名而言，给予地衣的名称适用于其菌物部分。微孢子虫的名称受《国际动物命名法规》管辖（见导言 8）。

❶ 注释 1. 对于化石菌物，见条款 13.1（f）。

条款 F.2　保护名称

F.2.1. 为了命名的稳定性，对于处理为菌物的有机体，提议为保护名称的清单可提交至总委员会，总委员会将它们指派至菌物命名委员会（见第三篇规程 2.2、7.9 和 7.10）并由该委员会与总委员会和合适的国际团体协商建立的分委员会审查。一旦被菌物命名委员会和总委员会审核并批准（见条款 14.15 和辅则 14A.1），这些名录中的保护名称成为本《法规》附录（见附录 IIA、III 和 IV）一部分，应与其模式一并列入且处理为针对任何竞争的列入或未列入的异名或同名（包括认可名称）而保留，尽管根据条款 14 的保留优先于这一保护。保护名称清单依然可通过本条款（也见条款 F.7.1）描述的流程进行修订。

条款 F.3　认可名称

F.3.1. Persoon（*Synopsis methodica fungorum*, 1801）采用的锈菌目〔*Uredinales*〕、黑粉菌目〔*Ustilaginales*〕和广义腹菌类〔*Gasteromycetes* (s. l.)〕中的名称，以及 Fries（*Systema mycologicum*, vol. 1–3. 1821–1832 和补充的 *Index*〔索引〕，1832；以及 *Elenchus fungorum*, vol. 1–2. 1828）采用的其他菌物（黏菌除外）

的名称是被认可的。

F.3.2. 认可名称处理为如同针对早出同名和竞争异名而被保留。一旦被认可，此类名称即保持认可状态，即使该认可作者在其认可著作的其他地方并未承认它们。除了条款 60 和 F.9 强制的变更外，名称认可时使用的拼写被处理为保留。

例 1. 名称 *Strigula smaragdula* Fr. (in Linnaea 5: 550. 1830)被 Fries (Syst. Mycol., Index: 184. 1832)所接受，因而是认可的。它被处理为针对为竞争的较早异名 *Phyllochoris elegans* Fée (Essai Crypt. Ecorc: xciv. 1825)而保留；后者为 *Strigula elegans* (Fée) Müll. Arg.〔叶上衣〕(in Linnaea 43: 41. 1880)的基名。

例 2. *Agaricus ericetorum* Pers. (Observ. Mycol. 1: 50. 1796) 被 Fries（Systema mycologicum 1: 165. 1821）所接受，但后来（Elench. Fung. 1: 22. 1828）被他视为 *A. umbelliferus* L. (Sp. Pl.: 1175. 1753), nom. sanct.的异名而未作为接受名称包括他的 *Index* (p. 18. 1832)中。虽然如此，*A. ericetorum* Pers.是一个认可名称。

例 3. 尽管加词被 Schumacher (Enum. Pl. 2: 371. 1803)拼写为'*lacrymans*'，且基名最初被发表为 *Boletus* '*lacrymans*' Wulfen (in Jacquin, Misc. Austriac. 2: 111. 1781)，名称 *Merulius lacrimans* (Wulfen) Schumach.被认可(Fries, Syst. Mycol. 1: 328. 1821)时使用的拼写应予维持。

F.3.3. 如果它是另一个认可名称的晚出同名，一个认可名称是不合法的（也见条款 53）。

F.3.4. 一个认可名称的早出同名并不因那个认可变为不合法，但为不可用；如果除此之外不是不合法的，它可用于基于相同模式的另一个名称或组合的基名（也见条款 55.3）。

例 4. *Patellaria* Hoffm. (Descr. Pl. Cl. Crypt. 1: 33, 54, 55. 1789)是认可属名 *Patellaria* Fr.〔胶皿菌属〕(Syst. Mycol. 2: 158. 1822)的早出同名。Hoffmann 的名称是合法的，但不可用。根据条款 52.1，基于与 *Patellaria* Fr., nom. sanct.相同模式的 *Lecanidion* Endl. (Fl. Poson.: 46. 1830)是不合法的。

例 5. 为变为可用，*Antennaria* Gaertn. (Fruct. Sem. Pl. 2: 410. 1791)需要针对晚出同名 *Antennaria* Link (in Neues J. Bot. 3(1,2): 16. 1809), nom. sanct. (Fries, Syst. Mycol. 1: xlvii. 1821)保留。

例 6. *Agaricus cervinus* Schaeff. (Fung. Bavar. Palat. Nasc. 4: 6. 1774)是认可名称 *A. cervinus* Hoffm. (Nomencl. Fung. 1: t. 2, fig. 2. 1789), nom. sanct. (Fries, Syst. Mycol. 1: 82. 1821)的早出同名；Schaeffer 的名称不可用，但它是合法的，且可用作在其他属内的组合的基名。在 *Pluteus* Fr.〔光柄菇属〕中，该组合被引用为 *P. cervinus* (Schaeff.) P. Kumm.〔灰光柄菇〕，且较基于 *A. atricapillus* Batsch (Elench. Fung.: 77. 1786)的异模式（分类学）异名 *P.*

atricapillus (Batsch) Fayod 具有优先权。

F.3.5. 对于科至属之间等级（均含）的分类群，当两个或多个认可名称竞争时，条款 11.3 管理正确名称的选择（也见条款 F.3.7）。

F.3.6. 对于等级低于属的分类群，当两个或多个认可名称和（或）两个或多个具有相同最终加词和模式的名称作为认可名称竞争时，条款 11.4 管理正确名称的选择。

ⓘ 注释 1. 认可日期并不影响认可名称的合格发表日期和因此产生的优先权（条款11）。特别是，因为根据条款 F.3.3 晚出同名是不合法的，当两个或多个同名被认可时，仅其中最早的可以使用。

> **例 7.** Fries (Syst. Mycol. 1: 41. 1821)接受并因此认可了 *Agaricus flavovirens* Pers. (in Hoffmann, Abbild. Schwämme 3: t. 24. 1793)，并将 *A. equestris* L. (Sp. Pl.: 1173. 1753)处理为异名。他后来（Elench. Fung. 1: 6. 1828）接受了 *A. equestris*，并说明"Nomen prius et aptius certe restituendum 〔较早且更合适的名称当然应被恢复〕"。这两个名称都是认可的，但是当它们被处理为异名时，*A. equestris* L., nom. sanct.由于其具有优先权而应被使用。

F.3.7. 既不是被认可也不与在相同等级上的认可名称具有相同模式和最终加词的名称，不可用于在那一等级上包括认可名称模式的分类群，除非该认可名称的最终加词不可用于该必需组合的分类群（见条款 11.4(c)）。

> **例 8.** 名称 *Agaricus involutus* Batsch (Elench. Fung.: 39. 1786)被 Fries (Syst. Mycol. 1: 271. 1821)认可，因此，当在 *Paxillus* Fr.〔桩菇属〕中与较早但非认可名称 *A. contiguus* Bull. (Herb. Fr. 5: t. 240. 1785)被处理为异名时，正确名称是 *P. involutus* (Batsch) Fr.〔卷边桩菇〕。

> **例 9.** 基于 *Boletus brumalis* Pers. (in Neues Mag. Bot. 1: 107. 1794)的名称 *Polyporus brumalis* (Pers.) Fr.〔冬生多孔菌〕 (Observ. Mycol. 2: 255. 1818), nom. sanct. (Fries, Syst. Mycol. 1: 348. 1821)被 Zmitrovich & Kovalenko (in Int. J. Med. Mushr. 18: 23–38, suppl. 2: [2]. 2015)处理为 *B. hypocrateriformis* Schrank (Baier. Fl. 2: 621. 1789)，并置于 *Lentinus* Fr.〔香菇属〕, nom. sanct.，在此正确名称为 *L. brumalis* (Pers.) Zmitr. (in Int. J. Med. Mushr. 12: 88. 2010)。

F.3.8. 保留（条款 14）、保护（条款 F.2）和明确的废弃（条款 56 和 F.7）优先于认可。

F.3.9. 在条款 F.3.1 规定的著作之一采用并因而被认可的种或种下分类群的名称的模式，可选自在原白和（或）认可处理中与该名称相关联的成分。

ⓘ 注释 2. 对于根据条款 F.3.9 产生的名称，来自原白语境中的成分是原始材料，而来自认可著作语境中的那些成分被视为等同于原始材料。

> **例 10.** 当 Stadler & al. (in IMA Fungus 5: 61. 2014)指定被 Fries (Syst. Mycol. 2: 327. 1823)认

可为 *Sphaeria hypoxylon* (L.) Pers. (Observ. Mycol. 1: 20. 1796)的 *Clavaria hypoxylon* L. (Sp. Pl.: 1182. 1753)的后选模式时，他们选择了在 K 中由 Fries (Scler. Suec. No. 181)分发并被他引用在认可处理中的一份标本，而不是与原白相关联的任何成分。

例 11. 在缺乏源自原白语境中为原始材料的任何标本或图示情况下，Peterson (in Amer. J. Bot. 63: 313. 1976)指定在 L 的一份标本为 *Clavaria formosa* Pers. (Comm. Fung. Clav.: 41. 1797), nom. sanct.的新模式。然而，在认可 *C. formosa* 时，Fries (Syst. Mycol. 1: 466. 1821)引用了数个因此被视为等同于原始材料的图示。因此，Peterson 的新模式标定不是符合条款 9.13 的指定，且不应遵从（条款 9.19）。相反，Franchi & Marchetti (in Riv. Micol. 59: 323. 2017)指定了被 Fries (l.c., as "f. 5")引用的图示之一（Persoon, Icon. Desc. Fung. Min. Cognit. 1: t. III, fig. 6. 1798）为 *C. formosa* 的后选模式。

F.3.10. 当认可作者接受一个较早名称但并未（甚至隐含地）包括与其原白相关联的任何成分，或当原白未包括认可名称后来被指定的模式时，该认可作者被视为创造了一个如同保留的晚出同名（也见条款 48）。

❶ **注释 3.** 对于认可属名的模式标定见条款 10.2。注意：根据条款 7.5 的自动模式标定并不适用于认可名称。对于认可名称（或基于它们的名称）的合法性，也见条款 6.4、52.1、53.1 和 55.3。

辅则 F.3A

F.3A.1. 当认为对指明认可名称的命名地位（条款 F.3.10.）有用时，缩写 "nom. sanct." (*nomen sanctionatum*〔认可名称〕)应添加在正式引用中；认可之处也应添加在完整的命名引用中[1]。

例 1. *Boletus piperatus* Bull. (Herb. France: t. 451, fig. 2. 1790)被 Fries (Syst. Mycol. 1: 388. 1821)采用，并因此被认可。根据命名信息的展示程度，它应引用为 *B. piperatus* Bull., nom. sanct.；或 *B. piperatus* Bull. 1790, nom. sanct.；或 *B. piperatus* Bull., Herb. France: t. 451, fig. 2. 1790, nom. sanct.；或 *B. piperatus* Bull., Herb. France: t. 451, fig. 2. 1790, nom. sanct. (Fries, Syst. Mycol. 1: 388. 1821)

例 2. 当被 Fries (Syst. Mycol. 1: 290. 1821)采用时，*Agaricus compactus* [unranked〔无等级的〕] *sarcocephalus* (Fr.) Fr.被认可。该地位应通过引用其为 *A. compactus* [unranked〔无等级的〕] *sarcocephalus* (Fr.) Fr., nom. sanct.来指明。当引用其基名 *A. sarcocephalus* Fr. (Observ. Mycol. 1: 51. 1815)或引用如 *Psathyrella sarcocephala* (Fr.) Singer (in Lilloa 22: 468. 1949)的后来组合时，缩写 "nom. sanct.〔认可名称〕" 不应添加。

---

1 在 F 章中，认可由"nom. sanct.〔认可名称〕"指示，但在本《法规》的其他地方，认可仍由": Fr."或": Pers."指示；它沿用在其被 2018 年 7 月 21 日圣胡安国际菌物学大会接受现行措辞之前的 2018 年《深圳法规》辅则 F.3A.1 的措辞。

第二节　名称的合格发表和模式标定

条款 F.4　误置的等级指示术语

F.4.1. 如果它被给予一个其等级同时由违反条款 5 的误置术语指示的分类群，名称是不合格发表的；但是，例外情形是，在 Fries 的 *Systema mycologicum* 中称为族（tribus）的属内次级区分的名称，处理为合格发表的无等级的属内次级区分的名称。

例 1. 在同一著作中认可的 *Agaricus* "tribus" [unranked] *Pholiota* Fr. (Syst. Mycol. 1: 240. 1821)是属名 *Pholiota* (Fr.) P. Kumm.〔鳞伞属〕(Führer Pilzk.: 22. 1871)的合格发表的基名（见条款 41 例 9）。

条款 F.5　名称和命名行为的注册

F.5.1. 为了合格发表，适用于根据本《法规》处理为菌物的有机体（导言 8；包括化石菌物和地衣型真菌）且发表在 2013 年 1 月 1 日或之后的新命名（条款 6 注释 4）必须在原白中包括引用由一个被认可的存储库发放给该名称的标识码（条款 F.5.3）。

例 1. 因为它包括引用由三个认可的存储库之一的菌物库（MycoBank）发放的标识码"MB 564515"，*Albugo arenosa* Mirzaee & Thines (in Mycol. Prog. 12: 50. 2013)的原白遵守条款 F.5.1。菌物命名委员会指定（条款 F.5.3）菌物名称〔Fungal Names〕、菌物索引〔Index Fungorum〕和菌物库〔MycoBank〕为存储库(Redhead & Norvell in Taxon 62: 173–174. 2013)的决定被第十届国际菌物学大会（May in Taxon 66: 484. 2017）批准（条款 F.5.3）。

例 2. 尽管认可的存储库菌物索引之前已给该有意的新组合发放了识别码"IF 551419"，因为它在发表时未引用由认可的存储库发放的标识码，称谓"*Austropleospora archidendri*" (Ariyawansa & al. in Fungal Diversity 75: 64. 2015)不是合格发表的基于 *Paraconiothyrium archidendri* Verkley & al. (in Persoonia 32: 37. 2014)的新组合。

例 3. 有意作为新组合的称谓"*Priceomyces fermenticarens*" (Gouliamova & al. in Persoonia 36: 429. 2016)发表时有标识码"MB 310255"，即引用由菌物索引在注册成为强制性之前已分配给有意基名 *Candida fermenticarens* Van der Walt & P. B. Baker (in Bothalia 12: 561. 1978)的标识码 "IF 310255"。认可的存储库菌物库在其发表后给有意的新组合分配了标识码 "MB 818676"，但是因为在其发表之前未发放标识码，该有意的新组合不是合格发表的。*Priceomyces fermenticarens* (Van der Walt & P. B. Baker) Gouliam. & al. (in Persoonia 39: 289. 2017)后来合格发表时具有菌物库新发放的标识码 "MB 818692" 的引用。

F.5.2. 对于条款 F.5.1 要求的由认可的存储库发放的标识码，学名的作者必须登记的信息的最低要素是被提出的名称本身及根据条款 38.1(a) 和 39.2（合格描述或特征集要）、条款 40.1 和 40.7（模式）或条款 41.5（引证基名或被替代名称）对合格发表所要求的那些要素。当被给予标识码的名称登记的信息与随后发表的信息不一致时，该发表的信息被视为是最终的[1]。

ⓘ **注释 1.** 由认可的存储库发放的标识码假定随后满足对名称合格发表的要求（条款 32–45、F.5.1 和 F.5.2），但其本身并不构成或保证合格发表。

ⓘ **注释 2.** 在条款 F.5.1 和 F.5.2 中，词语"名称"用于可能尚未合格发表的名称，在此情形下，在条款 6.3 中的定义并不适用。

F.5.3. 菌物命名委员会（见第三篇规程 7）有权：（a）指定一个或多个区域性的或分散的开放且可获取的电子存储器以登记条款 F.5.2 和 F.5.5 所要求的信息，并发放条款 F.5.1 和 F.5.4 要求的标识码；（b）自行决定撤销此类指定；以及，（c）如果存储库的机制或其至关重要部分停止运行，取消条款 F.5.1、F.5.2、F.5.4 和 F.5.5 的要求。由该委员会根据这些权力做出的决定需经随后的国际菌物学大会批准。

F.5.4. 就优先权而言（条款 9.19、9.20 和 10.5），在 2019 年 1 月 1 日或之后，仅当引用由认可存储库（条款 F.5.3）发放给模式指定的标识码时，根据本《法规》（导言 8）处理为菌物的有机体名称的模式指定才能实现。

ⓘ **注释 3.** 条款 F.5.4 仅适用于后选模式（及其根据条款 10 的等同语）、新模式和附加模式的指定；它不适用于发表新分类群的名称时主模式的指定，对后者见条款 F.5.2。

F.5.5. 对于根据条款 F.5.4 的要求由认可存储库发放的标识码，模式指定的作者必须登记的信息的最小要素是被模式标定的名称、指定模式的作者及条款 9.21、9.22 和 9.23 所要求的那些要素。

ⓘ **注释 4.** 由认可的存储库发放的标识码假定随后满足对于有效的模式指定（条款 7.8–7.11 和 F.5.4）的要求，但其本身并不构成模式指定。

F.5.6. 当由认可的存储库发放给名称的标识码错误地引用在原白中时，只要该标识码在原白之前发放，这处理为不妨碍名称合格发表的可改正的错误。

　　例 4. 标识码"MB 564220"是由菌物库在该名称发表之前发放给 *Cortinarius peristeris* Soop (in Bresadoliana 1: 22. 2013) 的。尽管该识别符在原白中错误地引用为"MB 564"，该名称

---

1 在原白之后对一个名称做出缀词更正时，存储库的做法是分配一个新的标识码。

是合格发表的。

F.5.7. 一个标识码与发放给它的名称或称谓保持关联。如果发表时已给它发放标识码的称谓未满足合格发表的其他要求时，为了使该称谓变为合格发表的名称，必须获取一个新的标识码。

> **例 5.** 称谓"*Nigelia*" (Luangsa-ard & al. in Mycol. Progr. 16: 378. 2017)发表时未引用标识码。菌物库〔MycoBank〕在发表后为该称谓分配了标识码 "MB 823565"。该称谓后合格化为 *Nigelia* Luangsa-ard & al. (in Index Fungorum 345: 1. 2017)，引用了由菌物索引〔Index Fungorum〕新发放的标识码"IF 553229"。

F.5.8. 当由认可的存储库发放给模式指定的标识码在模式标定的出版物中被错误引用时，只要该标识码是在模式标定的出版物之前发放，这处理为不影响模式指定的可更正错误。

辅则 F.5A

F.5A.1. 鼓励处理为菌物的有机体的名称的作者，（a）将任何新命名要求的信息要素在著作被接受发表后尽快存储在一个认可的存储库中，以便为每个新命名获得标识码；（b）名称一经发表，就将完整文献细节通知发放该标识码的认可存储库，包括卷册编号、页码、发表日期，以及（对图书）该出版物的出版商和地点；以及，（c）名称一经发表，向发放与名称相关联的该标识码的认可存储库提供该出版物的电子版本。

F.5A.2. 除了满足名称选择（条款 11.5 和 53.5）、缀词法（条款 61.3）或性（条款 62.3）的有效发表的要求外，鼓励那些对处理为菌物的有机体的名称发表此类选择的作者在认可的存储库（条款 F.5.3）记录该选择，并在发表之处引用该标识码。

第三节　名称的废弃

条款 F.6

F.6.1. 如果是原核生物或原生动物的名称的晚出同名，发表于 2019 年 1 月 1 日或之后的处理为菌物的分类群的名称是不合法的（也见条款 54 和辅则 54A）。

条款 F.7

F.7.1. 为了保持命名的稳定性，对于处理为菌物的有机体，提议废弃的名称清单可提交给总委员会，总委员会将指派它们给菌物命名委员会（见第三篇规程 2.2、7.9 和 7.10），由该委员会与总委员会和合适的国际团体协商建立的分委员会审查。根据条款 56.1，一旦被菌物命名委员会和总委员会（条款 56.3 和辅则 56A.1）审核和批准，这些清单中的名称变成本《法规》附录的一部分，被处理为废弃，除了那些根据条款 14 通过保留可变为有资格使用外（也见条款 F.2.1）。

第四节　具多型生活史菌物的名称

条款 F.8

F.8.1. 2013 年 1 月 1 日之前发表给非地衣型子囊菌门和担子菌门的分类群的名称，如有意或暗示有意应用于一种特定形态（如无性型或有性型；见注释 2）或以其模式标定，可以是合法的，即使它由于在原白中包括可归于不同形态的模式（如条款 52.2 所定义的）而根据条款 52 将在其他方面为不合法。如果该名称在其他方面合法，则它竞争优先权（条款 11.3 和 11.4）。

> **例 1.** *Penicillium brefeldianum* B. O. Dodge〔布雷青霉〕(in Mycologia 25: 92. 1933)被描述兼具无性型和有性型，并基于兼具有性型和无性型的模式（且因此，根据 2012 年《墨尔本法规》之前的各版《法规》，必然仅以有性型成分模式标定）。有性型的组合 *Eupenicillium brefeldianum* (B. O. Dodge) Stolk & D. B. Scott (in Persoonia 4: 400. 1967)是合法的。以在"衍生自 Dodge 的模式的"干燥培养物中的无性型模式标定的 *Penicillium dodgei* Pitt (Gen. Penicillium: 117. 1980)不包含 *P. brefeldianum* 的有性型模式，因此，也是合法的。然而，当视为是 *Penicillium*〔青霉属〕的一个种时，其所有阶段的正确名称是 *P. brefeldianum*。

ℹ **注释 1.** 除条款 F.8.1 规定外，具有有丝分裂的无性形态（无性型）和减数分裂的有性形态（有性型）的菌物名称与其他所有菌物一样必须遵守本《法规》的相同规定。

ℹ **注释 2.** 2012 年《墨尔本法规》之前各版《法规》规定，为某些多型菌物有丝分裂的无性形态（无性型）提供单独的名称，并要求该名称可用于由减数分裂的有性形态（有性型）模式标定的整个菌物。然而，根据现行《法规》，就确定优先权而言，不管模式的生活史阶段，所有合法的菌物名称处理为同等（也见条款 F.2.1）。

> **例 2.** *Mycosphaerella aleuritidis* (Miyake) S. H. Ou〔油桐球腔菌〕 (in Sinensia 11: 183. 1940)

发表为新组合时，伴随与以该无性型模式标定基名 *Cercospora aleuritidis* Miyake〔油桐尾孢〕(in Bot. Mag. (Tokyo) 26: 66. 1912)的无性型相对应的新发现的有性型的拉丁文特征集要。根据 2012 年《墨尔本法规》之前的各版《法规》，*M. aleuritidis* 被认为是具有性型模式的新种的名称，日期始于 1940 年，且作者归属仅归予 Ou（欧世璜）。根据现行《法规》，该名称应引用为最初发表的 *M. aleuritidis* (Miyake) S. H. Ou，且由该基名的模式而模式标定。

例 3. 在以有性型模式标定的 *Venturia acerina* Plakidas ex M. E. Barr (in Canad. J. Bot. 46: 814. 1968)的原白中，包括了无性型模式标定的 *Cladosporium humile* Davis (in Trans. Wisconsin Acad. Sci. 19: 702. 1919)作为异名。因为发表于 2013 年 1 月 1 日之前，名称 *V. acerina* 不是不合法的，但 *C. humile* 在种的等级上是最早的合法名称。

ⓘ **注释 3.** 同时为一个非地衣型子囊菌门和担子菌门的分类群的不同形态（如有性型和无性型）提出的名称必然是异模式的，且因此不是如条款 36.3 定义的互用名称。

例 4. *Hypocrea dorotheae* Samuels & Dodd 和 *Trichoderma dorotheae* Samuels & Dodd 被以 Samuels & Dodd 8657 (PDD 83839)为主模式同时合格发表给作者认为的一个种。因为这些名称发表在 2013 年 1 月 1 日前（见条款 F.8.1 和注释 2），且因为该作者明确指明名称 *T. dorotheae* 以 PDD 83839 的无性成分模式标定，所以，两个名称均为合格发表的，且为合法。它们不是如条款 36.3 定义的互用名称。

第五节 名称的缀词法

条款 F.9

F.9.1. 源自一个相关联的有机体的属名的菌物名称的加词应与那个有机体名称接受的拼写一致；其他拼写视为可更正的缀词变体（见条款 61）。

例 1. *Phyllachora* 'anonicola' Chardón (in Mycologia 32: 190. 1940)应更正为 *P. annonicola*，以与 Annona L.〔番荔枝属〕的被接受拼写一致；*Meliola* 'albizziae' Hansf. & Deighton (in Mycol. Pap. 23: 26. 1948)应更正为 *M. albiziae*，以与 *Albizia* Durazz.〔合欢属〕的被接受拼写一致。

例 2. *Dimeromyces* 'corynitis' Thaxter (in Proc. Amer. Acad. Arts 48: 157. 1912)被说明出现"在 *Corynites ruficollis* Fabr.的翅鞘上"，但是作为寄主的甲虫物种名称的正确拼写为 *Corynetes ruficollis*。因此，该菌物的名称应拼写为 D. corynetis。

第六节 作 者 引 用

条款 F.10

F.10.1. 对于处理为菌物的有机体名称，由认可的存储库（条款 F.5.1）发放给名称的标识码可在原白之后用来代替名称的作者引用，但不代替名称其本身（也见条款 22.1 和 26.1）。

辅则 F.10A

F.10A.1. 条款 F.10.1 允许用来代替作者引用的标识码应在标识码的数字部分之前用符号#表示，且产生的字符串应包括在方括号中。在电子出版物中，这个字符串应提供一个直接且稳定的链接至认可的存储库之一的相应记录。

例**1.** *Astrothelium meristosporoides* [#816706]. 直接且稳定的链接至认可存储库中的记录应是 http://www.mycobank.org/MB/816706 或
http://www.indexfungorum.org/Names/NamesRecord.asp?RecordID=816706。